Teubner Studienbücher Chemie

Werner Massa

Kristallstrukturbestimmung

Teubner Studienbücher Chemie

Herausgegeben von

Prof. Dr. rer. nat. Christoph Elschenbroich, Marburg
Prof. Dr. rer. nat. Dr. h. c. Friedrich Hensel, Marburg
Prof. Dr. phil. Henning Hopf, Braunschweig

Die Studienbücher der Reihe Chemie sollen in Form einzelner Bausteine grundlegende und weiterführende Themen aus allen Gebieten der Chemie umfassen. Sie streben nicht die Breite eines Lehrbuchs oder einer umfangreichen Monographie an, sondern sollen den Studenten der Chemie – aber auch den bereits im Berufsleben stehenden Chemiker – kompetent in aktuelle und sich in rascher Entwicklung befindende Gebiete der Chemie einführen. Die Bücher sind zum Gebrauch neben der Vorlesung, aber auch – anstelle von Vorlesungen geeignet. Es wird angestrebt, im Laufe der Zeit alle Bereiche der Chemie in derartigen Lehrbüchern vorzustellen. Die Reihe richtet sich auch an Studenten anderer Naturwissenschaften, die an einer exemplarischen Darstellung der Chemie interessiert sind.

Werner Massa

Kristallstruktur-bestimmung

4., überarbeitete Auflage

Mit 104 Abbildungen

B. G. Teubner Stuttgart · Leipzig · Wiesbaden

Bibliografische Information der Deutschen Bibliothek
Die Deutsche Bibliothek verzeichnet diese Publikation in der Deutschen Nationalbibliografie; detaillierte bibliografische Daten sind im Internet über <http://dnb.ddb.de> abrufbar.

Prof. Dr. rer. nat. Werner Massa
Geboren 1944 in Pfullendorf. Chemiestudium an der Universität Tübingen, Promotion 1972 bei W. Rüdorff, danach wiss. Assistent bei J. Strähle in Tübingen, 1977 Wechsel zu D. Babel an die Universität Marburg. Seit 1979 Leiter der Zentralen Röntgenabteilung des Fachbereichs Chemie in Marburg, 1982 Habilitation, seit 1988 apl. Professor für Anorganische Chemie.

Die Druckvorlage des Buches wurde mit den Programmen TEX (D. E. Knuth) bzw. LATEX (L. Lamport) erstellt.

1. Auflage 1994
2. Auflage 1996
3., überarbeitete und aktualisierte Auflage 2002
4., überarbeitete Auflage April 2005

Alle Rechte vorbehalten
© B. G. Teubner Verlag / GWV Fachverlage GmbH, Wiesbaden 2005
Lektorat: Ulrich Sandten / Kerstin Hoffmann

Der B. G. Teubner Verlag ist ein Unternehmen von Springer Science+Business Media.
www.teubner.de

Das Werk einschließlich aller seiner Teile ist urheberrechtlich geschützt. Jede Verwertung außerhalb der engen Grenzen des Urheberrechtsgesetzes ist ohne Zustimmung des Verlags unzulässig und strafbar. Das gilt insbesondere für Vervielfältigungen, Übersetzungen, Mikroverfilmungen und die Einspeicherung und Verarbeitung in elektronischen Systemen.

Die Wiedergabe von Gebrauchsnamen, Handelsnamen, Warenbezeichnungen usw. in diesem Werk berechtigt auch ohne besondere Kennzeichnung nicht zu der Annahme, dass solche Namen im Sinne der Warenzeichen- und Markenschutz-Gesetzgebung als frei zu betrachten wären und daher von jedermann benutzt werden dürften.

Umschlaggestaltung: Ulrike Weigel, www.CorporateDesignGroup.de
Druck und buchbinderische Verarbeitung: Strauss Offsetdruck, Mörlenbach
Gedruckt auf säurefreiem und chlorfrei gebleichtem Papier.
Printed in Germany

ISBN 3-519-33527-1

Vorwort zur 4. Auflage

Die Methode der Kristallstrukturbestimmung durch Röntgenbeugung an Einkristallen ist dank ihrer hohen Aussagekraft und Genauigkeit eines der wichtigsten Werkzeuge in der chemischen Forschung, in der anorganischen wie der organischen Chemie, das Spezialgebiet der Proteinkristallographie erlebt gerade eine stürmische Entwicklung. Zur Zeit der ersten Auflage dieses Buches 1994 waren Vierkreis-Diffraktometer Stand der Technik bei der Vermessung von Einkristallen, die Rechner waren langsam. Heute, nach zehn Jahren, haben Flächendetektoren die Zählrohre weitgehend ersetzt, die Rechenzeiten sind fast vernachlässigbar geworden, so dass es mittlerweile möglich ist, in günstigen Fällen eine Kristallstruktur an einem Tag zu bestimmen. Das hat dazu geführt, dass in diesen letzten zehn Jahren etwa doppelt so viele Strukturen bestimmt wurden wie in den ersten achzig Jahren seit der Begründung der Röntgenbeugung durch Max v. Laue.

Die Anwendung der Methode findet heute überwiegend in den Chemischen Fachbereichen statt. Viele Studenten sind gehalten, im Rahmen ihrer Diplom- oder Doktorarbeiten Kristallstrukturbestimmungen zur Charakterisierung ihrer Verbindungen entweder selbst einzusetzen oder zumindest ihre Ergebnisse kompetent zu verwerten. Tatsächlich ist es dank immer raffinierterer Programmsysteme auch immer eher möglich, die vielen und komplizierten Stufen einer Röntgenstrukturanalyse auch ohne vertiefte kristallographische Kenntnisse zu meistern. Da die Methode jedoch indirekt, über ein Strukturmodell, zum Ziel kommt, birgt eine Anwendung als "black-box"–Methode erhebliche Fehlerrisiken.

Das vorliegende Buch richtet sich deshalb vorwiegend an fortgeschrittene Studenten der Chemie oder benachbarter Fächer, die einen Blick in den schwarzen Kasten tun wollen, bevor sie selbst auf diesem Gebiet tätig werden, oder die sich über Grundlagen, Leistungsfähigkeit und Risiken der Methode informieren wollen. Da erfahrungsgemäß die Bereitschaft, ein Buch wirklich zu lesen, umgekehrt proportional zur Seitenzahl ist, wurde versucht, die Behandlung der methodischen Grundlagen möglichst kurz und anschaulich zu halten. Es erscheint wichtiger, daß ein Chemiker bei einer Rechnung das Grundprinzip und die Voraussetzungen für ihre sinnvolle Anwendung verstanden hat, als daß er in der Lage ist, den ohnehin von Programmen erledigten mathematischen Formalismus nachzuvollziehen.

Andererseits werden diejenigen Aspekte etwas eingehender behandelt, die für die Qualität einer Strukturbestimmung von Bedeutung sind. Dazu gehört auch die Erörterung einer Reihe von verbreiteten Fehlermöglichkeiten und der Erkennung und Behandlung von Fehlordnungserscheinungen oder Verzwillingungen. Auch auf dem Gebiet der Röntgenstrukturanalyse ist die Fachliteratur überwiegend englischsprachig. Wichtige Fachausdrücke sind deshalb in Klammern auch auf englisch angegeben.

Allen Kollegen, die durch Anregungen und kritische Hinweise geholfen haben, Fehler oder Unklarheiten in früheren Auflagen zu beheben, sei herzlich gedankt.

Werner Massa   Marburg, November 2004

Inhaltsverzeichnis

1 Einleitung   **13**

2 Kristallgitter   **14**
    2.1 **Das Translationsgitter** 14
       2.1.1 Die Elementarzelle 14
       2.1.2 Atomparameter 16
       2.1.3 Die sieben Kristallsysteme 17
    2.2 **Die 14 Bravais–Gitter** 18
       2.2.1 Hexagonale, trigonale und rhomboedrische Systeme . . 20
       2.2.2 Reduzierte Zellen 23

3 Geometrie der Röntgenbeugung   **25**
    3.1 **Röntgenstrahlung** 25
    3.2 **Interferenz am eindimensionalen Gitter** 30
    3.3 **Die Laue-Gleichungen** 32
    3.4 **Netzebenen und hkl -Indices** 35
    3.5 **Die Braggsche Gleichung** 37
    3.6 **Höhere Beugungsordnungen** 38
    3.7 **Die Quadratische Braggsche Gleichung** 39

4 Das reziproke Gitter   **42**
    4.1 **Vom realen zum reziproken Gitter** 42
    4.2 **Ewald-Konstruktion** 45

5 Strukturfaktoren   **48**
    5.1 **Atomformfaktoren** 48
    5.2 **Auslenkungsparameter** 50
    5.3 **Strukturfaktoren** 54

6 Symmetrie in Kristallen   **58**
    6.1 **Einfache Symmetrieelemente** 58
       6.1.1 Kopplung von Symmetrieelementen 60
       6.1.2 Kombination von Symmetrieelementen 60
    6.2 **Blickrichtungen** 62
    6.3 **Translationshaltige Symmetrieelemente** 64
       6.3.1 Kombination von Translation und anderen Symmetrieelementen 65
       6.3.2 Kopplung von Translation und anderen Symmetrieelementen 65

6.4 **Die 230 Raumgruppen** 68
    6.4.1 Raumgruppen–Notation der International Tables for Crystallography 68
    6.4.2 Zentrosymmetrische Kristallstrukturen 76
    6.4.3 Die „asymmetrische Einheit" 76
    6.4.4 Raumgruppentypen 78
    6.4.5 Gruppe–Untergruppe–Beziehungen 78
6.5 **Beobachtbarkeit von Symmetrie** 80
    6.5.1 Mikroskopische Struktur 80
    6.5.2 Makroskopische Eigenschaften und Kristallklassen . . . 80
    6.5.3 Symmetrie des Translationsgitters 80
    6.5.4 Symmetrie des Beugungsbildes: Die Laue–Gruppen . . 81
6.6 **Bestimmung der Raumgruppe** 84
    6.6.1 Bestimmung der Lauegruppe 84
    6.6.2 Systematische Auslöschungen 85
6.7 **Transformationen** 89

7 Experimentelle Methoden   92
7.1 **Einkristalle: Züchtung, Auswahl und Montage** 92
7.2 **Röntgenbeugungsmethoden an Einkristallen** 97
    7.2.1 Filmmethoden 98
    7.2.2 Vierkreis-Diffraktometer 101
    7.2.3 Reflexprofile und Abtast–Modus 106
7.3 **Flächendetektoren** 110
7.4 **Datenreduktion** 117
    7.4.1 LP–Korrektur 118
    7.4.2 Standardabweichungen 119
    7.4.3 Absorptionskorrektur 121
7.5 **Andere Beugungsmethoden** 124
    7.5.1 Neutronenbeugung 124
    7.5.2 Elektronenbeugung 125

8 Strukturlösung   126
8.1 **Fouriertransformationen** 126
8.2 **Patterson-Methoden** 128
    8.2.1 Symmetrie im Pattersonraum 130
    8.2.2 Strukturlösung mit Harker–Peaks 131
    8.2.3 Bildsuchmethoden 134
8.3 **Direkte Methoden** 135
    8.3.1 Harker–Kasper–Ungleichungen 135

      8.3.2   Normalisierte Strukturfaktoren. 136
      8.3.3   Sayre–Gleichung. 137
      8.3.4   Triplett–Beziehungen. 138
      8.3.5   Nullpunktswahl 141
      8.3.6   Strategien zur Phasenbestimmung 142

9 Strukturverfeinerung   146
  9.1 **Methode der kleinsten Fehlerquadrate** 146
      9.1.1   Verfeinerung gegen F_o– oder F_o^2–Daten. 151
  9.2 **Gewichte** 152
  9.3 **Kristallographische R–Werte** 154
  9.4 **Verfeinerungstechniken** 155
      9.4.1   Lokalisierung und Behandlung von H–Atomen 157
      9.4.2   Verfeinerung mit Einschränkungen 158
      9.4.3   Dämpfung 160
      9.4.4   Restriktionen durch Symmetrie 160
      9.4.5   Restelektronendichte 161
  9.5 **Verfeinerung mit der Rietveld–Methode** 162

10 Spezielle Effekte   165
  10.1 **Fehlordnung** 165
      10.1.1 Besetzungs–Fehlordnung 165
      10.1.2 Lagefehlordnung und Orientierungsfehlordnung 166
      10.1.3 1– und 2–Dimensionale Fehlordnung 169
  10.2 **Modulierte Strukturen** 170
  10.3 **Quasikristalle** 171
  10.4 **Anomale Dispersion und „absolute Struktur"** . . . 171
      10.4.1 Chiralität und "absolute Struktur" 178
  10.5 **Extinktion** 181
  10.6 **Renninger–Effekt** 183
  10.7 **Der $\lambda/2$–Effekt** 185
  10.8 **Thermisch Diffuse Streuung (TDS)** 186

11 Fehler und Fallen   188
  11.1 **Falsche Atomsorten** 188
  11.2 **Verzwillingung** 190
      11.2.1 Klassifizierung nach dem Zwillingselement 191
      11.2.2 Klassifizierung nach dem makroskopischen Erscheinungs-
             bild 191
      11.2.3 Klassifizierung nach der Entstehung 192

   11.2.4 Beugungsbilder von Zwillingskristallen und deren Interpretation 193
   11.2.5 Verzwillingung oder Fehlordnung? 201
 11.3 **Fehlerhafte Elementarzellen** 202
 11.4 **Raumgruppenfehler** 203
 11.5 **Nullpunktsfehler** 204
 11.6 **Schlechte Auslenkungsfaktoren** 206

12 Interpretation der Ergebnisse   208
 12.1 **Bindungslängen und Winkel** 208
 12.2 **Beste Ebenen und Torsionswinkel** 209
 12.3 **Strukturgeometrie und Symmetrie** 211
 12.4 **Strukturzeichnungen** 213
 12.5 **Elektronendichten** 217

13 Kristallographische Datenbanken   219
 13.1 **Inorganic Crystal Structure Database ICSD** 219
 13.2 **Cambridge Structural Database CSD** 219
 13.3 **Metals Crystallographic Data File CRYSTMET** . . . 221
 13.4 Andere Datensammlungen zu Kristallstrukturen 221
 13.5 Deponierung von Strukturdaten in den Datenbanken 221
 13.6 Kristallographie im Internet 224

14 Gang einer Kristallstrukturbestimmung   225

15 Beispiel einer Strukturbestimmung   228

16 Literatur   249

Häufig verwendete Symbole

a, b, c	Gitterkonstanten
α, β, γ	Winkel in Elementarzelle
a, b, c, n, d	Symmetriesymbole für Gleitspiegelebenen
a^*, b^*, c^*	reziproke Gitterkonstanten
Å	Angstrøm ($10^{-10} m$)
B	Debye-Waller-Faktor
d	Netzebenenabstand
d^*	Streuvektor im reziproken Raum
Δ	Gangunterschied bei Interferenz
$\Delta f', \Delta f''$	Beiträge der anomalen Streuung
E	Normalisierter Strukturfaktor
ϵ	Extinktionskoeffizient
f	Atomformfaktor
F_c	berechneter Strukturfaktor
F_o	beobachteter Strukturfaktor
FOM	'Figure of Merit'
hkl	Miller-Indices
I	Reflexintensität
L	Lorentzfaktor
λ	Wellenlänge
M_r	Molmasse
μ	Absorptionskoeffizient
μ/ρ	Massenschwächungskoeffizient
n	Beugungsordnung *oder* Symbol für Diagonalgleitspiegelebene
P	Polarisationsfaktor
Φ	Phasenwinkel von Strukturfaktoren
R	konventioneller R-Wert (Zuverlässigkeitsfaktor, mit F_o–Daten berechnet)
wR	gewogener R-Wert (mit F_o–Daten berechnet)
wR_2	gewogener R-Wert (mit F_o^2–Daten berechnet)
S_H	Vorzeichen eines Strukturfaktors
σ	Standardabweichung
TDS	Thermisch diffuse Streuung
w	Gewicht eines Strukturfaktors
x, y, z	Atomkoordinaten
Z	Zahl der Formeleinheiten pro Elementarzelle

1 Einleitung

Aufklärung einer Kristallstruktur bedeutet, die genaue räumliche Anordnung aller Atome einer kristallinen chemischen Verbindung zu bestimmen. Aus dieser Kenntnis lassen sich dann für den Chemiker wesentliche Informationen ableiten wie genaue Bindungslängen und Winkel. Nicht nur die genaue dreidimensionale Gestalt und Symmetrie von Molekülen bzw. Baugruppen wird sichtbar, sondern auch deren Packung im Festkörper. Auerdem erhält man implizit Kenntnis über die stöchiometrische Zusammensetzung und die Dichte des Kristalls.

Da die interatomaren Abstände im Bereich von ca. 100–300 pm oder 1–3 Å [1] liegen, sind sie nicht mehr lichtmikroskopischer Untersuchung (Lichtwellenlnge λ ca. 300–700 nm) zugänglich (Abb. 1). Wie Max v. Laue 1912 erkannte, ist jedoch wegen des dreidimensional geordneten gitterartigen Aufbaus von Kristallen Interferenz zu erwarten, wenn man Strahlung mit einer Wellenlnge in der Größenordnung der Atomabstände verwendet, also z.B. Röntgenstrahlung mit üblicherweise $\lambda = 50 - 230$ pm. Den Vorgang, bei dem diese Strahlung — ohne Änderung der Wellenlänge — am Kristallgitter durch Interferenz zu zahlreichen in verschiedenen Raumrichtungen beobachtbaren Reflexen abgelenkt wird, nennt man *Röntgenbeugung*. Die Methode, diese Reflexe zu vermessen und aus deren räumlicher Anordnung und Intensität auf die Geometrie der Atomanordnung in der Kristallstruktur zu schließen, wird *Röntgenstrukturanalyse* genannt. Im folgenden Kapitel soll zunächst die Beschreibung der Gittereigenschaften von Kristallen behandelt werden, die Voraussetzung für das Auftreten von Interferenzerscheinungen sind.

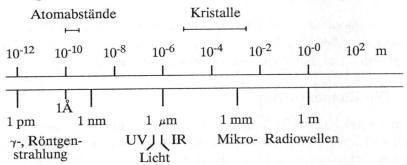

Abb. 1: Dimensionen in Kristallen im Vergleich mit den Wellenlängen elektromagnetischer Strahlung

---

[1] Früher, im Angelsächsischen auch heute noch, wurden meist Å–Einheiten verwendet (1 Å=100 pm), sie sind weiterhin in allen kristallographischen Programmen üblich

2 Kristallgitter

2.1 Das Translationsgitter

Von Kristallen spricht man, wenn die atomaren Bausteine eines festen Stoffes eine Fernordnung in allen drei Raumrichtungen aufweisen. Es genügt dann zur Beschreibung des Aufbaus eines Kristalls die Kenntnis des kleinsten sich wiederholenden „Motivs" sowie die Länge und Richtung der drei Vektoren, die dessen Aneinanderreihung im Raum beschreiben (Abb. 2). Das „Motiv" kann ein Molekül sein wie in Abb. 2 oder eine Baugruppe einer vernetzten Struktur, meistens sind es mehrere solcher Einheiten, die durch Symmetrieoperationen ineinander zu überführen sind (z.B. Abb. 3). Die drei Vektoren $\boldsymbol{a}, \boldsymbol{b}, \boldsymbol{c}$, die die *Translation* des Motivs in drei Raumrichtungen beschreiben, nennt man *Basisvektoren*. Durch deren Aneinanderreihen im Raum wird das sogenannte *Translationsgitter* ('lattice') aufgespannt. Jeder Punkt im Translationsgitter läßt sich durch einen Vektor $\boldsymbol{r}$ beschreiben,

$$\boldsymbol{r} = n_1\boldsymbol{a} + n_2\boldsymbol{b} + n_3\boldsymbol{c} \tag{1}$$

wobei n_1, n_2 und n_3 ganze Zahlen sind. Es ist wichtig, sich zu vergegenwärtigen, daß das Translationsgitter ein abstraktes mathematisches Gebilde ist, dessen Nullpunkt prinzipiell beliebig in einer konkreten Kristallstruktur gewählt werden kann. Legt man ihn z.B. in ein bestimmtes Atom, so weiß man, daß an jedem Punkt des Translationsgitters genau dasselbe Atom in genau derselben Umgebung wiederkehren muß. Man kann den Ursprung natürlich auch in eine Lücke der Struktur legen.

> *Unglücklicherweise hat sich auch eine andere sprachliche Verwendung des Begriffs Gitter eingebürgert: spricht man z.B. vom „Kochsalzgitter", so meint man an sich einen Strukturtyp.*

2.1.1 Die Elementarzelle

Die kleinste Masche des Translationsgitters nennt man auch die *Elementarzelle* ('unit cell'), die durch die *Gitterkonstanten* ('lattice constants') a, b, c (die Beträge der Basisvektoren) und die drei zwischen den Basisvektoren aufgespannten Winkel α, β, γ charakterisiert wird. Dabei ist α der Winkel zwischen den Basisvektoren $\boldsymbol{b}$ und $\boldsymbol{c}$, β zwischen $\boldsymbol{a}$ und $\boldsymbol{c}$ und γ zwischen $\boldsymbol{a}$ und $\boldsymbol{b}$ (Abb. 4).

Die Größe der Gitterkonstanten liegt bei „normalen" anorganischen oder organischen Strukturen, auf deren Bestimmung sich dieses Buch beschränkt, zwischen etwa 300 und 5000 pm, bei Proteinstrukturen u.ä. können sie bis zu

2.1 Das Translationsgitter

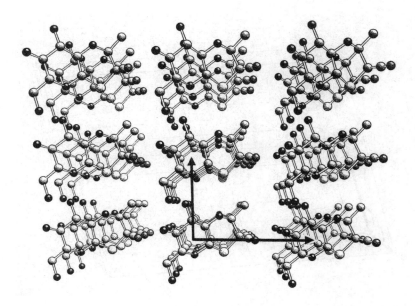

Abb. 2: Ausschnitt aus einer einfachen Molekülstruktur mit eingezeichneten Basisvektoren (dritter Vektor senkrecht zur Zeichenebene)

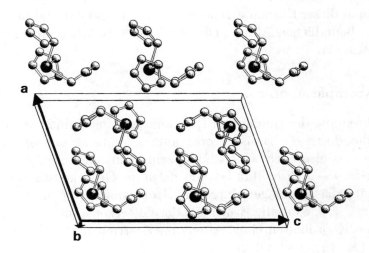

Abb. 3: Komplexere Struktur mit Motiv aus 4 unterschiedlich orientierten Molekülen von $(C_5H_5)_3Sb$. Translation in der b–Richtung nicht gezeichnet

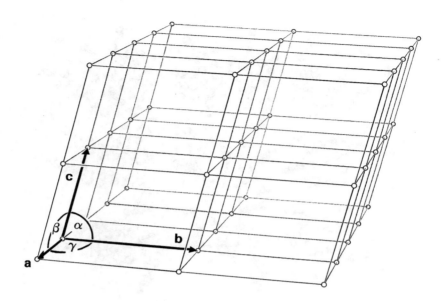

Abb. 4: Ausschnitt aus einem Translationsgitter

mehreren 10000 pm betragen. Um eine Kristallstruktur zu bestimmen, genügt es, den Inhalt dieser Elementarzelle zu ermitteln, also Art und räumliche Lage aller darin befindlichen Atome. Dies sind meist zwischen einem und einigen tausend Atomen.

2.1.2 Atomparameter

Zur Beschreibung der räumlichen Lage eines Atoms benutzt man vorteilhafterweise das durch die Basisvektoren aufgespannte *kristallographische Achsensystem*, das also auch schiefwinklig sein kann, und spricht dann von der $a-, b-$ oder $c-$ Achse. Man benützt darin die Gitterkonstanten als Einheiten und gibt die Atomlagen durch die *Atomparameter ('fractional (atomic) coordinates')* x, y, z an, die Bruchteile der Gitterkonstanten darstellen (Abb. 5). Für die Koordinaten eines Atoms im Zentrum der Elementarzelle wird z.B. kurz $(\frac{1}{2}, \frac{1}{2}, \frac{1}{2})$ geschrieben.

Will man eine Struktur auf Grund von publizierten Atomparametern zeichnen, so muß man also die Gitterkonstanten und Winkel kennen. Dann kann man für jedes Atom die „absoluten" Koordinaten xa, yb, zc in einem passenden Maßstab entlang der kristallographischen Achsen abtragen.

2.1 Das Translationsgitter

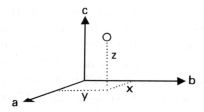

Abb. 5: Angabe der Atomparameter x,y,z in Einheiten der Basisvektoren

2.1.3 Die sieben Kristallsysteme

Eine weitere wichtige Eigenschaft fast aller Kristalle ist — neben der dreidimensionalen Periodizität — das Auftreten von *Symmetrie*. Sie wird eingehender in Kapitel 6 behandelt, hier soll sie jedoch im Vorgriff soweit Erwähnung finden, als ihr Vorhandensein natürlich auch die Symmetrie des Translationsgitters beeinflußt. Liegt z.B. im Kristall senkrecht zur **b** –Achse eine Spiegelebene, so müssen **a** – und **c** –Achse zwangsläufig innerhalb dieser Ebene liegen, also rechtwinklig zur **b** –Achse stehen. Liegt entlang der **c** –Achse eine dreizählige Drehachse, so muß der Winkel γ zwischen **a** – und **b** –Achse 120° sein. Untersucht man alle unterscheidbaren Symmetriemöglichkeiten für Translationsgitter, so kann man sie in sieben Klassen einteilen, die *7 Kristallsysteme* (Tab. 1). Sie unterscheiden sich durch die Restriktionen in ihrer *„Metrik"*, der Geometrie des Translationsgitters, die durch die Symmetrieelemente gefordert werden.

Tabelle 1: Die sieben Kristallsysteme und die Restriktionen in ihrer Metrik. Zur Winkeldefinition vgl. Abb. 4

Restriktionen in	*Gitterkonstanten*	*Winkeln*
triklin	keine	keine
monoklin	keine	$\alpha = \gamma = 90°$
orthorhombisch	keine	$\alpha = \beta = \gamma = 90°$
tetragonal	$a = b$	$\alpha = \beta = \gamma = 90°$
trigonal, hexagonal	$a = b$	$\alpha = \beta = 90°, \gamma = 120°$
kubisch	$a = b = c$	$\alpha = \beta = \gamma = 90°$

Konventionen. Um eine einheitliche und eindeutige Beschreibung von Kristallstrukturen zu gewährleisten, hat man sich auf gewisse Regeln geeinigt, nach denen man die Achsen der Elementarzellen benennt: Generell werden die Achsen „rechtshändig" aufgestellt. Zeigt a nach vorne, b nach rechts, so muß c nach oben zeigen. Wenn man Daumen, Zeige- und Mittelfinger der rechten Hand spreizt, wie ein Kellner, der auf diesen drei Fingern ein Tablett hält, und vom Daumen angefangen die Achsen a, b, c zuordnet, so zeigen die Finger die Richtungen eines rechtshändigen Achsensystems an. Während im *triklinen* Kristallsystem keine Restriktionen bezüglich der Achsen und Winkel gelten, tritt im *monoklinen* eine ausgezeichnete Richtung auf, nämlich die Achse, die senkrecht auf den beiden anderen steht. Heute wird üblicherweise die b–Achse dieser Richtung zugeordnet, so daß der freie monokline Winkel β heißt (2. Aufstellung, '2nd setting'); a – und c –Achse werden so gewählt, daß β stets > 90° ist. Früher wurde oft auch die c –Achse entsprechend zugeordnet (1. Aufstellung, monokliner Winkel γ, '1st setting'). Die c –Achse wird stets als ausgezeichnete Richtung im *trigonalen*, *hexagonalen* und *tetragonalen* Kristallsystem benutzt.

Hat man die Elementarzelle eines unbekannten Kristalls experimentell bestimmt, so gibt also die Metrik einen Hinweis auf das Kristallsystem. Entscheidend ist jedoch stets das Vorliegen des entsprechenden Symmetrieelements, worüber oft erst in einem späteren Stadium der Strukturbestimmung entschieden werden kann. Daß die Restriktionen in der Metrik im Rahmen der experimentellen Fehler erfüllt sind, ist *notwendige Voraussetzung*, jedoch *nicht hinreichende Bedingung* für die Zuteilung zu einem bestimmten Kristallsystem. So findet man häufig, z.B. bei den Kryolithen $Na_3M^{III}F_6$, Elementarzellen, bei denen alle Winkel innerhalb weniger zehntel Grad zu 90° gemessen werden, die jedoch trotzdem nicht orthorhombisch sind, sondern nur monoklin. Hier sind die β–Winkel zufällig dicht bei 90°.

2.2 Die 14 Bravais–Gitter

Bei der Besprechung des Translationsgitters wurde davon ausgegangen, daß die kleinstmöglichen Basisvektoren im Kristall angegeben werden. Die kleinste dreidimensionale Masche in diesem Gitter, die Elementarzelle, ist dann die kleinste Volumeneinheit, die repräsentativ für den ganzen Kristall ist. Man nennt dies eine „*primitive Zelle*". Wie Abb. 6 zeigt, gibt es jedoch stets mehrere Möglichkeiten, in einem vorgegebenen Translationsgitter Basisvektoren zu definieren: Alle hier in einer zweidimensionalen Projektion gezeichneten Zellen sind primitiv und haben dasselbe Volumen. Man wird nun zur Beschreibung der Kristallstruktur diejenige Aufstellung wählen, mit der man die Symme-

2.2 Die 14 Bravais–Gitter

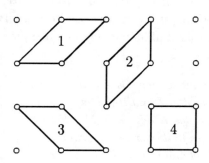

Abb. 6: Verschiedene primitive Elementarzellen in einem Translationsgitter

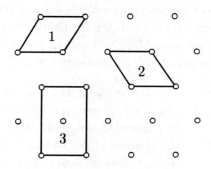

Abb. 7: Zentriertes Translationsgitter bei Wahl von Zelle 3

trieeigenschaften am besten beschreiben kann. Das heißt, daß man die Elementarzelle stets so legt, daß sie mit dem Kristallsystem der *höchstmöglichen Symmetrie* vereinbar ist. Meist bedeutet dies, daß man, wenn möglich, orthogonale oder hexagonale Achsen–Aufstellungen sucht. Den Nullpunkt wird man dann so wählen, daß er in einem Symmetriezentrum liegt, falls vorhanden. Es gibt nun häufig Symmetrien in Kristallen, bei denen die primitive Elementarzelle in allen Varianten schiefwinklig ist (Abb. 7), wo jedoch eine Zelle mit größerem (2, 3, oder 4–fachem) Volumen die Beschreibung in einem höhersymmetrischen Kristallsystem erlaubt. Um die Symmetrieeigenschaften vernünftig beschreiben zu können, ist es in solchen Fällen stets besser, die größeren Zellen zu benutzen, die dann jedoch in ihrem Inneren zusätzliche Punkte des Translationsgitters enthalten. Man nennt sie deshalb *zentrierte Zellen* und sagt, sie sind 2–, 3– oder 4–fach primitiv.

Beschreibt man das Translationsgitter mit diesen der Symmetrie angepaßten größeren Achsen, so erhält man zusätzlich zu den sieben primitiven Gittern der Kristallsysteme sieben weitere zentrierte Gitter, insgesamt kann man also 14 sogenannte *Bravais-Gitter* unterscheiden. Sie werden durch folgende Symbole gekennzeichnet: P für ein primitives Gitter, A,B,C für *einseitig flächenzentrierte Gitter*, in denen ein zusätzlicher Translationspunkt auf der Mitte der A–Fläche (zwischen b – und c –Achse aufgespannt) bzw. der B– oder C–Fläche sitzt. Dadurch wird das Volumen der primitiven Zelle verdoppelt. Mit F wird die gleichzeitige Zentrierung aller Flächen unter Vervierfachung des Volumens gekennzeichnet (*allseitige Flächenzentrierung*).

Verdopplung des Volumens erfolgt bei der *Raumzentrierung (Innenzentrierung) I*, bei der ein zusätzlicher Translationspunkt in der Zellmitte sitzt (fast alle Metalle kristallisieren in einem kubisch–flächenzentrierten oder einem kubisch–raumzentrierten Gitter).

> *Achtung: Im kubischen CsCl–Typ befindet sich Cs an den Ecken der würfelförmigen Elementarzelle, Cl in der Zellmitte. Die Zelle ist trotzdem kubisch primitiv. Nur wenn dasselbe Atom, bzw. Molekül mit identischer Orientierung und Umgebung auftritt, ist Zentrierung gegeben. Anders ausgedrückt muß die Verschiebung des Nullpunkts unseres Achsensystems in den Zentrierungspunkt zu einem von der Ausgangslage ununterscheidbaren Ergebnis führen.*

2.2.1 Hexagonale, trigonale und rhomboedrische Systeme

Sowohl *hexagonale* (mit 6-zähligen Symmetrien) als auch *trigonale* Systeme (mit 3-zähligen Symmetrien) lassen sich durch ein *hexagonales Achsensystem* beschreiben ($a = b \neq c, \alpha = \beta = 90°, \gamma = 120°$). Es zeichnet sich durch sechszählige Drehachsen im Translationsgitter entlang der c –Achse aus. Deshalb findet man in der Literatur oft das trigonale Kristallsystem nicht als eigene Klasse aufgeführt, so daß man nur 6 Kristallsysteme unterscheidet. Einen Sonderfall im trigonalen System stellen die *rhomboedrischen* Elementarzellen dar: Sucht man die kleinste primitive Zelle auf, so gelten hier die Restriktionen $a=b=c$ und $\alpha = \beta = \gamma \neq 90°$. Man kann sich diese Zellen gut als durch Streckung oder Stauchung eines Würfels entlang einer Raumdiagonalen entstanden vorstellen, wobei der Würfel selbst als Spezialfall eines Rhomboeders mit $\alpha = \beta = \gamma = 90°$ betrachtet werden kann. Die ausgezeichnete Symmetrierichtung, in der die 3-zählige Symmetrieachse liegt, ist die Raumdiagonale. Um diese Symmetrieeigenschaft mathematisch einfach beschreiben zu können, ist es wieder vorteilhaft, zu einer – nun zweifach in den Punkten $\frac{1}{3}, \frac{2}{3}, \frac{2}{3}$ und $\frac{2}{3}, \frac{1}{3}, \frac{1}{3}$ zentrierten – trigonalen Zelle hexagonaler Metrik mit dreifachem Volumen überzugehen, in der nun die c –Achse die ausgezeichnete Achse ist (Abb. 8). Dies nennt man die *obverse* Aufstellung einer rhomboedrischen Elementarzelle. Sie ist die Standardaufstellung für rhomboedrische Systeme. Eine alternative sog. *reverse* Aufstellung erhält man durch Wahl von um 60° um c gedrehten a und b –Achsen. Dadurch erfolgt die Zentrierung in den Punkten $\frac{2}{3}, \frac{1}{3}, \frac{2}{3}$ und $\frac{1}{3}, \frac{2}{3}, \frac{1}{3}$. Die *Rhomboeder-Zentrierung* wird durch das Symbol R ausgedrückt.

Alle 14 Bravais-Gitter sind in Abb. 9 zusammengestellt und mit ihren sog. Pearson-Symbolen bezeichnet. Man sieht, daß in den verschiedenen Kristallsystemen nur bestimmte Zentrierungen sinnvoll sind. Eine B–Zentrierung im

2.2 Die 14 Bravais–Gitter

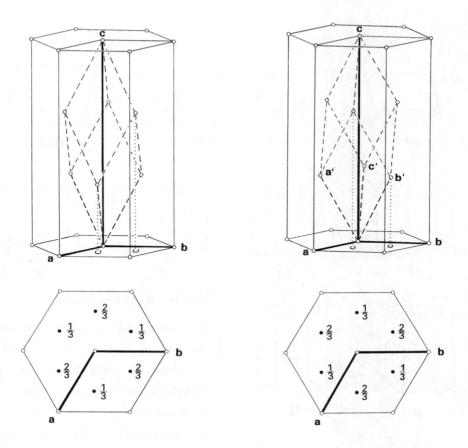

Abb. 8: Rhomboedrische Elementarzelle in *obverser (links)* und *reverser (rechts) hexagonaler Aufstellung*

monoklinen Achsensystem (**b** als ausgezeichnete Achse) wäre unsinnig, da die primitive Zelle ebenfalls schon monokline Symmetrie hat. (Abb. 10). Wie Abb. 11 veranschaulicht, kann man jede monoklin C–zentrierte Zelle auch raumzentriert beschreiben. Es ist empfehlenswert, stets diejenige der beiden gleichberechtigten Aufstellungen zu wählen, die den kleineren monoklinen Winkel β ergibt.

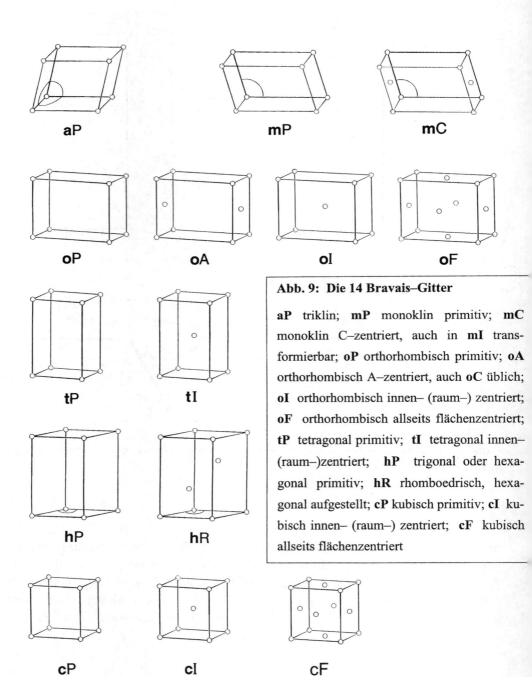

Abb. 9: Die 14 Bravais–Gitter

aP triklin; **mP** monoklin primitiv; **mC** monoklin C–zentriert, auch in **mI** transformierbar; **oP** orthorhombisch primitiv; **oA** orthorhombisch A–zentriert, auch **oC** üblich; **oI** orthorhombisch innen– (raum–) zentriert; **oF** orthorhombisch allseits flächenzentriert; **tP** tetragonal primitiv; **tI** tetragonal innen–(raum–)zentriert; **hP** trigonal oder hexagonal primitiv; **hR** rhomboedrisch, hexagonal aufgestellt; **cP** kubisch primitiv; **cI** kubisch innen– (raum–) zentriert; **cF** kubisch allseits flächenzentriert

2.2 Die 14 Bravais–Gitter

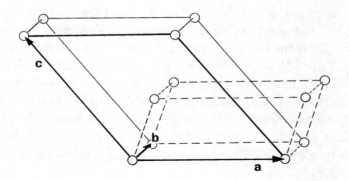

Abb. 10: Unnötige monokline B–Zentrierung, richtige P–Zelle gestrichelt

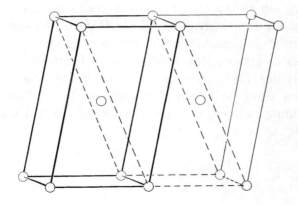

Abb. 11: Alternative C–Zentrierung (gestrichelt) und hier vorzuziehende I–Zentrierung (stark gezeichnet) im monoklinen Kristallsystem. Blick etwa auf die a, c–Ebenen.

2.2.2 Reduzierte Zellen

Um systematisch zu prüfen, ob eine experimentell ermittelte Elementarzelle durch Achsentransformation evtl. in eine „bessere" Zelle höherer Symmetrie umgewandelt werden kann, wurden Algorithmen entwickelt, die für jede Zelle zuerst eine standardisierte sog. reduzierte primitive Zelle ermitteln (Delauney-Reduktion). Diese muß die Bedingungen erfüllen, daß $a \leq b \leq c$ und alle Winkel entweder $\leq 90°$ oder alle $\geq 90°$ sind. Für jeden beliebigen

Kristall gibt es genau eine Zelle, die diese Bedingungen erfüllt. Eine nützliche Anwendung der reduzierten Zellen ist daher die Kontrolle, ob eine Struktur bereits in der Literatur bekannt ist. Vergleicht man reduzierte Zellen aus Datenbanken (s.Kap. 13), so findet man äquivalente Elementarzellen, auch wenn sie ursprünglich anders aufgestellt wurden. Solche Tests sind immer nützlich, bevor man aufwendige Intensitätsmessungen (Kap. 7) beginnt. Eine zweite wichtige Anwendung der reduzierten Zellen ist, daß man anhand klarer Kriterien aus ihrer Metrik, die man meist in Form der sog. Niggli-Matrix (Gl. 2) darstellt, die mögliche „richtige" konventionelle Elementarzelle ableiten kann (Int.Tables, Vol. A, Kap. 9).[2]

$$\textbf{Niggli-Matrix:} \quad \begin{pmatrix} a^2 & b^2 & c^2 \\ bc\cos\alpha & ac\cos\beta & ab\cos\gamma \end{pmatrix} \quad (2)$$

Die Berechnung der reduzierten und die Transformation zur konventionellen Zelle kann auch durch Programme wie LEPAGE [54] oder mit der Steuersoftware der Einkristall-Diffraktometer vorgenommen werden. Sie liefert also Klarheit über den möglichen Bravaistyp unseres Kristalls. Da hier jedoch lediglich die Metrik des Translationsgitters geprüft wird, kann die Symmetrie trotzdem niedriger sein (nie höher). Wie man überhaupt Elementarzellen experimentell bestimmt, wird in den folgenden Kapiteln 3, 4 und 7 behandelt.

---

[2]Die 'International Tables of Crystallography' [12] gehören zum Rüstzeug jedes Kristallographen. Die aktuelle Ausgabe umfaßt die Bände A-F, sowie A1 (siehe www.iucr.org/iucr-top/it). Wichtig ist vor allem der derzeit in der 5.Auflage lieferbare Band A, der die Kristallsymmetrie, insbesondere die Raumgruppen, behandelt, und zu dem es eine günstige 'teaching edition' gibt. Der Band C enthält viele nützliche Tabellen, z.B. zu Absorption oder zu Bindungslängen. Band F behandelt die Kristallographie biologischer Makromoleküle.

3 Geometrie der Röntgenbeugung

Ein Kristall ist also, wie gezeigt wurde, durch einen dreidimensional periodischen Aufbau charakterisiert, ausgedrückt durch das Translationsgitter. Deshalb sind Interferenzerscheinungen zu erwarten, wenn der Kristall Strahlung ausgesetzt wird mit einer Wellenlänge in der Größenordnung der Gitterabstände. Zunächst soll darauf eingegangen werden, wie man die dazu meist verwendete monochromatische Röntgenstrahlung erzeugt.

3.1 Röntgenstrahlung

Meist verwendet man für Röntgenbeugungsuntersuchungen Röntgengeneratoren mit unter Hochvakuum abgeschmolzenen Röntgenröhren (Abb. 12). Darin wird ein fein fokussierter Elektronenstrahl durch eine angelegte Hochspannung von ca. 30–60 kV auf die Anode gelenkt, eine ebene Platte eines hochreinen Metalls (meist Mo oder Cu, seltener Ag, Fe, Cr etc.), auch „Antikathode" genannt. Da hierbei auf kleinster Fläche, — der typische „Feinfocus" hat einen Brennfleck von 0.4 x 8 oder 12 mm, ein „Normalfocus" 1 x 10 mm, — bis zu 3 kW Wärme frei werden, wird die Anode rückseitig mit Wasser gekühlt. In den obersten Schichten des Metalls wird dabei Röntgenstrahlung durch zwei verschiedene Prozesse freigesetzt: Zum einen wird beim Abbremsen der Elektronen in den elektrischen Feldern der Metallionen die kinetische Energie teilweise in Strahlung umgesetzt, die sog. *„Bremsstrahlung"*. Dieser Strahlungsanteil besitzt, da die Elektronen verschieden stark abgebremst werden, kontinuierliche Energieverteilung, man spricht auch von „weißer" Röntgenstrahlung. Die kürzeste Wellenlänge wird erreicht, wenn die gesamte kinetische Energie der Elektronen verbraucht wird, die ihrerseits nur von der angelegten Hochspannung abhängt.

$$\lambda_{min} = \frac{hc}{eU} \qquad (3)$$

(h = Planck'sches Wirkungsquantum, c = Lichtgeschwindigkeit, e = Elementarladung, U = Röhrenspannung; setzt man U in kV ein, ergibt sich $\lambda_{min} = 1240/U$ [pm])

Dieser Bremsstrahlung überlagert sich die für uns wichtigere *„charakteristische Röntgenstrahlung"*. Sie entsteht dadurch, daß ein Elektron z.B. aus der K–Schale (Hauptquantenzahl $n = 1$) unter Ionisierung des Atoms herausgeschlagen wird. Der dadurch enstehende instabile Zustand relaxiert sofort durch Sprung eines Elektrons aus einer höheren Schale (z.B. der L–Schale) in die Lücke der K–Schale. Dabei wird Röntgenstrahlung scharf definierter

3 GEOMETRIE DER RÖNTGENBEUGUNG

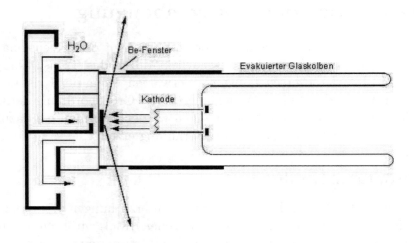

Abb. 12: Schematischer Aufbau einer Röntgenröhre

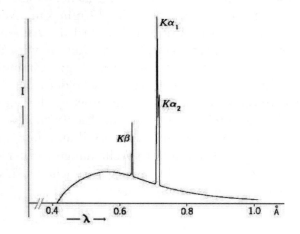

Abb. 13: Spektrum einer Mo-Röntgenröhre

Wellenlänge emittiert, die sich aus der Energiedifferenz beider Niveaus ergibt. Berücksichtigt man die feine Energieaufspaltung in der L–Schale ($n = 2$) durch die Wechselwirkung von Spinmoment und Bahndrehimpuls (l) zum Gesamtdrehimpuls j, die zu den drei Zuständen mit $l = 0, j = \frac{1}{2}; l = 1, j = \frac{1}{2}$ und $l = 1, j = \frac{3}{2}$ führt, sowie die Auswahlregel für einen Übergang von der L– zur K–Schale ($\Delta l = \pm 1$), so versteht man, daß ein Dublett mit eng be-

3.1 Röntgenstrahlung

nachbarten Wellenlängen emittiert wird, die K_{α_1}- und K_{α_2}-Strahlung. Dies entspricht der Emission eines Dubletts für die sog. Na–D–Linie im optischen Bereich. Fällt ein Elektron aus der M–Schale auf das K–Niveau zurück, so wird analog die energiereichere K_{β_1}- und K_{β_2}-Strahlung emittiert. Die weiche L–Strahlung, die nach Abgabe eines Elektrons aus der L–Schale entsteht, ist für unsere Zwecke nicht von Bedeutung, ebensowenig wie Strahlung von Sprüngen aus noch höheren Schalen. Die typische spektrale Verteilung einer Röhre mit Mo–Strahlung ist in Abb. 13 gezeigt.

Die Strahlung wird natürlich vom strichförmigen Focus aus in alle Richtungen abgestrahlt. Genutzt wird nur, was durch eines oder zwei der vier seitlichen Röhrenfenster aus Beryllium nach außen gelangt. Benutzt man ein Fenster, das parallel zum Strichfocus steht (Abb. 14, vorne), so kann man eine strichförmige Röntgenquelle nutzen, die für hochauflösende Pulveraufnahmen geeignet ist. Benutzt man ein 90° dazu stehendes Fenster (Abb. 14, rechts), so sieht man bei üblichem „Take off"–Winkel von 6° zur Fläche der Anode die etwa punktförmige Projektion des Strichfocus, die als intensive Strahlungsquelle für Einkristallaufnahmen genutzt werden kann.

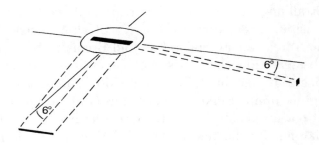

Abb. 14: Nutzung einer Röntgenröhre als strichförmige (vorne) oder punktförmige Strahlenquelle (rechts)

Monochromatisierung. Da man für fast alle Beugungsexperimente monochromatische Strahlung benötigt, benutzt man die besonders starke K_α-Strahlung (Tab. 2) und versucht die störende Strahlung anderer Wellenlängen, vor allem die K_β-Strahlung, so gut wie möglich zu eliminieren. Eine Methode dafür ist die Filtertechnik: Dabei nutzt man aus, daß Röntgenstrahlung in Metallen besonders stark absorbiert wird (mit der Folge von Röntgenemission, wie oben für Elektronenstrahl-Anregung gezeigt), wenn ihre Energie gerade zur Freisetzung innerer Elektronen ausreicht (Röntgenabsorptionskante). Will man also z.B. Cu-K_β-Strahlung in einem Filter absorbieren, so verwendet man Ni–Folie, da die Ionisationsenergie der K–Schale von Ni gerade

Tabelle 2: K_α–Wellenlängen [Å] der wichtigsten Röntgenröhren-Typen. Die meist benutzte mittlere $K_{\bar{\alpha}}$–Wellenlänge errechnet sich durch gewichtete Mittelung der im Intensitätsverhältnis von 2:1 auftretenden K_{α_1}– und K_{α_2}–Wellenlängen.

	Mo	Cu	Fe
K_{α_1}	0.70926	1.54051	1.93597
K_{α_2}	0.713543	1.54433	1.93991
$K_{\bar{\alpha}}$	0.71069	1.54178	1.93728

knapp unterhalb der Energie der K_β–Strahlung, aber oberhalb derer der K_α–Strahlung liegt. Analog nimmt man zur Filterung von Fe–Strahlung Mn– und für Mo–Strahlung Zr–Folie. Bei dieser Methode verliert man zwar relativ wenig Intensität an der erwünschten K_α–Strahlung, jedoch sind immer noch merkliche Anteile an störender K_β– und Bremsstrahlung enthalten. Eine wesentlich bessere Monochromatisierung, allerdings unter stärkeren Intensitätseinbußen, erzielt man durch Einkristall–Monochromatoren: hier wird eine einige cm^2 große dünne Einkristallplatte aus Graphit, Quarz, Germanium, Lithiumfluorid o.a. in genau definierter Orientierung in den Röntgenstrahl gebracht, so daß nur für die gewünschte K_α–Wellenlänge die Bedingung für konstruktive Interferenz erfüllt ist (s.unten). Der gebeugte Strahl wird dann als „Primärstrahl" für das eigentliche Beugungsexperiment benutzt.

Mit guten, zur Focussierung noch gebogenen Quarz– oder Ge–Monochromatoren ist es möglich, bei Cu-Strahlung auch die K_{α_1} und K_{α_2}–Wellenlänge zu trennen. Für die hier interessierenden Einkristall–Untersuchungen ist dies nicht nötig, man verwendet aus Intensitätsgründen meist Graphitmonochromatoren, die das $K_{\alpha_1}/K_{\alpha_2}$–Dublett nicht auflösen.

Drehanoden-Generatoren. Deutlich höhere Intensitäten erhält man, wenn man statt der unter Hochvakuum abgeschmolzenen Röhren mit fest montierter Anode ein offenes System verwendet, bei dem der Brennfleck auf einem schnell rotierenden Anodenrad („Drehanode") erzeugt wird. Dadurch kann die Wärme besser abgeführt werden, so daß höhere Leistungen möglich sind. Das Hochvakuum wird durch einen Pumpenstand erzeugt. Die um Faktor drei und mehr höhere Intensität muß jedoch mit hohen Kosten und der War-

3.1 Röntgenstrahlung

tungsbedürftigkeit dieser Systeme erkauft werden.

Kapillar-Kollimatoren und Röntgenspiegel. Aus dem vom Focus ausgehenden breit divergierenden Röntgenlicht wird normalerweise ein quasi-paralleler Strahl ausgeblendet, indem ein Kollimator zwischen Strahlungsquelle und Kristall eingesetzt wird. Das ist ein Metallrohr von typischerweise 10–12 cm Länge, das an beiden Enden Einsätze mit Bohrungen von 0.3, 0.5 oder 0.8 mm Durchmesser enthält. Die Wahl des Kollimators wird nach Kristallgröße getroffen. Je kleiner der Kollimatordurchmesser, desto schärfer gelten die Interferenzbedingungen, desto kleiner wird die Breite, aber desto geringer auch die beobachtbare Intensität der Reflexe. Seit einiger Zeit werden Kapillar-Kollimatoren gebaut, die eine Spezialglas-Kapillare von so glatter innerer Oberfläche und so präziser Geometrie enthalten, dass Totalreflexion für Röntgenstrahlung bei Einstrahlwinkeln im Bereich einiger zehntel Grad auftritt. Dadurch wird ein größerer Winkelbereich der divergierenden Strahlung nutzbar, so daß gegenüber herkömmlichen Kollimatoren bei MoK_α–Strahlung Intensitätsgewinne bis über 100% erzielt werden können. Bei der langwelligen CuK_α–Strahlung, vorwiegend also an Pulver-Diffraktometern und in der Proteinkristallographie, kommen zunehmend ebene 'multilayer'-Spiegel zum Einsatz, die bis ca. 3-4-fachen Intensitätsgewinn liefern können.

Eine vielversprechende Generator-Neuentwicklung kombiniert einen Spiegelkollimator in Form eines Rotations-Halbellipsoids mit einem elektronisch geregelten Focus innerhalb einer Röntgenröhre. Dadurch wird brillante Röntgenstrahlung mit so hoher Ausbeute gewonnen, daß z.B. mit einer Generator-Leistung von nur max. 80 Watt ähnliche Intensitäten erzielt werden wie auf konventionellem Wege mit Drehanoden-Generatoren, die etwa mit der hundertfachen Leistung betrieben werden. Zur Zeit gibt es jedoch offenbar noch Probleme mit der Langzeitstabilität solcher Systeme.

Synchrotronstrahlung. Statt der charakteristischen Strahlung konventioneller Röntgenröhren kann man auch die in Teilchenbeschleunigern als Nebenprodukt abfallende Röntgenstrahlung, die sog. Synchrotronstrahlung verwenden. Sie weist einige wichtige Vorteile auf:

- hohe Intensität bei geringer Divergenz
- durchstimmbare Wellenlänge (vgl.Kap. 10.2)
- hoher Polarisationsgrad

Kristallographische Untersuchungen damit werden in Europa hauptsächlich im Hamburger HASYLAB am Synchrotron DESY und im ESRF in Grenoble, in den USA am Brookhaven National Laboratory oder an der Cornell University und in Japan in der „Photon Factory" von Tsukuba vorgenommen. Der

Haupteinsatz liegt bei der Untersuchung sehr großer Strukturen (Proteinkristallographie) oder sehr kleiner Kristalle, bei hochauflösender Pulverdiffraktometrie sowie bei speziellen Messungen, bei denen der hohe Polarisationsgrad genutzt wird. Näheres ist z.B. aus [27] zu erfahren.

3.2 Interferenz am eindimensionalen Gitter

Als einfachen Modellfall für die Wechselwirkung von Röntgenstrahlung mit dem Kristallgitter, kann man zuerst den eindimensionalen Fall betrachten, den man experimentell z.B. mit dem optischen Strichgitter realisieren kann: Bestrahlt man ein solches Gitter mit *Strichabstand d* mit monochromatischem Licht ähnlicher Wellenlänge λ, so kann man *Interferenzerscheinungen, „Beugung" ('diffraction')* beobachten. Ihr Zustandekommen kann man sich ableiten, wenn man annimmt, daß von jedem Punkt des Gitters gleichzeitig eine *kugelförmige Streuwelle* derselben Wellenlänge („elastische Streuung") ausgeht. Abhängig vom Betrachtungswinkel θ und dem Punkteabstand d ensteht ein *Gangunterschied* Δ zwischen benachbarten Wellen (Abb. 15). Wenn der

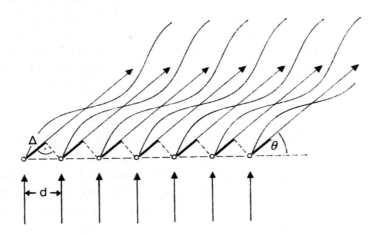

Abb. 15: Gangunterschiede Δ bei Beugung am eindimensionalen Gitter

Winkel θ so gewählt wird, daß dieser Gangunterschied $n\lambda$, ein ganzzahliges Vielfaches von λ beträgt, so tritt „positive" oder *„konstruktive" Interferenz* ein, alle Streuwellen sind „in Phase" und verstärken sich zu einem meßbaren *abgebeugten* Strahl; n bezeichnet man als *Beugungsordnung*. Ebenso klar ist der andere Sonderfall, wenn θ so gewählt wird, daß der Gangunterschied $\lambda/2$ beträgt. Dann addieren sich jeweils benachbarte Streuwellen zu Null, da sie

3.2 Interferenz am eindimensionalen Gitter

genau gegenphasig sind, man erhält „*destruktive Interferenz*". Was geschieht, wenn man bei dazwischenliegenden Betrachtungswinkeln θ beliebige Gangunterschiede zwischen diesen Extremen hat, soll ein konkretes Beispiel zeigen, bei dem zwischen benachbarten Streuzentren nur ein kleiner Gangunterschied von $\lambda/10$ auftreten soll (Abb. 16).

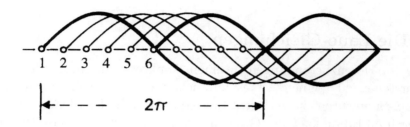

Abb. 16: Überlagerung der Streuwellen bei $\lambda/10$ Gangunterschied zwischen benachbarten Streuwellen

Numeriert man die Punkte des Gitters durch, so findet man bei der Addition der vom Punkt 1 und Punkt 2 ausgehenden Wellen eine nur wenig schwächere Amplitude für die resultierende Welle als ohne Gangunterschied. Betrachtet man jedoch die Streuwellen weiter entfernter Gitterpunkte, so sieht man, daß der Gangunterschied zu Welle 1 jeweils um $\lambda/10$ wächst, bis er beim Punkt 6 den Wert $\lambda/2$ erreicht. Die Wellen 1 und 6 „löschen" sich also „aus". Dasselbe gilt natürlich für die Paare 2 und 7, 3 und 8, 4 und 9 usw., so daß insgesamt bei diesem Betrachtungswinkel keine Intensität zu beobachten ist, also ebenfalls destruktive Interferenz stattgefunden hat. Man erkennt, daß die Anzahl der Streuzentren eine wichtige Rolle spielt. Genügen im gezeigten Beispiel 10 Punkte, um bei $\lambda/10$ Gangunterschied destruktive Interferenz zu erreichen, so sind, um dies bei nur $\lambda/100$ Gangunterschied zu erzielen, also dicht beim Winkel für konstruktive Interferenz, mindestens 100 Punkte notwendig. Umgekehrt gesehen kann man bei einem Gitter sehr hoher Punktezahl erwarten, daß nur bei scharf definierten Betrachtungswinkeln θ, bei denen der Gangunterschied exakt $n\lambda$ beträgt (Beugungsordnung $n = 0,1,2,3..$), hohe abgebeugte Intensität zu beobachten sein wird, im ganzen Winkelbereich dazwischen jedoch keine Intensität auftritt.

Beim 3-dimensionalen Kristall kann man die Anzahl der Gitterpunkte grob abschätzen, wenn man eine mittlere Größe der Gitterkonstanten von 1000 pm (10^{-9} m) zugrundelegt: Ein für Röntgenbeugungsmessungen geeigneter Kristall sollte normalerweise etwa 0.1-0.5 mm (10^{-4} m) Kantenlänge haben, also liegen ca. 10^5 Elementarzellen entlang einer Kristallkante und ca. 10^{15} Zellen im gesamten Kristallvolumen. Das dreidimensionale Gitter besitzt also 10^{15} Punkte, deshalb kann man sehr scharfe Interferenzbedingungen erwarten: nur an den „erlaubten" Stellen im Raum, an denen für alle Punkte des Gitters Gangunterschiede von $n\lambda$ auftreten, sind *scharfe „Reflexe"* zu erwarten, dazwischen tritt destruktive Interferenz auf.

3.3 Die Laue-Gleichungen

Um die Interferenzbedingungen in einem konkreten dreidimensionalen Kristall verstehen zu können, ist es hilfreich, ihn zuerst gedanklich in lauter „Einatom-Strukturen" zu zerlegen: Für jedes Atom in der Elementarzelle gilt, daß es sich im Raum nach der Gesetzmäßigkeit des Translationsgitters dreidimensional wiederholt. Der ganze Kristall kann also durch so viele ineinandergestellte, leicht gegeneinander versetzte, geometrisch identische Gitter dargestellt werden, wie Atome in der Elementarzelle sind. Um die geometrischen Interferenzbedingungen abzuleiten, genügt es also vorerst, eine „Ein-Atom-Struktur" zu betrachten, die punktförmige Streuzentren nur an den Punkten des Translationsgitters besitzt. Zuerst soll aus dem dreidimensionalen Gitter eine Punktreihe, z.B. entlang der a–Achse herausgegriffen werden (Abb. 17).

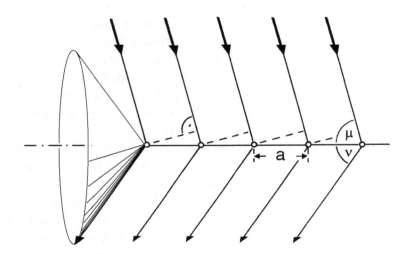

Abb. 17: Streuung an einer Atomreihe: μ = Einfallswinkel, ν = Ausfallswinkel. Konstruktive Interferenz in den Richtungen eines Lauekegels mit 2ν Öffnungswinkel bei Gangunterschied $n\lambda$

3.3 Die Laue-Gleichungen

Der Gangunterschied zwischen den an zwei benachbarten Punkten gestreuten Wellen errechnet sich aus dem Einstrahlwinkel μ und dem Betrachtungswinkel ν nach Gleichung (4).

$$a \cos \mu_a + a \cos \nu_a = n_1 \lambda \qquad (4)$$

Für einen vorgegebenen Einfallswinkel μ gibt es also für jede Beugungsordnung n_1 ($n_1 = 1, 2, 3...$) einen genau definierten Winkel ν, unter dem gebeugte Strahlung beobachtet werden kann. Da sich die gestreuten Wellen im Raum ausbreiten, gilt diese Bedingung für alle Betrachtungsrichtungen, die auf einem Kegelmantel um die Richtung der Punktreihe mit dem halben Öffnungswinkel ν liegen. Für jedes n gibt es einen Kegel, man erhält ein System koaxialer sog. „Lauekegel".

Setzt man nun demselben einfallenden Strahl eine zweite, nicht parallele Atomreihe z.B. in b–Richtung aus, so kann man dafür die analoge Beugungsbedingung (Gl.5) formulieren.

$$b \cos \mu_b + b \cos \nu_b = n_2 \lambda \qquad (5)$$

Man bekommt ein zweites System koaxialer Kegel um diese 2. Atomreihe, auf denen die erlaubten Richtungen für daran gebeugte Wellen liegen. Es wird nach dem eingangs Gesagten klar, daß für diesen zweidimensionalen Fall beide Bedingungen *gleichzeitig* erfüllt sein müssen, d.h. nur noch die wenigen Raumrichtungen sind „erlaubt", die *Schnittlinien beider Kegelsysteme* darstellen.

Greift man eine bestimmte Beugungsordnung n_1 der an der Reihe 1 (a–Achse) gestreuten Wellen heraus (Abb. 18) und geht die durchnumerierten Punkte entlang dieser Achse durch, so haben sie, bezogen auf den Nullpunkt, die in Tab. 3 aufgeführten Gangunterschiede.

Eine analoge Reihe kann man für die Beugungsordnung n_2 bei Reihe 2 (b–Achse) aufstellen. Wählt man nun in Reihe 1 einen Punkt P mit Nummer $x = n_2$ und in Reihe 2 einen Punkt Q mit der Nummer $y = n_1$, so sind für beide die Gangunterschiede gleich ($P : n_2 \cdot n_1 \lambda$; $Q : n_1 \cdot n_2 \lambda$). Für die beiden Teilstrahlen der einfallenden und ausfallenden Wellenfront, die durch P bzw. Q gehen, addieren sich die Gangunterschiede im einfallenden und ausfallenden Strahl also zum selben Wert. Der Beugungsvorgang läßt sich deshalb genauso als eine *Spiegelung* der einfallenden Strahlen an einer durch P und Q gehenden Geraden beschreiben, wobei also *Einfallswinkel = Ausfallswinkel* ist.

Geht man nun zum allgemeinen dreidimensionalen Fall über, so müssen insgesamt drei sog. *Laue-Gleichungen* (Gl.6) gleichzeitig für eine gemeinsame

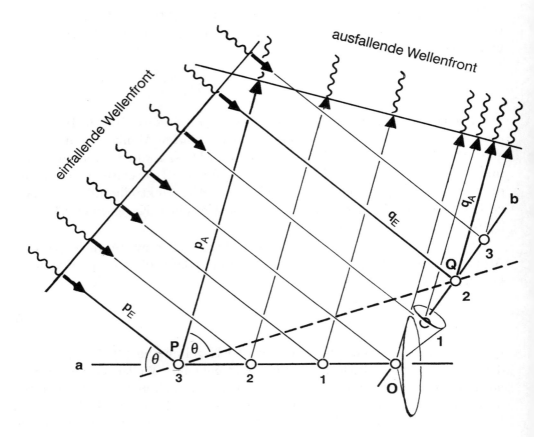

Abb. 18: Gleichzeitige Erfüllung zweier Lauebedingungen, z.B. für die 2.Beugungsordnung an der Atomreihe der a-Achse und die 3.Beugungsordnung entlang der b-Achse in der Schnittlinie beider Lauekegel. Beschreibung als Spiegelung an der Geraden PQ

Richtung des *ein– und des ausfallenden* Strahls erfüllt sein,

$$\begin{aligned} a\cos\mu_a + a\cos\nu_a &= n_1\lambda \\ b\cos\mu_b + b\cos\nu_b &= n_2\lambda \\ c\cos\mu_c + c\cos\nu_c &= n_3\lambda \end{aligned} \quad (6)$$

eine sehr anspruchsvolle Bedingung, bei der sich drei Lauekegel in einer gemeinsamen Schnittlinie schneiden müssen. Dies ist so unwahrscheinlich, daß diese Bedingung nur für ganz bestimmte Einfallsrichtungen des Röntgenstrahls zum Kristall erfüllbar ist. Dies ist der Grund, weshalb man bei den

3.4 Netzebenen und *hkl* -Indices

Tabelle 3: Gangunterschiede in Abb. 18

Atomreihe 1		Atomreihe 2	
Atom-Nr.	Δ	Atom-Nr.	Δ
1	$n_1\lambda$	1	$n_2\lambda$
2	$2n_1\lambda$	2	$2n_2\lambda$
3	$3n_1\lambda$	3	$3n_2\lambda$
...	...	...	...
x	$xn_1\lambda$	y	$yn_2\lambda$

später zu besprechenden Einkristall–Kameras und –Diffraktometern stets den Kristall auf mehr oder weniger komplizierte Weise im Raum bewegen muss, um überhaupt Röntgenbeugung beobachten zu können.

Auch im dreidimensionalen Fall ist es genauso möglich, jeden Beugungsvorgang durch eine *Reflexion an einer*, nun durch drei Punkte des Translationsgitters definierten *Ebene* zu beschreiben. Ist diese Reflexion „erlaubt", sind also die Lauebedingungen alle erfüllt, so kann man einen „Reflex" beobachten.

3.4 Netzebenen und *hkl* -Indices

Die Ebenen, an denen eine solche Reflexion stattfindet, nennt man *Netzebenen* und charakterisiert ihre Orientierung im Translationsgitter mit den meist *Miller–Indices* genannten Werten *hkl*. Zu jeder Ebene, die durch Punkte des Translationsgitters geht, gibt es eine Schar paralleler Ebenen, so daß auf jeder Ebenenschar, unabhängig von ihrer Orientierung, stets alle Punkte des Gitters liegen (Abb. 19). Man kann die *hkl*-Indices einer Ebene ermitteln, indem man die Ebene herausgreift, die dem Nullpunkt am nächsten liegt, jedoch nicht durch ihn hindurch geht. Sie schneidet die *a*–, *b*– und *c*–Achse der Elementarzelle in *Achsenabschnitten 1/h, 1/k und 1/l*, die stets rationale Brüche sind (Abb. 20). Im 2–dimensionalen Beispiel aus Abb. 19 oben rechts teilt z.B. die Ebene aus einer Schar, die durch Punkt 3 (Ausgangspunkt mit Nummer 0) in *a*– und Punkt 1 in *b*–Richtung geht, die *a*–Achse in 1, die *b*–Achse in 3 Teile. Die dem Nullpunkt nächste Ebene hat also Achsenabschnitte von $\frac{1}{h} = \frac{1}{1}$ und $\frac{1}{k} = \frac{1}{3}$. Die Kehrwerte, also immer ganze Zahlen, sind die gesuchten Indices *hkl*, die somit die Ebene kennzeichnen. Ein Index 0 bedeutet einen Achsenabschnitt im Unendlichen, also eine parallel zu einer kristallographischen Achse

3 GEOMETRIE DER RÖNTGENBEUGUNG

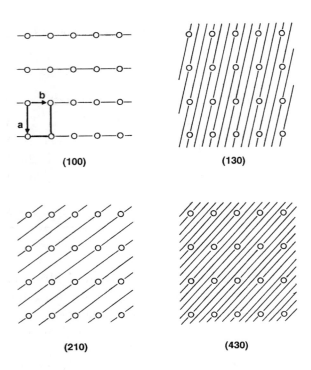

Abb. 19: Beispiele für Netzebenen (Projektion aus der c-Richtung)

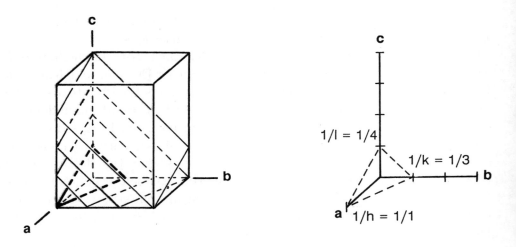

Abb. 20: Zur Definition der hkl-Werte über die reziproken Achsenabschnitte

verlaufende Ebene; die Netzebenen (100), (010), (001) verlaufen z.B. parallel zu den Flächen der Elementarzelle. Der Netzebenenabstand d ist meist am größten bei der Ebenenschar, die in Richtung der größten Gitterkonstanten gestapelt ist. Je höher die Indices sind, desto „schräger" laufen die Ebenen, und desto kleiner werden die Abstände d. In Abb. 19 erkennt man, daß bei „niedrig indizierten" Ebenen die Belegung mit Punkten besonders dicht ist. Im realen Kristall bedeutet dies, daß hier Schichten dicht gepackter Atome liegen. Dies sind daher meist auch die Hauptwachstumsflächen von Kristallen. Die makroskopisch sichtbaren Begrenzungsflächen von Kristallen entsprechen deshalb fast immer Netzebenen mit niederen Indices. Kennt man die Richtung der Zellachsen und mißt die Raumwinkel der Flächen zu diesen, so kann man über die graphische Bestimmung der Achsenabschnitte die Indices der Flächen ermitteln. Sie werden durch deren in runde Klammern gesetzte Indices (hkl) bezeichnet, während die Indices hkl ohne Klammern die davon ausgehenden Reflexe bezeichnen. Da sich die Symmetrie des Translationsgitters natürlich auch in den Netzebenen zeigt, läßt sich bei gut ausgebildeten Kristallflächen durch die Vermessung der Winkel der Kristallflächen zueinander auf einem optischen Zweikreisgoniometer das Kristallsystem bestimmen.

3.5 Die Braggsche Gleichung

Wie aus den Lauegleichungen abgeleitet wurde, muß für konstruktive Interferenz einerseits die Spiegelbedingung für eine solche Netzebene erfüllt sein, also der Einfallswinkel θ muß gleich dem Ausfallswinkel sein (Abb. 21). Zusätzlich muß dieser Winkel jedoch einen ganz speziellen Wert annehmen, so daß alle drei Lauebedingungen (Gl. 6) erfüllt sind, also nicht nur für diese Ebene, sondern im ganzen Translationsgitter alle Streuwellen in Phase sind.

Wie Vater W.H. und Sohn W.L. Bragg gezeigt haben, läßt sich dieser spezielle Winkel sehr einfach ableiten, indem man berücksichtigt, welchen Gangunterschied eine an der nächsten tiefer im Gitter liegenden Ebene dieser Netzebenenschar reflektierte Welle hat (Abb. 21): Nur die Winkel θ sind erlaubt, bei denen der Gangunterschied $2d\sin\theta$ ein ganzzahliges Vielfaches der Wellenlänge beträgt (Gl. 7)

$$2d\sin\theta = n\lambda \qquad (\text{n} = 1,2,3...) \qquad (7)$$

Für jede Netzebene (hkl) mit charakteristischem Netzebenenabstand d sind für die verschiedenen Beugungsordnungen n die möglichen Winkel θ damit klar definiert. Es soll jetzt schon darauf hingewiesen werden, daß diese Bedingung für das Auftreten eines bestimmten Reflexes von der Netzebene hkl dem Kristallographen immer noch Freiheiten läßt, nämlich den Kristall bei

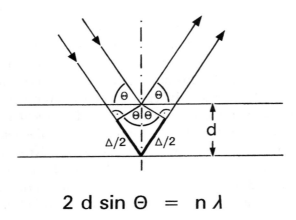

$$2\,d\,\sin\Theta = n\,\lambda$$

Abb. 21: Zur Ableitung der Braggschen Gleichung

richtig eingestelltem θ um die Richtung des Röntgenstrahls und/oder um die Flächennormale dieser Netzebene zu drehen, denn dadurch ändern sich Ein– und Ausfallswinkel θ nicht.

3.6 Höhere Beugungsordnungen

Um nun nicht zusätzlich zu den Indices hkl für die jeweilige Netzebene den Parameter n für die Beugungsordnung mitführen zu müssen, erweitert man den Netzebenenbegriff: Schreibt man die Braggsche Gleichung (Gl.7) in der Form von Gl.8

$$2\frac{d}{n}\sin\theta = \lambda \qquad (\text{n} = 1,2,3...) \tag{8}$$

und läßt für jede „echte" Netzebenenschar hkl mit Abstand d zusätzlich fiktive Netzebenen mit dem Abstand $d/2, d/3, ... d/n$ zu, so läßt sich jeder Reflex nur durch Angabe der Indices hkl charakterisieren. Den neuen fiktiven Netzebenen entsprechen nun natürlich neue Indices hkl: Will man z.B. für eine Netzebene (211) die zweite Beugungsordnung beschreiben, so definiert man eine zusätzliche Netzebene mit dem halben Netzebenenabstand. Diese hat gegenüber der ursprünglichen echten natürlich die halben Achsenabschnitte, also bekommt sie die doppelten Indices (422). Allgemein wird die n–te Beugungsordnung, die von einer Netzebene *(hkl)* stammt, durch die fiktiven Netzebenen *(nh nk nl)* mit den Netzebenenabständen d/n angegeben. Reflexe von „echten" Netzebenen besitzen bei den Indices hkl keinen gemeinsamen Teiler, hat ein Reflex hkl einen gemeinsamen Teiler n, so gibt dieser die Beugungsordnung an.

Maximale Reflexzahl. Man sieht, daß — zumindest im unendlichen Translationsgitter — die Zahl der Netzebenen *(hkl)*, auch ohne Einbeziehung der höheren Beugungsordnungen, ins Unendliche geht. Wieviele der möglichen Reflexe nun tatsächlich beobachtbar sind, hängt von der verwendeten Wellenlänge ab: Geht man zu immer höheren Indices, so nehmen die Abstände d immer mehr ab, und nach der Braggschen Gleichung (Gl.7) steigen die Beugungswinkel θ immer mehr an. Die Grenze, also das minimale d ist erreicht, wenn bei senkrechtem Einfall gerade noch der Gangunterschied von λ erreicht wird. Dies ist der Fall, wenn $d = \lambda/2$ ist. In der umgeformten Braggschen Gleichung (Gl.9)

$$\sin\theta = \lambda/2d \tag{9}$$

bedeutet dies, daß für den $\sin\theta$ der Grenzwert von 1 erreicht ist. In der Praxis können bei einer Kristallstruktur mit durchschnittlich großer Elementarzelle immerhin viele Tausend Reflexe auftreten, je größer die Elementarzelle, desto mehr Reflexe sind möglich.

3.7 Die Quadratische Braggsche Gleichung

Für die Berechnung der Beugungswinkel θ ist die Kenntnis der Netzebenenabstände erforderlich. Sie hängen von den Indices *hkl* der Netzebene ab und von der Geometrie des Translationsgitters. Kennt man die Elementarzelle des Kristalls, so kann man für jede Ebene *(hkl)* den Netzebenenabstand d über die Achsenabschnitte $1/h$, $1/k$, $1/l$ berechnen. Da diese als Bruchteile der Gitterkonstanten angegeben werden, muß man zuerst mit a, b, c multiplizieren, um zu Längeneinheiten zu gelangen. Für ein rechtwinkliges zweidimensionales System (Abb. 22) ist d einfach zu ermitteln: Im Dreieck mit der Hypotenuse s gilt nach dem Satz des Pythagoras

$$s^2 = \frac{a^2}{h^2} + \frac{b^2}{k^2} \tag{10}$$

Andererseits gilt für die Dreiecksfläche F:

$$2F = \frac{a}{h} \cdot \frac{b}{k} = s \cdot d \tag{11}$$

Quadriert man Gleichung 11 und setzt s^2 aus Gl. 10 ein, so ergibt sich

$$\frac{a^2}{h^2} \cdot \frac{b^2}{k^2} = \left(\frac{a^2}{h^2} + \frac{b^2}{k^2}\right) \cdot d^2$$

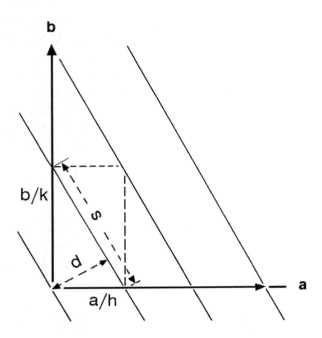

Abb. 22: Zur Berechnung des Netzebenenabstandes d für eine Netzebene hkl im (2–dim.) orthogonalen System

oder

$$\frac{1}{d^2} = \frac{\frac{a^2}{h^2} + \frac{b^2}{k^2}}{\frac{a^2}{h^2} \cdot \frac{b^2}{k^2}} = \frac{h^2}{a^2} + \frac{k^2}{b^2} \tag{12}$$

Dehnt man auf ein dreidimensionales rechtwinkliges z.B. orthorhombisches System aus, so ergibt sich analog Gl.13

$$\frac{1}{d^2} = \frac{h^2}{a^2} + \frac{k^2}{b^2} + \frac{l^2}{c^2} \tag{13}$$

Im allgemeinen schiefwinkligen Fall kommen durch Anwendung des Cosinus–Satzes trigonometrische Glieder hinzu, die die Winkel in der Elementarzelle berücksichtigen. Im monoklinen Kristallsystem gilt dann z.B.

$$\frac{1}{d^2} = \frac{h^2}{a^2 \sin^2 \beta} + \frac{k^2}{b^2} + \frac{l^2}{c^2 \sin^2 \beta} - \frac{2hl \cos \beta}{ac \sin^2 \beta} \tag{14}$$

Damit kann man also für jede Netzebene hkl bei Kenntnis der Elementarzelle den Netzebenenabstand d und mit Hilfe der Braggschen Gleichung (7)

3.7 Die Quadratische Braggsche Gleichung

auch den Beugungswinkel θ berechnen. Kombiniert man beide Gleichungen, so erhält man die sog. *quadratische Form der Braggschen Gleichung*, die mit ihren für höher symmetrische Kristallsysteme vereinfachten Varianten in Tab. 4 aufgeführt ist. Diese Beziehungen sind auch nützlich, um aus geeigneten Reflexen (z.B. aus Pulveraufnahmen) bei experimentell ermitteltem Beugungswinkel θ und bekannten Indices hkl Gitterkonstanten zu berechnen.

Tabelle 4: Die quadratischen Braggschen Gleichungen in den 7 Kristallsystemen

Triklin
$$\sin^2\theta = \tfrac{\lambda^2}{4}[h^2 a^{*2} + k^2 b^{*2} + l^2 c^{*2} + 2kl b^* c^* \cos\alpha^*$$
$$+ 2lh c^* a^* \cos\beta^* + 2hk a^* b^* \cos\gamma^*]$$

$a^* = \tfrac{1}{V}bc\sin\alpha, \qquad \cos\alpha^* = \tfrac{\cos\beta\cos\gamma - \cos\alpha}{\sin\beta\sin\gamma}$

$b^* = \tfrac{1}{V}ca\sin\beta, \qquad \cos\beta^* = \tfrac{\cos\gamma\cos\alpha - \cos\beta}{\sin\gamma\sin\alpha}$

$c^* = \tfrac{1}{V}ab\sin\gamma, \qquad \cos\gamma^* = \tfrac{\cos\alpha\cos\beta - \cos\gamma}{\sin\alpha\sin\beta}$

$V = abc\sqrt{1 + 2\cos\alpha\cos\beta\cos\gamma - \cos^2\alpha - \cos^2\beta - \cos^2\gamma}$

Monoklin
$$\sin^2\theta = \tfrac{\lambda^2}{4}\left[\tfrac{h^2}{a^2\sin^2\beta} + \tfrac{k^2}{b^2} + \tfrac{l^2}{c^2\sin^2\beta} - \tfrac{2hl\cos\beta}{ac\sin^2\beta}\right]$$

Orthorhombisch
$$\sin^2\theta = \tfrac{\lambda^2}{4}\left[\tfrac{h^2}{a^2} + \tfrac{k^2}{b^2} + \tfrac{l^2}{c^2}\right]$$

Tetragonal
$$\sin^2\theta = \tfrac{\lambda^2}{4a^2}[h^2 + k^2 + (\tfrac{a}{c})^2 l^2]$$

Hexagonal und trigonal
$$\sin^2\theta = \tfrac{\lambda^2}{4a^2}[\tfrac{4}{3}(h^2 + k^2 + hk) + (\tfrac{a}{c})^2 l^2]$$

Kubisch
$$\sin^2\theta = \tfrac{\lambda^2}{4a^2}[h^2 + k^2 + l^2]$$

4 Das reziproke Gitter

Bei Kenntnis der Elementarzelle eines Kristalls ist man also in der Lage, alle möglichen Netzebenen (*hkl*) zu konstruieren und über ihre Netzebenenabstände *d* die Beugungswinkel der zugehörigen Reflexe *hkl* zu berechnen. Die Information über die räumliche Lage jeder Ebene steckt dabei in ihren Indices (*hkl*). Will man für das Ziel der Strukturbestimmung möglichst viele Reflexe vermessen, so muß für jeden die Orientierung des Kristalls zum Röntgenstrahl entsprechend der räumlichen Lage der Netzebene so eingestellt werden, daß die Braggsche Beugungsbedingung erfüllt ist und der ausfallende Strahl das Detektorsystem trifft.

4.1 Vom realen zum reziproken Gitter

Da es rasch sehr unübersichtlich wird, wenn man viele Netzebenen gleichzeitig darstellen will, bietet es sich an, jede Netzebenenschar durch einen Vektor ***d*** zu beschreiben, der die Richtung ihrer Flächennormale und die Länge des Netzebenenabstandes besitzt. Dann entspricht jedem, auf einem Detektor quasi punktförmig beobachtbaren Reflex ein Punkt im Achsensystem der Elementarzelle, nämlich der Endpunkt des entsprechenden ***d***-Vektors. Wegen des reziproken Zusammenhangs $|d| \sim 1/\sin\theta$ werden diese ***d***-Vektoren jedoch um so kürzer (Abb. 23 a), je höher die *hkl*-Indices und damit die Beugungswinkel werden (im einfachen Beispiel eines orthorhombischen Kristalls gilt die schon bekannte Gleichung 13). Alle ***d***-Vektoren enden deshalb innerhalb der Elementarzelle. Außerdem ist ihre Richtung nicht einfach zu konstruieren, da sie über die Achsenabschnitte ***a****/h*, ***b****/k*, ***c****/l*, also wiederum über einen reziproken Zusammenhang mit den Indices *hkl* definiert ist. Dies alles läßt sich sehr vereinfachen, wenn man statt der Größen ***d, a, b, c*** des realen Gitters reziproke Einheiten verwendet, die in *orthogonalen* Systemen wie im folgenden orthorhombischen Beispiel einfach über die Kehrwerte definiert sind (Gl. 15):

$$\frac{1}{d^2} = \frac{h^2}{a^2} + \frac{k^2}{b^2} + \frac{l^2}{c^2}$$

$$d^* = \frac{1}{d}, \ a^* = \frac{1}{a}, \ b^* = \frac{1}{b}, \ c^* = \frac{1}{c} \qquad (15)$$

Damit erhält man die gegenüber (13) viel einfachere Gleichung (16)

$$d^{*2} = h^2 a^{*2} + k^2 b^{*2} + l^2 c^{*2} \qquad (16)$$

4.1 Vom realen zum reziproken Gitter

Sie hat die Form der Abstandsgleichung (17)

$$r^2 = x^2 + y^2 + z^2 \qquad (17)$$

So wie man in einem kartesischen Koordinatensystem den Abstandsvektor r eines Punktes mit den Koordinaten x, y, z angeben und nach Gl. 17 seinen Betrag berechnen kann, so kann man in einem Koordinatensystem mit den reziproken Einheiten a^*, b^*, c^* als Einheitsvektoren einen reziproken Netzebenenabstands–Vektor d^* einfach durch seine Koordinaten h, k, l darstellen und seine Länge nach Gl. 16 berechnen (Abb. 23 b,c).

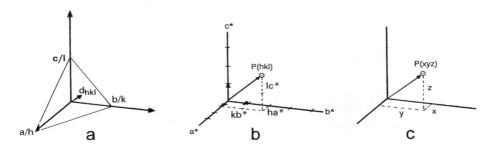

Abb. 23: **a)** d–Vektor im realen Gitter (Maßstab 10^8) **b)** d^*–Vektor im reziproken Gitter (Maßstab $8 \cdot 10^{-8}$ cm^2) **c)** Vergleich mit der Abstandsgleichung

Da die Indices hkl stets ganzzahlig sind, erhält man bei der Darstellung aller Netzebenen durch die Endpunkte ihrer d^*–Vektoren wieder ein echtes Gitter, das durch dreidimensionales Aneinanderreihen der reziproken Basisvektoren a^*, b^*, c^* entsteht. Die Basisvektoren sind die d^*–Vektoren der Netzebenen (100), (010) und (001). Die kleinste dreidimensionale Masche kann man auch die reziproke Elementarzelle nennen, das durch deren Aneinanderreihen enstehende Gitter nennt man das *reziproke Gitter*. Im Gegensatz dazu nennt man das aus den Basisvektoren a, b, c aufgespannte Translationsgitter auch das *reale Gitter*. Die Verhältnisse sind etwas komplizierter, wenn man schiefwinklige Achsensysteme betrachtet: dort sind die Netzebenennormalen der (100)–, (010)– und (001)–Ebenen und damit die reziproken Achsen a^*, b^*, c^* nicht mehr parallel zu den realen Achsen a, b und c (Abb. 24).

So steht z.B. die a^*–Achse senkrecht auf der realen b, c–Ebene. Allgemein stehen die *reziproken Achsen senkrecht auf realen Ebenen* und umgekehrt die *realen Achsen senkrecht auf den* aus zwei reziproken Achsen aufgespannten „reziproken Ebenen". Wegen der Ableitung über Flächennormalen erfolgt die korrekte mathematische Definition der reziproken Achsen über die Vektorprodukte der entsprechenden realen Achsen (Gl.18). Da diese die Dimension einer

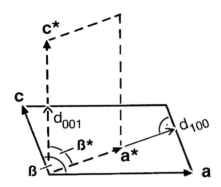

Abb. 24: Reale und reziproke Zelle im monoklinen Kristallsystem

Fläche haben, muß durch das Volumen der Elementarzelle dividiert werden, um zu den reziproken Längeneinheiten zu gelangen:

$$a^* = \frac{b \times c}{V}, \quad b^* = \frac{a \times c}{V}, \quad c^* = \frac{a \times b}{V} \quad (18)$$

Das reziproke Gitter bietet eine sehr übersichtliche Möglichkeit, die Gesamtheit der Netzebenen (*hkl*) und damit der möglichen Reflexe eines Kristalls räumlich darzustellen (Abb. 25).

Jedem Punkt im reziproken Gitter entspricht ein möglicher Reflex *hkl*. Die d^*-Vektoren nennt man auch *Streuvektoren*. Schreibt man einem reziproken Gitterpunkt die jeweilige Reflexintensität zu, so kommt man zum sogenannten *intensitätsgewichteten reziproken Gitter*, das das gesamte „Beugungsbild" eines Kristalls repräsentiert. Es ist, vor allem hinsichtlich der Ableitung der verschiedenen Techniken, diese Reflexe „abzubilden" (Kapitel 7), nützlich, dieses dreidimensionale Gitter in Gedanken in „*reziproke Ebenen*" oder „*reziproke Geraden*" zu zerlegen. Auf reziproken Ebenen, die parallel zu zwei reziproken Basisvektoren sind, ist jeweils ein Index konstant. Man spricht deshalb z.B. von einer *hk*0-Ebene oder 0. Schicht in c^*-Richtung und entsprechend der 1. Schicht oder *hk*1-Ebene. Auf reziproken Geraden durch den Nullpunkt, z.B. der *h*00– oder *hh*0–Geraden (Bedingung $h = k$!) liegt derjenige reziproke Gitterpunkt dem Ursprung am nächsten, der den Reflex einer „echten" Netzebene repräsentiert und nach außen hin folgen die ihrer höheren Beugungsordnungen (vgl. Kapitel 3.6).

4.2 Ewald-Konstruktion

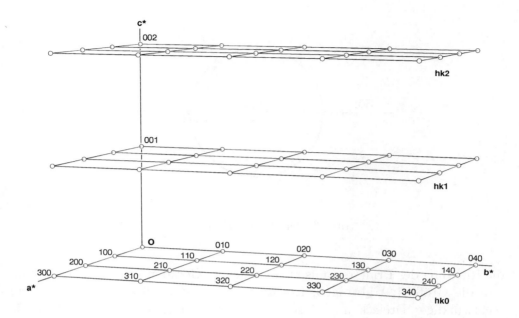

Abb. 25: Beispiel eines reziproken Gitters, aufgeteilt in Schichten entlang **c***

4.2 Ewald-Konstruktion

Daß das reziproke Gitter nicht nur anschauliche Hilfskonstruktion zur geordneten Darstellung der Netzebenenvielfalt eines Kristalls ist, sondern sogar besonders geeignet ist, die praktische Durchführung von Beugungsexperimenten zu beschreiben, wird deutlich, wenn man die sog. *Ewald–Konstruktion* einführt (Abb. 26).

Im linken Teil ist im *realen* Gitter die Reflexion an einer Netzebene skizziert. Wenn der Winkel θ der Braggschen Gleichung für **d** gehorcht, kann unter dem Winkel 2θ zum Strahl ein Reflex beobachtet werden. Im rechten Teil der Abbildung ist derselbe Vorgang mit der *reziproken* Größe **d*** dargestellt: Schreibt man die Braggsche Gleichung in der Form (Gl. 19)

$$\sin \theta = \frac{d^*/2}{1/\lambda} \tag{19}$$

so läßt sich der Winkel θ vom Ort des Kristalls **K** aus in einem rechtwinkligen Dreieck gemäß der Beziehung $sin\theta = Gegenkathete/Hypotenuse$ geometrisch konstruieren. Dazu muß man sich zuerst auf einen beliebigen Abbildungsmaßstab (mit der Dimension einer Fläche) festlegen. Auf der —

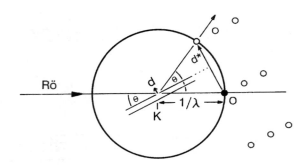

Abb. 26: Die Ewald-Konstruktion

die Richtung des Primärstrahls angebenden — Geraden von **K** aus kann man nun die Größe $1/\lambda$ abtragen. Konstruiert man über dieser Hypotenuse ein rechtwinkliges Dreieck mit Gegenkathete $\boldsymbol{d^*}/2$ (gegenüber **K**), so fällt die Ankathete mit der Netzebene im realen Bild zusammen. Dies muß natürlich so sein, da die $\boldsymbol{d^*}$ -Vektoren ja über Netzebenennormalen definiert sind. Verdoppelt man $\boldsymbol{d^*}/2$ auf $\boldsymbol{d^*}$, so sieht man, daß der reziproke Streuvektor als Sekante in einem Kreis um **K** mit Radius $1/\lambda$ auftritt. Der Strahl von **K** durch den Endpunkt des $\boldsymbol{d^*}$ -Vektors gibt dann die Richtung des Reflexes an. Gültigkeit der Braggschen Gleichung für eine bestimmte Netzebene mit Abstand d bedeutet also, daß der zugehörige Streuvektor $\boldsymbol{d^*}$ auf einem Kreis mit Radius $1/\lambda$ um **K** enden muß. Diesen Kreis nennt man nach dem Urheber dieser Konstruktion den Ewaldkreis bzw. – auf drei Dimensionen übertragen – die *Ewaldkugel*.

So wie man am Ort des Kristalls **K** viele andere Netzebenen einzeichnen könnte, die nicht in Reflexionsstellung sind, kann man von Punkt **O** aus die entsprechenden Streuvektoren $\boldsymbol{d^*}$ einzeichnen, die nun nicht auf dieser Kugel enden. Am Punkt **O** befindet sich also nichts anderes als der Ursprung des *reziproken Gitters*. Den Vorgang, wie man z.B. durch Drehen des Kristalls um Punkt **K** eine Netzebene nach der anderen in die Reflexionsstellung bringt, kann man im reziproken Raum dadurch beschreiben, daß man das reziproke Gitter analog um den Punkt **O** dreht, bis ein Streuvektor $\boldsymbol{d^*}$ nach dem anderen auf der Ewaldkugel endet. Immer dann ist unter dem zugehörigen Winkel 2θ ein Reflex zu beobachten. Während die Bewegung des realen Kristalls und des reziproken Gitters wegen der Parallelität der $\boldsymbol{d}$ – und $\boldsymbol{d^*}$ -Vektoren völlig parallel erfolgt, hat man die kleine gedankliche Schwierigkeit zu überwinden, daß die Drehpunkte **K** bzw. **O** räumlich getrennt sind.

4.2 Ewald-Konstruktion

Eine alternative Methode, die geometrischen Beugungsbedingungen graphisch darzustellen, verwendet statt der *Ewald-Kugel* mit $R = 1/\lambda$ die dimensionslose Einheitskugel mit $R = 1$ (Abb. 27). Dafür muß der Streuvektor $\boldsymbol{d^*}$ nun entsprechend der umgeformten Gl. 19-a

$$\sin\theta = \frac{d^* \cdot \lambda/2}{1} \qquad (19\text{-a})$$

mit der Wellenlänge λ multipliziert werden, wodurch eine nun ebenfalls dimensionslose Größe entsteht, die in *reziproken Gittereinheiten r.l.u. ('reciprocal lattice units')* angegeben wird.

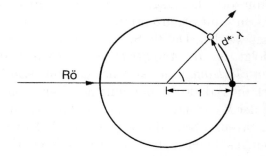

Abb. 27: Ewaldsche Darstellung der Beugungsbedingung im Einheitskreis

Im vorliegenden Text wird die eigentliche Ewald–Konstruktion (Abb. 26) vorgezogen, da sie das reziproke Gitter als konstante Kristalleigenschaft beläßt. Dadurch läßt sich z.B. der Einfluß der Wellenlänge — Änderung des Radius der Ewald–Kugel — auf die Abbildungsgeometrie im Beugungsbild anschaulicher wiedergeben.

5 Strukturfaktoren

Nachdem im vorigen Kapitel geklärt wurde, unter welchen geometrischen Bedingungen im Raum Reflexe auftreten können, soll nun die Frage behandelt werden, wie die Intensitäten der einzelnen Reflexe *hkl* zustande kommen. Dabei wird deutlich werden, weshalb man aus den gemessenen Intensitäten einer Vielzahl von Reflexen auf die Atomanordnung in der Elementarzelle schließen kann.

5.1 Atomformfaktoren

Zuerst soll eine Atomsorte herausgegriffen und die Streuung wieder an einer „Einatom–Struktur" mit Streuzentren nur an den Punkten des Translationsgitters betrachtet werden. Da die Streuung der Röntgenstrahlung *an der Elektronenhülle* erfolgt, ist *die Amplitude der gestreuten Welle* in erster Linie *proportional zur Elektronenzahl*, also der Ordnungszahl des betreffenden Elements. Da jedoch die radiale Ausdehnung der Elektronenhülle durchaus in die Größenordnung der Wellenlänge unserer Röntgenstrahlung reicht, gilt das Bild punktförmiger Streuzentren, das wir bei der Ableitung der Laue– bzw. Braggschen Gleichungen benutzt haben, nicht streng. Denkt man sich die Elektronenhülle in kleine Volumeninkremente aufgeteilt, so ist einerseits deren individuelle Streukraft wichtig. Sie erhält man, indem man durch *quantenmechanische Rechnungen* (nach der Hartree–Fock–Methode, bei den schwersten Elementen nach der Dirac–Statistik) die Radialverteilung der Elektronendichte berechnet. Andererseits ist der (senkrechte) Abstand des Elements von der jeweils reflektierenden Netzebenenfläche wichtig, denn nur Streuzentren genau auf der Netzebenenfläche sind bei korrekter Einstrahlung unter dem Braggschen θ–Winkel in Phase. Bewegt man in Gedanken ein Streuzentrum von der einen Ebene einer Netzebenenschar zur nächst tiefer gelegenen (Abstand d), so durchläuft die davon ausgehende Streuwelle, bezogen auf die Ausgangsebene, Phasenverschiebungen von 0 bis λ, in Phasenwinkeln ausgedrückt 0 bis 360° bzw. im Bogenmaß 0 bis 2π. Ein Abstand δ von der Ideallage führt also zu einer Phasenverschiebung von $\delta \cdot 2\pi/d$, die umso größer wird, je kleiner der Netzebenenabstand d (oder, nach der Braggschen Gleichung, je größer $\sin\theta/\lambda$ ist (Abb. 28).

Summiert man über die Beiträge aller Volumeninkremente unter Berücksichtigung dieser Phasenverschiebungen, so bekommt man deshalb mit zunehmendem Beugungswinkel θ *abnehmende Streuamplituden f der Atome* (Abb. 29).

Sie sind auf Elektronenzahlen normiert, bei $\theta \to 0$ nimmt f den Wert

5.1 Atomformfaktoren

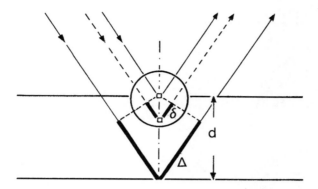

Abb. 28: Phasenverschiebung bei Streuung an unterschiedlichen Orten innerhalb der Elektronenhülle

der Ordnungszahl an. Die Winkelabhängigkeit variiert mit der Elektronendichteverteilung der verschiedenen Atome, der „Atomform"; man nennt diese winkelabhängigen atomaren Streuamplituden deshalb auch *Atomformfaktoren f*. Diese Werte sind für fast alle Atome und Ionen in Tabellenform und in Polynomform mit 9 Parametern pro Atom tabelliert (Int.Tables [12] C, Tab. 6.1.1.1-5) und meist in den modernen Programmsystemen für Kristallstrukturrechnungen bereits enthalten. Daß diese theoretisch berechneten Streuamplituden durch das Experiment meist innerhalb weniger Prozent bestätigt werden, kann man auch als überzeugenden experimentellen Beleg für die Qualität quantenmechanischer ab–initio–Rechnungen sehen: normalerweise liegen die Fehler hier mehr auf Seiten des Experiments.

Betrachtet man den Kurvenverlauf der Atomformfaktoren in Abb. 29, so versteht man einerseits, weshalb im Mittel die Intensitäten der Reflexe mit steigendem Beugungswinkel stark abfallen: bei „Leichtatomstrukturen", z.B. bei rein organischen Verbindungen, lohnt es meist nicht, bis zu höheren θ–Winkeln als 28° für MoK_α– bzw. 70° bei CuK_α–Strahlung zu messen. Andererseits sieht man ein, warum H–Atome röntgenographisch meist nur mit geringer Genauigkeit lokalisiert werden können, neben sehr schweren Atomen wie z.B. im UH_3 überhaupt nicht.

Da die „Rumpf-Elektronen" der inneren abgeschlossenen Schalen wesentlich höhere Elektronendichten zeigen als die auf einen großen Raum „verschmierten" äußeren Valenzelektronen, ist der Streuunterschied zwischen einem Neutralatom und seinen Ionen schon bei mittleren Beugungswinkeln nur sehr gering. Man verwendet fast ausschließlich die Atomformfaktoren der Neutralatome.

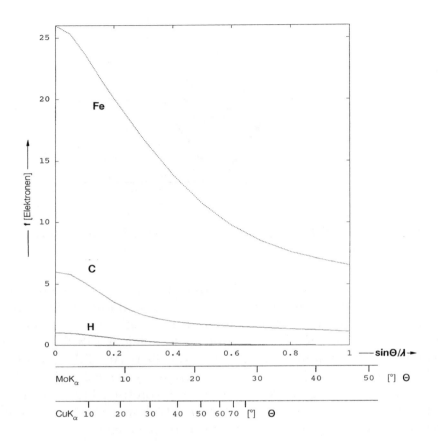

Abb. 29: Beispiele für die Abhängigkeit der Atomformfaktoren vom Beugungswinkel

5.2 Auslenkungsparameter

Bisher wurde davon ausgegangen, daß die Atome im Kristall auf fixierten Lagen sitzen, die durch die Punkte des Translationsgitters beschrieben werden können. Dann liegen sie auch mit ihrem Schwerpunkt genau auf den Netzebenen. Nun führen aber in Wirklichkeit die Atome mehr oder weniger starke Schwingungen um diese Nullpunktslage aus. Der Röntgenstrahl besteht aber aus einer Abfolge von lauter sehr kurzen (ca. 10^{-18} s) „Röntgenblitzen", denn jeder Einschlag eines Elektrons auf die Anode der Röntgenröhre setzt ein Röntgenquant frei, das man sich anschaulich als kurzen (wenige 100 Å, 10 nm langen) *kohärenten Wellenzug* vorstellen kann. Diese Belichtungsdauer ist wesentlich kürzer als die typische Dauer einer thermischen Schwingung

5.2 Auslenkungsparameter

(ca. 10^{-14} s). Man summiert (und mittelt) zwar über eine sehr große Zahl solcher Einzelereignisse während der oft mehrtägigen Messungen, aber jede „Momentaufnahme" registriert natürlich den momentanen Aufenthaltsort der Elektronendichteschwerpunkte.

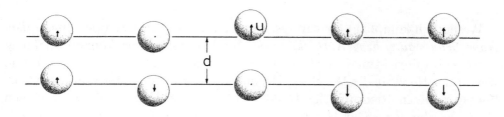

Abb. 30: Phasenverschiebungen durch die thermische Bewegung der Atome

Dadurch erscheinen die Netzebenen „aufgerauht" (Abb. 30) und man bekommt ganz analog zum Bild bei der Ableitung des Atomformfaktors f (Abb. 28) eine zusätzliche Phasenverschiebung, die umso größer ist, je größer die mittlere Auslenkungsamplitude u des Atoms und je kleiner der Netzebenenabstand d (bzw. je größer der Beugungswinkel θ) ist. Die Atomformfaktoren, die selbst schon mit dem Beugungswinkel abnehmen, erfahren deshalb durch die thermische Schwingung bzw. Auslenkung eine zusätzliche Schwächung, die man nach Gl. (20) mit einer e–Funktion berücksichtigt. Dabei nimmt man vorerst an, daß das Atom „isotrop", also in allen Raumrichtungen gleich stark schwingt.

$$f' = f \cdot exp\{\frac{-2\pi^2 u^2}{d^2}\} \tag{20}$$

Das Quadrat u^2 der mittleren Schwingungsamplitude wurde früher als Temperaturfaktor bezeichnet. Da eine Auslenkung von der Mittellage aber außer der thermischen Schwingung auch andere Gründe haben kann, benutzt man heute den allgemeinen Begriff Auslenkungsfaktor U ('displacement factor'). Meist ersetzt man d in Gl. (20) nach der Braggschen Gleichung durch d^* oder $\sin\theta/\lambda$ und kommt so zu den Ausdrücken (20-a) und (20-b):

$$f' = f \cdot exp\{-2\pi^2 U d^{*2}\} \tag{20-a}$$

$$f' = f \cdot exp\{-8\pi^2 U \frac{\sin^2\theta}{\lambda^2}\} \tag{20-b}$$

Oft wird auch der Faktor $8\pi^2$ in (20-b) mit in den isotropen Auslenkungsfaktor einbezogen (Gl.21), der als „*Debye–Waller–Faktor*" B auch in anderen Sparten der Physik eine Rolle spielt.

$$f' = f \cdot exp\{-B \cdot \frac{sin^2\theta}{\lambda^2}\} \qquad (21)$$

Wesentlich komplizierter wird es, wenn man statt der isotropen eine *anisotrope Schwingung bzw. Auslenkung* beschreiben will. Dann können abhängig von der Raumrichtung verschieden starke Auslenkungsamplituden auftreten, was in der Realität die Regel ist. Beispielsweise wird das O–Atom einer Carbonylgruppe in Richtung der C=O–Bindung wesentlich weniger schwingen als senkrecht dazu. Zur Beschreibung einer solchen raumabhängigen Größe verwendet man einen Tensor, d.h. eine Größe, die durch Länge und Richtung dreier senkrecht zueinander stehender Vektoren definiert ist. Die anisotrope Auslenkung wird dann durch ein sog. *Auslenkungs- oder Schwingungsellipsoid* mit drei Hauptachsen U_1, U_2 und U_3 beschrieben. Dessen Form und Lage wird durch die 6 U^{ij}–Parameter in Gl. (22) angegeben, die sich von Gl. (20-a) dadurch ableitet, daß der Streuvektor d* durch seine Komponenten im reziproken Gitter dargestellt wird (siehe Gl. 16, auf schiefwinklige Systeme ausgedehnt).

$$f' = f \cdot e^{-2\pi^2(U^{11}h^2a^{*2}+U^{22}k^2b^{*2}+U^{33}l^2c^{*2}+2U^{23}klb^*c^*+2U^{13}hla^*c^*+2U^{12}hka^*b^*)} \qquad (22)$$

An jeder der 6 Komponenten wird ein Auslenkungsfaktorbeitrag angebracht. In einem rechtwinkligen Achsensystem entsprechen die Glieder U^{11}, U^{22} und U^{33} direkt den Hauptachsen des *Auslenkungsellipsoids* U_1, U_2 und U_3, also den mittleren Auslenkungsquadraten. Die gemischten U^{ij}–Glieder definieren dessen Lage zu den reziproken Achsen. In schiefwinkligen Systemen übernehmen sie auch Beiträge zur Länge der Hauptachsen. Die U^{ij}–Werte werden in Einheiten von Å^2 bzw. 10^{-20} m^2 angegeben und liegen zwischen etwa 0.005 und 0.02 bei schwereren Atomen in anorganischen Festkörperstrukturen. [2] In typischen, z.B. organischen Molekülstrukturen liegen sie bei ca. 0.02 bis 0.06 und gehen bis 0.1–0.2 bei „leicht schwingenden" endständigen Atomen. Sie nehmen ab, wenn man bei tiefer Temperatur mißt. Die Auslenkungsparameter aller Atome werden im Laufe einer Kristallstrukturbestimmung als „Fit-Parameter" experimentell bestimmt, darauf wird in Kapitel 9 noch

---

[2]In den meisten Zeitschriften werden aus Platzgründen nur „äquivalente isotrope Auslenkungsparameter U_{eq}" angegeben. Diese Werte sind nachträglich aus den anisotropen Parametern zurückberechnet [53].

5.2 Auslenkungsparameter

näher eingegangen. Bei der Zeichnung von Strukturen werden die Atome gerne durch ihre Auslenkungsellipsoide dargestellt (z.B. im Progamm ORTEP [58], aber auch SHELXTL [74], PLATON [70] oder DIAMOND [78]). Dazu werden die Hauptachsen U_1, U_2 und U_3 so skaliert, daß das Ellipsoid eine bestimmte *Aufenthaltswahrscheinlichkeit des Elektronendichteschwerpunkts*, üblicherweise 50%, umschreibt (Abb. 31).

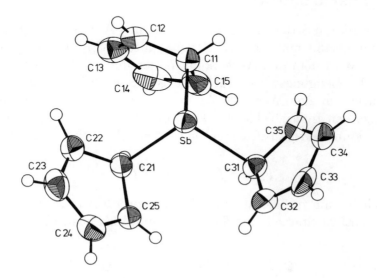

Abb. 31: Darstellung von Atomen durch ihre Auslenkungsellipsoide am Beispiel von $(C_5H_5)_3Sb$ (50% Aufenthaltswahrscheinlichkeit). H-Atome sind als Kreise mit willkürlichem Radius gezeichnet

> *Früher wurden die Komponenten des anisotropen Auslenkungsfaktors mit tiefgestellten Indices U_{ij} geschrieben. In der älteren Literatur und in manchen Programmen findet man auch oft statt der U^{ij}-Werte β_{ij}-Werte angegeben. Sie enthalten neben dem Faktor $2\pi^2$ auch noch die reziproken Achsen (Gl. 23). Dadurch sind die Auslenkungsparameter abhängig von der Elementarzelle und nicht mehr von Struktur zu Struktur direkt vergleichbar.*
>
> $$\beta_{11} = 2\pi^2 U^{11} a^* \qquad u.s.w. \qquad (23)$$

Erst dadurch, daß man die Einflüsse der räumlichen Ausdehnung der Elektronenhülle in der Winkelabhängigkeit der Atomformfaktoren berücksichtigt und die thermische Schwingung der Atome durch den Auslenkungsfaktor beschreibt, wird es möglich, generell bei der theoretischen Berechnung von Streuamplituden die „punktförmigen" Mittellagen der Atome zu verwenden, die durch die Atomparameter x, y, z angeben werden.

5.3 Strukturfaktoren

Für eine „Einatom-Struktur" (Atom 1), mit einer Atomlage $x_1, y_1, z_1 = 0, 0, 0$ im Nullpunkt kann man nun die Streuamplitude $F_{c(1)}$ für jeden Reflex hkl berechnen, wenn man den Auslenkungsfaktor und die Elementarzelle kennt (dann ist der Beugungswinkel für jeden Reflex nach Tab. 4 zu berechnen). Man braucht nur den Wert des Atomformfaktors f_1 beim jeweiligen Beugungswinkel den Intern.Tables C, Tab. 6.1.1.1-5 zu entnehmen und mit der den Auslenkungsfaktorausdruck enthaltenden e–Funktion zu multiplizieren:

$$F_{c(1)} = f_1 \cdot exp\{-2\pi^2 U d^{*2}\} \qquad (24)$$

Nun geht es um die Frage, wie sich eine zweite Atomsorte (Atom 2) im Inneren der Elementarzelle auf die Streuamplituden auswirkt (Abb. 32):

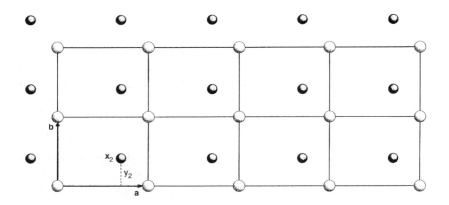

Abb. 32: Räumlich versetzte gleiche Translationsgitter in einer „Zweiatomstruktur"

Für das zweite Atom gilt natürlich dasselbe Translationsgitter wie für das erste, die Beugungsgeometrie ist also identisch. Hat man den Kristall für eine bestimmte Netzebene (hkl) unter dem richtigen Winkel θ zum Röntgenstrahl gestellt, so sind alle Atome der Sorte 1 unter sich in Phase. Entsprechendes

5.3 Strukturfaktoren

gilt für alle Atome der Sorte 2. Durch die räumliche Versetzung des zweiten Translationsgitters um den interatomaren Abstandsvektor x_2, y_2, z_2 zum Nullpunkt erleidet die zweite resultierende Streuwelle jedoch eine *Phasenverschiebung*, die sich nun, je nach Lage der Netzebene, für jeden Reflex verschieden auswirkt. Analog kann man natürlich für jede weitere Atomsorte i vorgehen. Ähnlich wie bei der Ableitung der Beugungswinkelabhängigkeit der Atomformfaktoren oder der Auslenkungsparameter geht der Abstand ein, den die Atomsorte i von der jeweiligen Netzebene aufweist. In Abb. 33 sind die Achsenabschnitte einer Netzebene hkl auf den Gitterkonstanten $\boldsymbol{a}$ und $\boldsymbol{b}$ der Elementarzelle eingezeichnet. Geht man entlang $\boldsymbol{a}$ oder $\boldsymbol{b}$ von einer Ebene der Schar zur nächsten, so durchläuft man Gangunterschiede von 0 bis 2π.

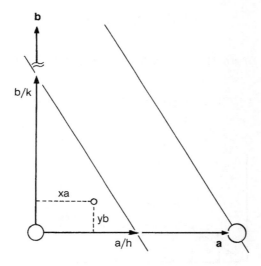

Abb. 33: Zur Berechnung der Phasenverschiebung der an Atomsorte 2 gestreuten Welle gegenüber der von Sorte 1 ausgehenden Welle

Man kann also die Phasenverschiebung Φ_i einer von der Atomsorte i ausgehenden Streuwelle bezogen auf den Nullpunkt der Elementarzelle einfach in 3 Komponenten aufteilen und diese nach dem Dreisatz ausrechnen, wenn man die aus den Atomparametern x_i, y_i, z_i resultierenden Verschiebungen $x_i a, y_i b, z_i c$ ins Verhältnis zu den Längen der Achsenabschnitte $a/h, b/k$ und c/l setzt:

$$\Delta\Phi_{i(a)} = 2\pi \frac{x_i a}{a/h}; \quad \Delta\Phi_{i(b)} = 2\pi \frac{y_i b}{b/k}; \quad \Delta\Phi_{i(c)} = 2\pi \frac{z_i c}{c/l}$$

Insgesamt resultiert dann für die Streuwelle der Atomsorte i eine Phasenverschiebung

$$\Phi_i = 2\pi(hx_i + ky_i + lz_i) \qquad (25)$$

Durch die zusätzliche Phaseninformation ist die Streuwelle nun als *komplexe Größe* zu beschreiben. Man kann dies entweder durch eine Exponential–Funktion mit imaginärem Exponenten tun (Gl. 26) oder indem man sie nach der *Eulerschen Formel* als Summe eines cosinus–Glieds, des Realteils A, und eines sinus–Glieds, des Imaginärteils B, darstellt. In der Gaußschen Zahlenebene tritt der Atomformfaktor dann als Vektorsumme von A und B auf (Abb. 34).

$$F_c(Atom\ i) = f_i \cdot e^{i\Phi_i} \qquad (26)$$

$$F_c(Atom\ i) = f_i(\cos\Phi_i + i\sin\Phi_i) = A_i + iB_i \qquad (26\text{-a})$$

$$(A_i = f_i\cos\Phi_i;\ B_i = f_i\sin\Phi_i)$$

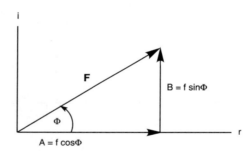

Abb. 34: Darstellung von Streuwellen in der Gaußschen Zahlenebene (**r** = reale, **i** = imaginäre Achse)

Im entstandenen Dreieck kann man leicht den Zusammenhang zwischen Real– und Imaginärteil und dem Betrag der Streuamplitude bzw. der Phase (Gl. 27) anschaulich machen:

$$|F| = \sqrt{A^2 + B^2} \qquad \Phi = \arctan\frac{B}{A} \qquad (27)$$

Dies gilt also jeweils für eine bestimmte Atomsorte i, die mit den Atomkoordinaten x_i, y_i, z_i vom Nullpunkt der Elementarzelle entfernt liegt. Für einen

5.3 Strukturfaktoren

Reflex *hkl* überlagern sich nun die Streuwellen aller *i* Atome in der Elementarzelle unter Berücksichtigung ihrer individuellen Phasenverschiebungen. Die für die gesamte Struktur resultierende Streuwelle nennt man *Strukturfaktor* F_c; er ergibt sich für jeden Reflex *hkl* durch Summation nach Gl. 28.

$$F_c = \sum_i f_i \{\cos 2\pi(hx_i + ky_i + lz_i) + i \sin 2\pi(hx_i + ky_i + lz_i)\} \quad (28)$$

In der Gaußschen Zahlenebene erhält man ihn durch Vektoraddition aller *i* individuellen Atomformfaktor–Vektoren (Abb. 35). Er gibt durch seinen Betrag die Amplitude der Streuwelle an, deren Quadrat man als Intensität im Streuexperiment beobachten kann.

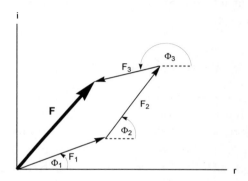

Abb. 35: Vektorielle Addition der Streuwellen der einzelnen Atomsorten zum Strukturfaktor **F**

Der resultierende Phasenwinkel Φ ist analog Gl. 27 aus den Summen der Real– und Imaginärteile zu berechnen:

$$\Phi = \arctan \left(\frac{\sum_i f_i \sin \Phi_i}{\sum_i f_i \cos \Phi_i} \right) = \arctan \frac{\sum B_i}{\sum A_i} \quad (29)$$

Er ist jedoch experimentell nicht direkt zugänglich, da bei der Umrechnung der gemessenen Intensitäten in Amplituden nur noch deren Betrag ermittelt werden kann. Dieses fundamentale sog. *Phasenproblem der Röntgenstrukturanalyse* bedingt den in den späteren Kapiteln behandelten erheblichen Aufwand an „Strukturlösungs-Methoden".

Bevor dieses Problem diskutiert wird, soll jedoch zuerst auf eine Kristalleigenschaft eingegangen werden, die unter mehreren Gesichtspunkten sehr wichtig ist: die Symmetrie.

6 Symmetrie in Kristallen

Die Kenntnis und vollständige Beschreibung der Symmetrie im Kristall ist unter verschiedenen Gesichtspunkten wichtig: Weiß man z.B., daß in der Elementarzelle einer Struktur eine Spiegelebene liegt, so genügt es, die Lagen der Hälfte der Atome zu bestimmen, um die ganze Struktur zu kennen. Weiß man, daß das „Beugungsbild" des Kristalls ein Inversionszentrum besitzt, so kann man sich darauf beschränken, nur die Hälfte der möglichen Reflexe zu vermessen. Die Symmetrie im Kristall hat vielfach Einfluß auf seine physikalischen, wie etwa die optischen oder elektrischen Eigenschaften. Schließlich führt, wie später deutlich werden wird, die fehlerhafte Zuordnung von Symmetrie zu Fehlern bei Strukturbestimmungen, die nicht immer sofort zu erkennen sind. Es ist deshalb wesentlich, die Symmetrieeigenschaften im Kristall zu kennen und korrekt zu beschreiben.

6.1 Einfache Symmetrieelemente

Symmetrieelemente bezeichnen eine räumliche Beziehung, im Sinne einer (gedachten) Bewegung eines Körpers, deren Anwendung, die *Symmetrieoperation*, zu einer Anordnung führt, die von der Ausgangslage nicht zu unterscheiden ist. Die in Kristallen wichtigen einfachen Symmetrieelemente sind in Abb. 36 zusammengestellt. Sie werden in der Kristallographie durch die *Hermann–Mauguin–Symbole* gekennzeichnet, während in der Molekülspektroskopie noch die älteren *Schönflies–Symbole* (siehe Tab.7) üblich sind. In den „*International Tables for Crystallography, Vol.A*" [12] werden die Lagen der Symmetrieelemente in der Elementarzelle auch durch graphische Symbole dargestellt, deren wichtigste in Kap. 6.4, Tab.6 zusammengestellt sind.

Die Operationen des *Inversionszentrums (oder Symmetriezentrums)* $\bar{1}$ („eins quer" gesprochen) und der *Spiegelebene* m erzeugen aus einem Körper, z.B. einem Molekül, sein Spiegelbild, die der *Drehachsen* nicht. Bei letzteren können im Kristall nur die 2–, 3– ,4– und 6–zähligen Drehachsen (Symbole 2,3,4,6) auftreten, da jedes Symmetrieelement ja auch für das Translationsgitter gelten muß. Mit regulären 5–, 7–, 8 ... –eckigen Elementarzellen ist hingegen keine lückenlose Raumerfüllung möglich. Das bedeutet nicht, daß Baugruppen in der Elementarzelle z.B. keine fünfzählige Punktsymmetrie besitzen können. Dieses Symmetrieelement kann dann jedoch nicht Teil der Kristallsymmetrie sein und wird bei der Strukturbeschreibung nicht berücksichtigt (nur in Quasikristallen treten solche und höhere Drehachsen als intrinsische Symmetrieelemente auf (Kap. 10.3)).

Die einfachen Symmetrieelemente kann man miteinander *koppeln* und *kom-*

6.1 Einfache Symmetrieelemente

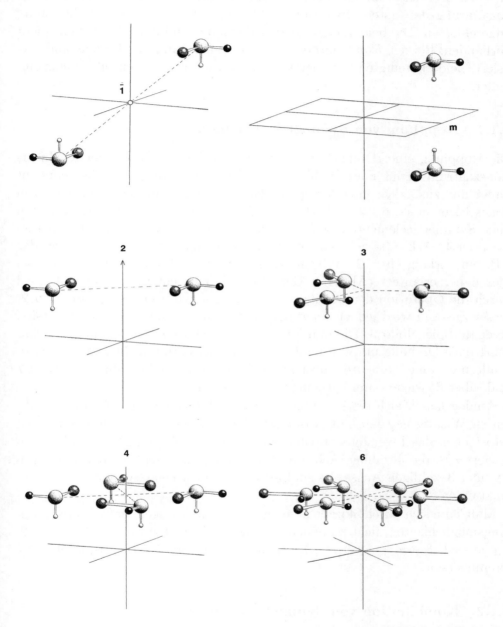

Abb. 36: Einfache kristallographische Symmetrieelemente: $\bar{1}$ Inversionszentrum, m Spiegelebene, 2-,3-,4-,6–zählige Drehachsen

binieren: Bei der *Kopplung* zweier Elemente wird der Zwischenzustand nach Ausführung der ersten Operation *nicht* realisiert, sondern sofort die zweite angeschlossen. Die beiden erzeugenden Elemente sind danach oft nicht mehr vorhanden. Bei der *Kombination* sind Zwischenzustand *und* Endzustand realisiert, beide beteiligten Symmetrieelemente existieren gleichzeitig nebeneinander.

6.1.1 Kopplung von Symmetrieelementen

Die Kopplung einer Drehachse mit einem auf dieser Achse liegenden Inversionszentrum nennt man Drehinversion. Bei der 2–zähligen Achse entsteht dabei nur zusätzlich eine senkrecht dazu stehende Spiegelebene, also kein neues Element (s. 6.1.2). Erst bei den 3–, 4– und 6–zähligen Achsen treten neue Symmetrieelemente $\bar{3}, \bar{4}, \bar{6}$ auf, die sog. *Inversionsdrehachsen*. Am Beispiel der $\bar{4}$ –Achse (sprich „vier–quer–Achse"), einem Symmetrieelement, das z.B. ein entlang einer 2–zähligen Achse verzerrtes Tetraeder beschreibt, sei dies näher erläutert (Abb.37): Ein Motiv **1**, z.B. ein Ligandmolekül, wird durch die Operation der beteiligten 4–zähligen Achse um 90° gedreht zu **2**, dieser Zustand wird jedoch *nicht* realisiert, sondern erst das durch Inversion erzeugte Spiegelbild **3**. Die nun fortgesetzte Operation der 4–zähligen Achse führt nach Drehung um weitere 90° zu **4**, das wiederum nicht realisiert wird, sondern erst nach erneuter Inversion **5**. Dieselbe Prozedur führt über **6** zu **7** und, über **8**, wieder zum Ausgangszustand **1** zurück.

Analog lassen sich die in Abb.37 mit aufgeführten $\bar{3}$– und $\bar{6}$– Achsen ableiten. Wichtig ist, daß, mit Ausnahme der $\bar{3}$– Achse, weder die Drehachsen selbst noch das Inversionszentrum dabei erhalten bleiben, die Kopplung reduziert z.B. die 4–zählige Achse in $\bar{4}$ zu einer 2–zähligen, die 6–zählige in $\bar{6}$ zu einer 3–zähligen Achse. Es sind also tatsächlich neue Symmetrieelemente entstanden.

Man kann sich durch Skizzen ähnlich Abb.37 überzeugen, daß andere Kopplungsmöglichkeiten nicht zu neuen Symmetrieelementen führen: $m + \bar{1} \rightarrow 2$; $2 + m \rightarrow \bar{1}$; $3 + m \rightarrow 3/m$ (s.u.); $4 + m \rightarrow \bar{4}$, $6 + m \rightarrow \bar{3}$ (Drehspiegelung = Drehinversion!).

6.1.2 Kombination von Symmetrieelementen

Im Gegensatz zur Kopplung bleiben bei der *Kombination* die Eigenschaften beider erzeugender Symmetrieelemente erhalten, sie werden addiert. Kombiniert man eine Drehachse mit einer senkrecht dazu stehenden Spiegelebene, so schreibt man als Symmetriesymbol z.B. $2/m$ (sprich: „zwei über m").

6.1 Einfache Symmetrieelemente

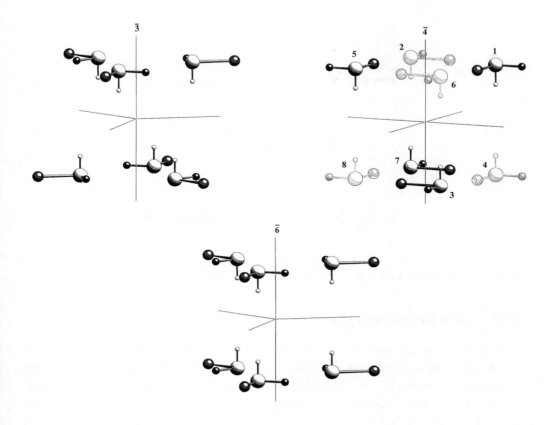

Abb. 37: Gekoppelte Symmetrieelemente $\bar{3}$, $\bar{4}$, $\bar{6}$. Am Beispiel der $\bar{4}$–Symmetrie sind nicht realisierte Zwischenstadien schattenhaft gezeichnet.

Bei einer solchen Kombination können auch zusätzliche Symmetrieelemente entstehen, wie z.B. bei $2/m$ (Abb.38) ein Inversionszentrum $\bar{1}$ im Schnittpunkt der 2–zähligen Achse mit der Spiegelebene. Solche zusätzlichen Elemente werden normalerweise nicht mit in das Symbol aufgenommen, ihr Vorhandensein kann jedoch wichtig sein. Darauf wird in Kap. 6.4 noch näher eingegangen. Mit Hilfe der Gruppentheorie kann man zeigen, daß es für Kristalle genau 32 unterscheidbare Kombinationsmöglichkeiten solcher einfacher und gekoppelter Symmetrieelemente gibt. Diese 32 kristallographischen Punktgruppen oder *Kristallklassen* werden später (6.5.1) noch näher erörtert.

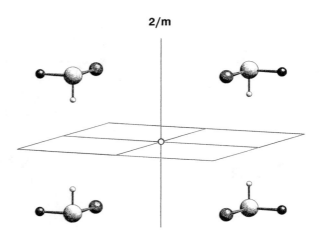

Abb. 38: Kombination von 2 und m zu $2/m$ mit zusätzlichem Inversionszentrum $\bar{1}$

6.2 Blickrichtungen

Im Kristall ist die räumliche Orientierung der Struktur durch die Wahl der Basisvektoren a, b und c festgelegt. Im Gegensatz zur Beschreibung von Molekülsymmetrien muß dort deshalb auch angegeben werden, wie die vorhandenen Symmetrieelemente relativ zu den Achsen der Elementarzelle orientiert sind. Um dies einfach tun zu können, werden diese Achsen so gewählt (vgl. Kap. 2), daß die Symmetrieelemente entlang von bzw. senkrecht zu Achsen oder Diagonalen verlaufen. Deshalb kann man nun für die 7 verschiedenen Kristallsysteme einfach eine Reihenfolge sogenannter *Blickrichtungen* (maximal drei) definieren, entlang derer unterschiedliche Symmetrieelemente möglich sind (Tab.5). Dann kann man aus der Stellung eines Symmetriesymbols in dem maximal drei Positionen enthaltenden kombinierten Symmetriesymbol sofort auf die Lage des entsprechenden Elements in der Elementarzelle schließen.

Im *triklinen* Kristallsystem gibt es keine ausgezeichnete Richtung, da höchstens ein Inversionszentrum $\bar{1}$ vorhanden sein kann. Im *monoklinen* System wird heute allgemein die b –Achse als ausgezeichnete Richtung definiert (monokliner Winkel β), früher wurde auch die c –Achse benutzt (monokliner Winkel γ). In den „International Tables, Vol.A" [12] sind beide Aufstellungen aufgenommen. Es genügt ebenfalls ein Symbol: 2 bedeutet z.B., daß parallel b eine 2–zählige Achse verläuft, m heißt, daß senkrecht zu b eine Spiegelebene liegt. Sind beide Elemente kombiniert, so schreibt man $2/m$. Im *orthorhombischen* System sind in allen drei — deshalb 90° zueinander stehenden

6.2 Blickrichtungen

Tabelle 5: Blickrichtungen bei der Aufstellung der kombinierten Symmetriesymbole in den 7 Kristallsystemen

Kristallsystem	Reihenfolge der Blickrichtungen	Beispiele
triklin	-	1, $\bar{1}$
monoklin	b	2, 2/m
orthorhombisch	a, b, c	mm2
tetragonal	c, a, [110]	4, 4/mmm
trigonal	c, a, [210]	3, $\bar{3}$m1, 31m
hexagonal	c, a, [210]	6/m, $\bar{6}$2m
kubisch	c, [111], [110]	23, m$\bar{3}$m

— Achsenrichtungen Symmetrieelemente vorhanden, die in der Reihenfolge a, b, c angegeben werden, z.B. $mm2$. Im *tetragonalen* System wird dagegen an erster Stelle des Symmetriesymbols das entlang c liegende 4–zählige Symmetrieelement genannt, dann kann, muß jedoch nicht, ein in a – Richtung orientiertes Element folgen, das wegen der 4–zähligen Symmetrie auch für die b –Achse gilt. An dritter Stelle folgt dann ein in der a, b –Diagonale, der [110]– (und damit auch der [1$\bar{1}$0]–) Richtung orientiertes Symmetrieelement. Ähnliches gilt für das *trigonale und hexagonale* Kristallsystem: Zuerst werden die in c –Richtung orientierten 3–zähligen (trigonale Symmetrie) oder 6–zähligen Symmetrieelemente (hexagonale Symmetrie) angegeben, dann können wieder Symmetrieelemente entlang $a(= b)$ folgen, schließlich solche entlang der [210]–Diagonalen (= [$\bar{1}$10] = [$\bar{1}\bar{2}$0]), die senkrecht auf den realen (100)–, (010)– bzw. ($\bar{1}$10)–Ebenen stehen, also auch reziproke Achsenrichtungen darstellen (Abb.39). Oft treten außer dreizähliger Symmetrie entlang c nur zusätzliche Symmetrieelemente *entweder* entlang der realen *oder* entlang der reziproken Achsen auf. Man schreibt dann z.B. $3m1$ bzw. $31m$ (1 = keine Symmetrie). Leider findet man in der Literatur öfters die Schreibweise nur mit zweistelligen Symbolen $3m$, die die Unterscheidung dieser beiden nicht äquivalenten Möglichkeiten nicht zuläßt.

Im kubischen Kristallsystem sind entlang der Achsen der Elementarzelle (erste Blickrichtung c , analog a, b 2– oder 4–zählige Elemente oder — senkrecht dazu — Spiegelebenen möglich, gleichzeitig entlang der Raumdia-

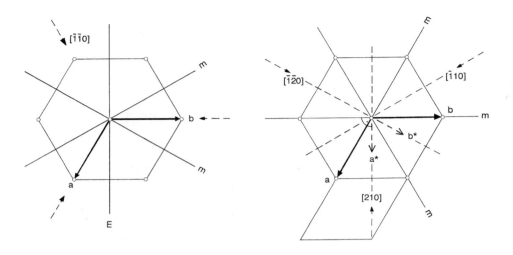

Abb. 39: Blickrichtungen bei trigonalen (bzw. hexagonalen) Zellen. Unterschiedliche Symmetrien $3m1$ (links) und $31m$ (rechts)

gonalen des Würfels ($[111], [\bar{1}11], [1\bar{1}1]$ und $[\bar{1}\bar{1}1]$–Richtungen) 3–zählige Symmetrien (zweite Blickrichtung). Zusätzlich kann (muß aber nicht) ein drittes Symbol Symmetrie entlang der Flächendiagonalen ($[110], [\bar{1}10], [101], [\bar{1}01]$, $[011]$ und $[0\bar{1}1]$) anzeigen. Aus den maximal dreistelligen Symmetriesymbolen kann man natürlich auch umgekehrt das zugehörige Achsensystem ablesen: Ist z.B. in einem dreistelligen Symbol ein 3–zähliges Element an erster Stelle, so muß das trigonale Kristallsystem vorliegen, steht es an zweiter Position, das kubische. Außer der räumlichen Lage der Symmetrieelemente spielt in einem Kristall jedoch vor allem die dreidimensionale Periodizität ein Rolle, die sich natürlich auch auf die Symmetrieelemente auswirken muß.

6.3 Translationshaltige Symmetrieelemente

Im Gegensatz zur Beschreibung von Molekülsymmetrien, die man quasi von einem Punkt, dem Molekülschwerpunkt aus betrachtet („Punktsymmetrie"), kommt bei Kristallen die Translation entlang der Basisvektoren hinzu. Man kann die Translation ebenfalls als einfaches Symmetrieelement verstehen, denn sie erfüllt die anfangs (Kap. 6.1) genannte Definition dafür ebenso wie die bisher behandelten Symmetrieelemente. Genauso wie diese kann man sie nun aber auch mit den anderen Elementen kombinieren und koppeln.

6.3 Translationshaltige Symmetrieelemente

6.3.1 Kombination von Translation und anderen Symmetrieelementen

Die Kombination von Translation und einem Inversionszentrum führt, wie man in Abb.40 sieht, nicht nur dazu, daß natürlich auf jeder Ecke der Elementarzelle ein weiteres Inversionszentrum entsteht, sondern sie erzeugt zusätzlich auch solche auf der Hälfte der Zellkanten, den Flächenmitten und im Zentrum der Elementarzelle. Ähnliches geschieht mit Spiegelebenen, Drehachsen und Inversionsdrehachsen.

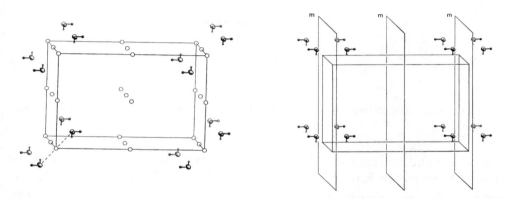

Abb. 40: Kombination von Inversionszentrum (links) bzw. Spiegelebene (rechts) und Translation

6.3.2 Kopplung von Translation und anderen Symmetrieelementen

Wichtige neue Symmetrieelemente entstehen durch *Kopplung* von Translation und Spiegelebenen oder Drehachsen:

Gleitspiegelung Bei der Kopplung von Translation und Spiegelung (Abb. 41) wird der durch Spiegelung eines Motivs **1** an einer Ebene entstandene Zwischenzustand **2** erst nach Verschiebung („Gleitung") um einen halben Translationsvektor realisiert **3**. Wiederholung dieser gekoppelten Aktion führt über **4** zu dem um eine ganze Translationseinheit verschobenen Ursprungszustand **5**.

Die Gleitrichtung kann entlang einer der parallel zur Spiegelebene liegenden Gitterkonstantenrichtungen gehen, entsprechend heißen die Symbole der *Gleitspiegelebenen a, b oder c*. Sie kann auch entlang einer Flächendiagonale verlaufen (*Diagonalgleitspiegelebene*), dann heißt das Symbol *n*. Welche

6 SYMMETRIE IN KRISTALLEN

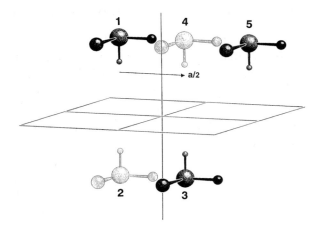

Abb. 41: Gleitspiegelung. Nicht realisierte Zwischenstadien sind schattenhaft gezeichnet

Fläche gemeint ist, geht aus der Stellung des Symbols im vollen Symmetriesymbol hervor (vgl. Kap. 6.2). Wird das Symbol n z.B. für die Blickrichtung der b -Achse angegeben, so ist die Gleitkomponente natürlich $\frac{a}{2} + \frac{c}{2}$. Liegt bereits eine Flächenzentrierung vor (z.B. Bravais-Typ F), wo also nach der halben Flächendiagonale bereits wieder ein Translationsvektor endet, so ist die Gleitkomponente nur $\frac{1}{4}$ der Diagonale und die oben skizzierte Operation wird wiederholt, bis die ganze Diagonale durchschritten ist. Das Symbol für eine solche spezielle *Diagonalgleitspiegelebene* ist d, ein typisches Beispiel dafür die kubisch F-zentrierte Diamantstruktur, daher spricht man auch gelegentlich von „*Diamantgleitspiegelebenen*". Eine Übersicht über alle möglichen Gleitspiegelebenen findet man später in Tab.8 (Kap.6.6.2), wo auch vermerkt ist, wie man diese Symmetrieelemente im Beugungsbild eines Kristalls erkennen kann.

In einigen zentrierten Raumgruppen (s.unten) treten Kombinationen von Gleitspiegelebenen auf, die durch die bisher beschriebenen Symbole nicht eindeutig und vollständig bezeichnet werden können. Deshalb wurde von einem Komitee der Intern. Union of Crystallography u.a. für diese Doppel-Gleitspiegelebenen die Einführung des neuen Symbols e vorgeschlagen [18]. Es wurde in die neueren Auflagen der 'Intern.Tables, Vol.A' seit 1995 mit aufgenommen. Dort wird ebenso ein neues allgemeines Symbol für Gleitspiegelebenen g benutzt, mit dem einige seltene Fälle bezeichnet werden, die durch die Hermann-Mauguin-Symbole nicht erfaßt werden (Intern.Tables, Vol.A, Kap. 11.2).

6.3 Translationshaltige Symmetrieelemente

Besonders nützlich erscheint das neue Symmetrieelement e, das Gleitspiegelungen zugleich in beiden Achsenrichtungen der betreffenden Ebene bezeichnet. Dafür konnte bislang nur das Symbol für eine der beiden eingesetzt werden. Dieses Symmetrieelement ist in folgenden Raumgruppen (s. Kap. 6.4) enthalten, die der Empfehlung gemäß umbenannt werden sollen: Abm2 (Nr.39) zu Aem2; Aba2 (Nr.41) zu Aea2; Cmca (Nr.64) zu Cmce; Cmma (Nr.67) zu Cmme und Ccca (Nr.68) zu Ccce. In der Raumgruppe Cmce (Cmca) liegt z.B. eine Gleitspiegelebene $\perp$ c vor, die Gleitkomponenten zugleich von $\frac{a}{2}$ und $\frac{b}{2}$ aufweist.

Die Symmetrie der Gleitspiegelung ist sehr verbreitet. Bei vielen im Labor hergestellten chiralen Molekülverbindungen fallen Racemate an; eine abwechselnde Anordnung von Bild und Spiegelbild „auf Lücke", wie sie durch die Gleitspiegelung beschrieben wird, ermöglicht oft eine günstige Packung im Kristall (Beispiel Abb.42).

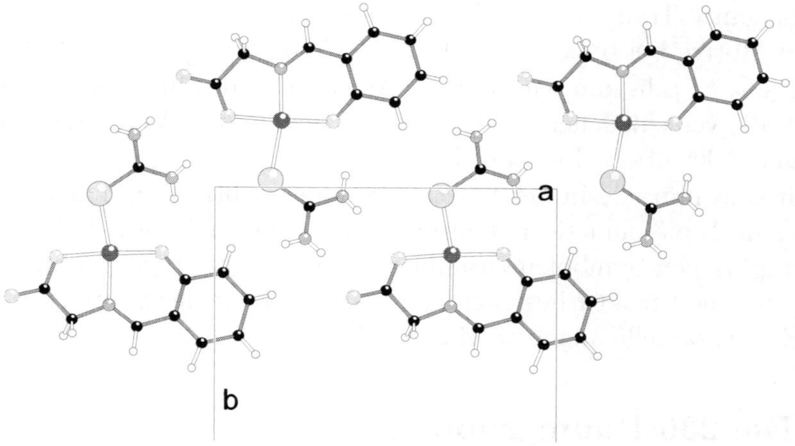

Abb. 42: Beispiel für Molekülpackung durch Gleitspiegelung (hier Gleitspiegelebene senkrecht zu b mit a-Gleitkomponente)

Schraubenachsen Die Kopplung von Translation und einer Drehachse führt analog zu den sog. *Schraubenachsen*. Dabei gibt es je nach Zähligkeit n der beteiligten Drehachse $n - 1$ Möglichkeiten zur Kopplung mit der Translation in Richtung der Achse: Dreht man das Motiv im ersten Schritt um $360°/n$, so wird es an dieser Stelle nicht direkt abgebildet, sondern erst nach Translation um m/n der Gitterkonstante in Achsenrichtung. m kann dabei Werte von 1 bis $n-1$ annehmen und wird zur Kennzeichnung als tiefgestellter Index zum Symbol der ursprünglichen Drehachse geschrieben: n_m.

Von der 2-zähligen Achse leitet sich nur die 2_1 –Achse (sprich zwei-eins-Achse) ab (Abb.43), ebenfalls ein sehr häufiges Symmetrieelement. Ähnlich der Gleitspiegelebene erlaubt es die Packung von — nun jedoch nicht gespiegelten, sondern nur um 180° gegeneinander verdrehten! — Molekülen eines Enantiomeren auf Lücke.

Wie der Index m den Schraubentyp beeinflußt, und warum man überhaupt von Schraubenachsen reden kann, läßt sich bei den 3–zähligen Schraubenachsen sehen: Bei der 3_1–Achse ist bei jeder Drehung um $360°/n = 120°$ (vom Ursprung aus in Achsenrichtung gesehen im Uhrzeigersinn) die Translationskomponente $m/n = \frac{1}{3}$ der Gitterkonstanten in Achsenrichtung (meist c). Man findet also das Motiv bei $0°, z = 0; 120°, z = \frac{1}{3}; 240°, z = \frac{2}{3}; 360°, z = 1$ u.s.w., also in der Anordnung einer Rechtsschraube. Bei der 3_2–Achse ist die jeweilige Translationskomponente $m/n = \frac{2}{3}$ der c-Achse. Berücksichtigt man, daß man stets eine ganze Translationseinheit addieren oder subtrahieren darf, ergeben sich also Motive bei $0°, z = 0; 120°, z = \frac{2}{3}; 240°, z = \frac{4}{3}$ und $\frac{1}{3}; 360°, z = \frac{6}{3} = 2$ und 1, u.s.w., d.h. nun wird eine Linksschraube beschrieben. Ähnlich kann man sich die verschiedenen — seltener beobachteten — Varianten der 4– und 6–zähligen Schraubenachsen ableiten (Abb.43).

Damit sind nun alle in der Kristallographie wichtigen Symmetrieelemente bekannt. In Tab.6 sind sie mit ihren in den „Intern.Tables, Vol.A" verwendeten graphischen Symbolen zusammengestellt. Letztere sind nützlich, wenn man die für die Strukturbeschreibung wichtige Lage der Symmetrieelemente in der Elementarzelle angeben will.

6.4 Die 230 Raumgruppen

Untersucht man mit Hilfe der Gruppentheorie alle Kombinationsmöglichkeiten der einfachen und gekoppelten Symmetrieelemente einschließlich der Translation, so findet man 230 unterscheidbare Möglichkeiten, die sog. *Raumgruppen*. Sie geben die Art und räumliche Lage der Symmetrieelemente an, die in einer Kristallstruktur möglich sind.

6.4.1 Raumgruppen–Notation der International Tables for Crystallography

Jeder Kristall läßt sich in einer dieser Raumgruppen beschreiben, die in den „International Tables for Crystallography, Vol.A" [12] (in der älteren Ausgabe

6.4 Die 230 Raumgruppen

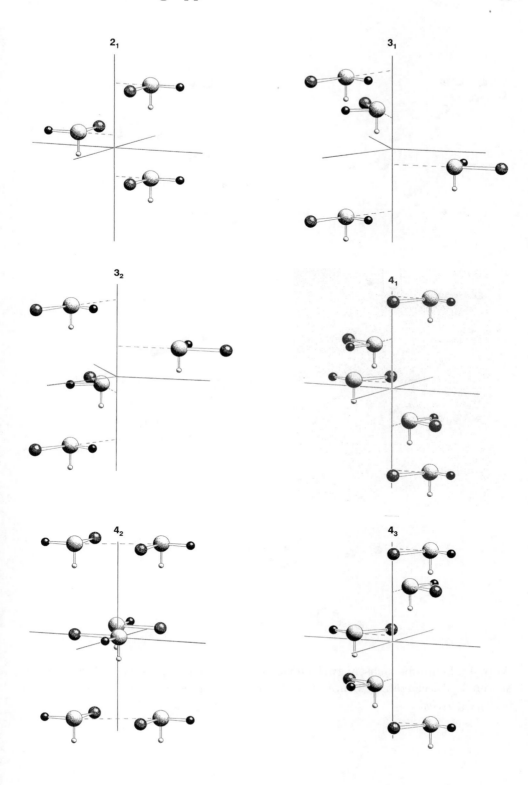

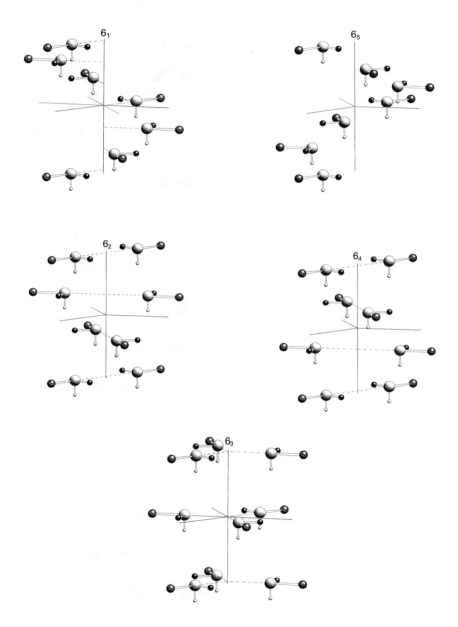

Abb. 43: Schraubenachsen: zweizählige Schraubenachse 2_1; dreizählige Schraubenachsen $3_1, 3_2$; vierzählige Schraubenachsen $4_1, 4_2, 4_3$; sechszählige Schraubenachsen $6_1, 6_2, 6_3, 6_4, 6_5$.

6.4 Die 230 Raumgruppen

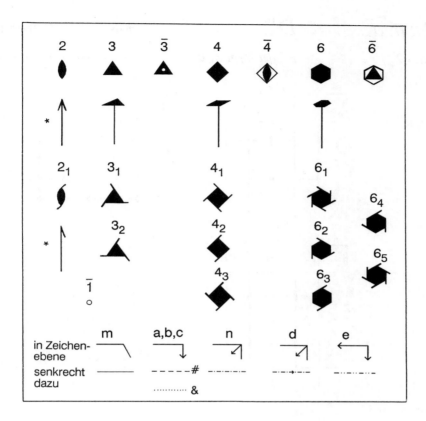

Tabelle 6: Wichtige graphische Symmetrie-Symbole. ∗ Achse in der Zeichenebene; # Gleitung in, & senkrecht zur Zeichenebene

Vol.I) etwa nach steigender Symmetrie zusammengestellt und durchnumeriert sind. Dadurch, daß sich alle Kristallographen normalerweise an die dort getroffenen Konventionen halten, wird der Vergleich und Austausch von Strukturdaten verschiedener Arbeitsgruppen wesentlich erleichtert. Im Folgenden werden die wichtigsten Informationen, die man den Raumgruppen–Tafeln entnehmen kann, am Beispiel der Raumgruppe *Pnma* (Nr.62) erläutert (Abb.44, zweiseitig).

Raumgruppensymbole: Das Raumgruppensymbol (obere linke Ecke) beginnt mit dem Großbuchstaben, der den Bravais–Typ charakterisiert, darauf folgen die Symbole der wichtigsten Symmetrieelemente in der Reihenfolge der Blickrichtungen, wie sie in Kap. 6.2 beschrieben sind. Daneben findet man das (veraltete) Schönflies–Symbol, die Kristallklasse und das Kristallsystem

6 SYMMETRIE IN KRISTALLEN

$Pnma$ D_{2h}^{16} mmm Orthorhombic

No. 62 $P\,2_1/n\,2_1/m\,2_1/a$ Patterson symmetry $Pmmm$

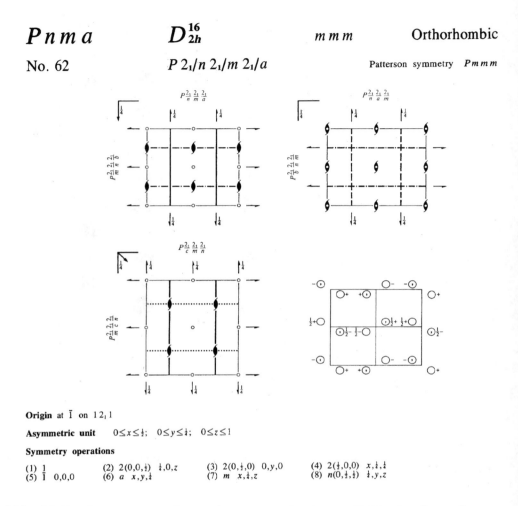

Origin at $\bar{1}$ on $1\,2_1\,1$

Asymmetric unit $0 \leq x \leq \frac{1}{4}$; $0 \leq y \leq \frac{1}{4}$; $0 \leq z \leq 1$

Symmetry operations

(1) 1
(2) $2(0,0,\frac{1}{2})$ $\frac{1}{4},0,z$
(3) $2(0,\frac{1}{2},0)$ $0,y,0$
(4) $2(\frac{1}{2},0,0)$ $x,\frac{1}{4},\frac{1}{4}$
(5) $\bar{1}$ $0,0,0$
(6) a $x,y,\frac{1}{4}$
(7) m $x,\frac{1}{4},z$
(8) $n(0,\frac{1}{2},\frac{1}{2})$ $\frac{1}{4},y,z$

Abb. 44: Die Raumgruppe *Pnma*. Auszug aus den Intern.Tables for Crystallography, Vol.A (mit Erlaubnis von Kluwer Academic Publishers); Fortsetzung nächste Seite

angegeben. Man beschränkt sich beim Hermann–Mauguin–Symbol auf die zur Ableitung der vollen Symmetrie hinreichenden Elemente, wobei Spiegelebenen bzw. Gleitspiegelebenen Vorrang vor Dreh– bzw. Schraubenachsen bekommen. Die weiteren Elemente ergeben sich aus der Kombination der genannten. Das unter dem Schönflies–Symbol ebenfalls angegebene „vollständige" Symbol enthält (in der Hermann–Mauguin–Notation) solche zusätzlichen Symmetrieelemente: zur Raumgruppe *Pnma* heißt das vollständige Symbol $P2_1/n\,2_1/m\,2_1/a$. Trotzdem sind in der Elementarzelle oft noch weitere Sym-

6.4 Die 230 Raumgruppen

CONTINUED   **No. 62**   ***P n m a***

Generators selected   (1); $t(1,0,0)$; $t(0,1,0)$; $t(0,0,1)$;   (2);   (3);   (5)

Positions

Multiplicity, Wyckoff letter, Site symmetry	Coordinates	Reflection conditions
		General:
8 d 1	(1) x,y,z (2) $\bar{x}+\tfrac{1}{2},\bar{y},z+\tfrac{1}{2}$ (3) $\bar{x},y+\tfrac{1}{2},\bar{z}$ (4) $x+\tfrac{1}{2},\bar{y}+\tfrac{1}{2},\bar{z}+\tfrac{1}{2}$ (5) $\bar{x},\bar{y},\bar{z}$ (6) $x+\tfrac{1}{2},y,\bar{z}+\tfrac{1}{2}$ (7) $x,\bar{y}+\tfrac{1}{2},z$ (8) $\bar{x}+\tfrac{1}{2},y+\tfrac{1}{2},z+\tfrac{1}{2}$	$0kl: k+l=2n$ $hk0: h=2n$ $h00: h=2n$ $0k0: k=2n$ $00l: l=2n$
		Special: as above, plus
4 c .m.	$x,\tfrac{1}{4},z$ $\bar{x}+\tfrac{1}{2},\tfrac{3}{4},z+\tfrac{1}{2}$ $\bar{x},\tfrac{3}{4},\bar{z}$ $x+\tfrac{1}{2},\tfrac{1}{4},\bar{z}+\tfrac{1}{2}$	no extra conditions
4 b $\bar{1}$	$0,0,\tfrac{1}{2}$ $\tfrac{1}{2},0,0$ $0,\tfrac{1}{2},\tfrac{1}{2}$ $\tfrac{1}{2},\tfrac{1}{2},0$	$hkl: h+l, k=2n$
4 a $\bar{1}$	$0,0,0$ $\tfrac{1}{2},0,\tfrac{1}{2}$ $0,\tfrac{1}{2},0$ $\tfrac{1}{2},\tfrac{1}{2},\tfrac{1}{2}$	$hkl: h+l, k=2n$

Symmetry of special projections

Along [001] $p\,2gm$	Along [100] $c\,2mm$	Along [010] $p\,2gg$
$a'=\tfrac{1}{2}a$ $b'=b$	$a'=b$ $b'=c$	$a'=c$ $b'=a$
Origin at $0,0,z$	Origin at $x,\tfrac{1}{4},\tfrac{1}{4}$	Origin at $0,y,0$

Maximal non-isomorphic subgroups

I $[2]P\,2_1\,2_1\,2_1$ 1; 2; 3; 4
      $[2]P\,1\,1\,2_1/a\,(P\,2_1/c)$ 1; 2; 5; 6
      $[2]P\,1\,2_1/m\,1\,(P\,2_1/m)$ 1; 3; 5; 7
      $[2]P\,2_1/n\,1\,1\,(P\,2_1/c)$ 1; 4; 5; 8
      $[2]P\,n\,m\,2_1\,(P\,m\,n\,2_1)$ 1; 2; 7; 8
      $[2]P\,n\,2_1\,a\,(P\,n\,a\,2_1)$ 1; 3; 6; 8
      $[2]P\,2_1\,m\,a\,(P\,m\,c\,2_1)$ 1; 4; 6; 7
IIa   none
IIb   none

Maximal isomorphic subgroups of lowest index
IIc $[3]P\,n\,m\,a\,(a'=3a); [3]P\,n\,m\,a\,(b'=3b); [3]P\,n\,m\,a\,(c'=3c)$

Minimal non-isomorphic supergroups
I   none
II $[2]A\,m\,m\,a\,(C\,m\,c\,m); [2]B\,b\,m\,m\,(C\,m\,c\,m); [2]C\,c\,m\,b\,(C\,m\,c\,a); [2]I\,m\,m\,a; [2]P\,n\,m\,m\,(2a'=a)(P\,m\,m\,n);$
     $[2]P\,c\,m\,a\,(2b'=b)(P\,b\,a\,m); [2]P\,b\,m\,a\,(2c'=c)(P\,b\,c\,m)$

---

metrieelemente vorhanden, die auch im „vollständigen" Symbol nicht auftauchen, hier sind es die Inversionszentren.

Graphische Symmetrie–Darstellungen: Einen Überblick über tatsächlich alle vorhandenen Elemente und deren Lage in der Elementarzelle geben die für viele Raumgruppen in den Intern. Tables enthaltenen Abbildungen (im Beispiel der Abb.44 im oberen Teil der linken Seite). Darin sind die Symmetrieelemente durch graphische Symbole dargestellt, von denen die wichtigsten in Tab.6 bereits eingeführt worden sind. Wie für die Raumgruppe *Pnma*, sind oft die Elementarzellen in verschiedenen Projektionen gezeichnet. Die „Standardansicht" (wenn keine Achsenbezeichnung eingetragen ist) hat den Nullpunkt links oben, die a –Achse geht nach unten, b nach rechts, c weist folglich dem Betrachter entgegen. Im Beispiel ist unter dieser Standardaufstellung oben links eine Projektion aus der a –Richtung und rechts oben eine aus der b –Richtung mitaufgenommen. Sie vermitteln einerseits ein quasi dreidimensionales Bild des Symmetriemusters in der Elementarzelle. Andererseits sind dort transformierte Raumgruppensymbole eingetragen, die gelten, wenn man in der Ansicht, in der man das fragliche Symbol aufrecht liest, die genannte „Standard"–Achsenbezeichnung anbringt. Solche sog. *nichtkonventionellen Aufstellungen* von Raumgruppen können sinnvoll sein, wenn man z.B. Strukturverwandtschaften von Verbindungen mit verschiedener Symmetrie durch analoge Aufstellung der Elementarzellen deutlich machen will.

Für die meisten Raumgruppen ist schließlich in einem zusätzlichen Bild (hier in Abb.44 rechts unten) schematisch gezeichnet, wie ein auf einer beliebigen Lage in der Elementarzelle liegendes Atom, — symbolisiert durch einen Kreis mit + − Zeichen nahe beim Nullpunkt, — durch die Symmetrieelemente der Raumgruppe vervielfacht wird. Ein Komma im Kreis bedeutet, daß das Spiegelbild erzeugt wurde, + bzw. − bedeuten, daß das Atom oberhalb bzw. unterhalb der Zeichenebene liegt, geben also das Vorzeichen der z–Komponente an, entsprechend zeigt $\frac{1}{2}$ eine Translation um $c/2$ an. Man sieht, daß in der Raumgruppe *Pnma* jedes Atom durch die Symmetrieoperationen achtfach erzeugt wird. Kennt man also die Lage eines Atoms, so kann man die Lagen weiterer 7 Atome dieser Sorte aus der Kenntnis der Symmetrie gewinnen.

Punktlagen: Drückt man die Wirkung der Symmetrieoperationen auf ein Atom auf einer beliebigen sog. *allgemeinen Lage* mit den Koordinaten xyz algebraisch aus, so erhält man die *äquivalenten Lagen*, hier also insgesamt 8 (Im Beispiel Abb.44 rechts oben). Man sagt auch, die allgemeine Lage dieser Raumgruppe ist 8–zählig. Man kann sich anhand der Zeichnungen in Abb.44 leicht klarmachen, daß z.B. die Lage (2) $-x+\frac{1}{2}, -y, z+\frac{1}{2}$ die Wirkung der 2_1–Achse parallel c in der Lage $\frac{1}{4}, 0, z$ wiedergibt, oder die Lage (5) $-x, -y, -z$ die des Inversionszentrums im Ursprung. In den acht Koordinatentripeln der allgemeinen Lage drücken sich also die Symmetrieoperationen unter Berücksichtigung der Lage der Symmetrieelemente zum Nullpunkt aus.

Ein Spezialfall entsteht, wenn ein Atom genau auf einem nicht translationshaltigen Symmetrieelement liegt, wie in dieser Raumgruppe auf der Spiegelebene m oder den Inversionszentren. Auf solchen sog. *speziellen Lagen* sind bestimmte Atomparameter festgelegt, z.B. für die Spiegelebene in *Pnma* muß

6.4 Die 230 Raumgruppen

$y = \frac{1}{4}$ sein, für die Inversionszentren in 0,0,0, 0,0,$\frac{1}{2}$ u.s.w. sind alle Atomparameter festgelegt. Da ein Atom auf einer speziellen Lage durch das Symmetrieelement, auf dem es liegt, nicht mehr verdoppelt wird, ist die Zähligkeit dieser Lage reduziert, in *Pnma* sind z.B. alle speziellen Lagen nur noch 4–zählig. Diese Zähligkeit wird in der ersten Spalte der Koordinatentabelle (Abb.44 rechts) angegeben. Alle in der Raumgruppe möglichen Lagen sind, beginnend mit der speziellsten und endend mit der allgemeinen, von unten her alphabetisch durchnumeriert (zweite Spalte), dieser Buchstabe ist das sog. *Wyckoff–Symbol* der Punktlage. Häufig nennt man dieses Symbol zusammen mit der Zähligkeit und spricht z.B. von der „Lage 4c" in *Pnma*. Das Symmetrieelement einer speziellen Lage ist in der dritten Spalte angegeben, wobei die Hinzufügung von Punkten die Orientierung des Elements bezüglich der Blickrichtungen (s. 6.2) präzisiert. Das Symbol .m. für die Lage 4c besagt z.B., daß sie auf einer Spiegelebene $\perp$ *b* liegt. Die Kenntnis der Besetzung einer speziellen Lage kann eine wichtige Information bei der Strukturlösung bedeuten: liegt z.B. auf der speziellen Lage 4c in Raumgruppe *Pnma* das Zentralatom eines Komplexes, so muß für den Komplex die entsprechende Punktsymmetrie, hier m (C_s), gelten.

Liegen zentrierte Bravais–Gitter vor, so werden die zusätzlichen Translationsoperationen vor der allgemeinen Lage angegeben, z.B. für eine C–Zentrierung $(\frac{1}{2}, \frac{1}{2}, 0)+$. Für jedes durch eine Operation der allgemeinen oder einer speziellen Lage erzeugte Atom wird ein zusätzliches mit den Koordinaten $x + \frac{1}{2}, y + \frac{1}{2}, z$ erzeugt. Auf weitere bislang noch nicht erwähnte Informationen in der Raumgruppentafel (Abb.44) wird später noch eingegangen.

Nullpunktswahl. Der Nullpunkt der Elementarzelle wird sinnvollerweise so gelegt, daß er selbst eine niedrigzählige spezielle Lage darstellt. In manchen, vor allem höhersymmetrischen Raumgruppen gibt es allerdings zwei Möglichkeiten dies zu tun, die dann natürlich zu unterschiedlichen Symmetrieoperationen führen. Sie sind in den Int.Tables beide aufgeführt. In der Raumgruppe *Fddd* z.B. kann man den Nullpunkt in die spezielle Lage 8a legen, in der sich drei 2–zählige Achsen schneiden oder in die Lage 16c, das Inversionszentrum. Man sollte in solchen Fällen stets das Inversionszentrum in den Ursprung legen, da dies für die Strukturlösung erhebliche Vorteile mit sich bringt (vgl. auch Kap.8.3). In der Praxis hat man also darauf zu achten, daß man von Anfang an mit den Symmetrieoperationen der „richtigen" zentrosymmetrischen Aufstellung arbeitet.

6.4.2 Zentrosymmetrische Kristallstrukturen

Der Vorteil zentrosymmetrischer Strukturen liegt darin, daß sich die Strukturfaktorgleichung wesentlich vereinfacht: Liegt im Nullpunkt der Elementarzelle ein Inversionszentrum, so gibt es für jedes Atom xyz ein äquivalentes mit den Parametern $\bar{x}\bar{y}\bar{z}$. Summiert man die Beiträge beider Atome in der Strukturfaktorgleichung, so ergibt sich jeweils nur ein Vorzeichenwechsel beim Phasenglied:

$$\begin{aligned} F_c(hkl) &= f\cos[2\pi(hx+ky+lz)] + fi\sin[2\pi(hx+ky+lz)] \\ &+ f\cos-[2\pi(hx+ky+lz)] + fi\sin-[2\pi(hx+ky+lz)] \end{aligned}$$

Da der cosinus bei Vorzeichenwechsel des Phasenwinkels sein Vorzeichen nicht ändert, der sinus dies jedoch tut, bleibt nur der Realteil

$$F_c(hkl) = 2f\cos[2\pi(hx+ky+lz)]$$

übrig, der Strukturfaktor ist keine komplexe Größe mehr, das Phasenproblem reduziert sich auf die Frage nach dem Vorzeichen von F.

6.4.3 Die „asymmetrische Einheit"

Der Satz von Atomen, dessen Kenntnis ausreicht, um zusammen mit den Symmetrieoperationen der Raumgruppe den kompletten Inhalt der Elementarzelle, also „die Struktur" zu beschreiben, nennt man die *asymmetrische Einheit*. Bei einer Molekülstruktur aus symmetrielosen Molekülen ist die asymmetrische Einheit meist ein Molekül, eine *„Formeleinheit"* selbst, selten zwei oder mehr sog. unabhängige Moleküle, die sich in ihrer Orientierung unterscheiden. Besitzen die Moleküle selbst kristallographisch wirksame Symmetrie, sitzen sie also auf speziellen Lagen, so ist die asymmetrische Einheit nur noch ein halbes Molekül oder ein noch kleinerer Bruchteil davon. Häufig findet man auch zwei unabhängige Halbmoleküle als asymmetrische Einheit, z.B. auf zwei verschiedenen Symmetriezentren der Raumgruppe $P2_1/c$. Bei anorganischen Festkörpern, z.B. Koordinationsverbindungen mit dreidimensional verknüpften Baugruppen wie den Perowskiten AMX_3, kann die asymmetrische Einheit genauso eine Formeleinheit sein, ein Bruchteil oder auch ein ganzzahliges Vielfaches davon. Da die asymmetrische Einheit durch die Symmetrieoperationen vervielfacht wird, muß die Elementarzelle natürlich immer ein ganzzahliges Vielfaches der Formeleinheit enthalten.

Zahl der Formeleinheiten pro Elementarzelle Z: Es ist nützlich, zu Beginn einer Strukturbestimmung die Zahl Z der Formeleinheiten pro Elementarzelle zu kennen, denn bei Kenntnis der Raumgruppe kann man dann ausrechnen,

6.4 Die 230 Raumgruppen

wie groß die asymmetrische Einheit ist, d.h., wieviele Atome mit ihren Koordinaten zu bestimmen sind. Zur Ermittlung von Z kann man die Dichte der untersuchten Substanz heranziehen (Gl.30):

$$d_c = \frac{M_r \cdot Z}{V_{EZ} \cdot N_A} \qquad (30)$$

Aus der Masse M_r/N_A (M_r=Molmasse, N_A = Avogadrosche Konstante) einer Formeleinheit, deren Anzahl Z in der Zelle und dem aus den Gitterkonstanten zu berechnenden Volumen der Elementarzelle läßt sich eine „röntgenographische" Dichte d_c berechnen, die für einen idealen Kristall gelten würde. Setzt man statt d_c die experimentell ermittelte Dichte der Substanz ein, die meist nur wenige Prozent unter dem Idealwert liegt, so läßt sich das unbekannte Z berechnen. Da Z eine — meist kleine — ganze Zahl ist, genügt es oft, die Dichte aus Analogwerten zu schätzen, um auf die richtige Zahl Z zu schließen.

Noch einfacher ist die Anwendung einer Faustregel zum mittleren Volumenbedarf eines Atoms im Festkörper [19]: Danach rechnet man für alle M Nicht–Wasserstoffatome der Formel jeweils einen Raumbedarf von 17 Å^3 und kann Z wie folgt abschätzen:

$$Z = \frac{V_{EZ}}{17 \cdot M} \qquad (31)$$

Vergleicht man das erhaltene Z mit der Zähligkeit n_a der allgemeinen Lage der Raumgruppe, so sieht man sofort, daß die asymmetrische Einheit Z/n_a der Formeleinheit umfaßt. Ziel ist es also, die Lageparameter aller Atome dieser asymmetrischen Einheit zu bestimmen.

In den Intern.Tables ist für jede Raumgruppe auch eine „asymmetric unit" angegeben (vgl. Beispiel *Pnma*, Abb.44). Sie gibt den Volumenteil der Elementarzelle an, der durch Anwendung der Symmetrieoperationen zur ganzen Zelle komplettiert wird. Es würde also genügen, die in diesem Volumen sitzenden Atome zu lokalisieren. Normalerweise tut man das nicht, sondern verwendet der Übersichtlichkeit halber chemisch sinnvolle zusammenhängende Baugruppen, wie ganze oder halbe Moleküle als asymmetrische Einheit, unabhängig davon, ob alle Atome davon gerade in diesem angegebenen Volumenabschnitt sitzen oder nicht. Dies ist natürlich erlaubt, da jede der symmetrieäquivalenten Lagen eines Atoms gleichberechtigt ist. Im Sinne der Gruppentheorie sind die Raumgruppen geschlossene Gruppen. Gleichgültig, von welcher der äquivalenten Lagen man ausgeht: die Anwendung aller Symmetrieoperationen liefert immer denselben Satz von Atompositionen.

6.4.4 Raumgruppentypen

Zur Beschreibung der Symmetrie im Kristall gehört die Elementarzelle, deren Maße die Translations–Symmetrie festlegen. Die Raumgruppe legt fest, wo in dieser Zelle welche Symmetrieelemente lokalisiert sind. Jede Kristallstruktur besitzt also ihre eigene Raumgruppe, da jede ihre charakteristische Elementarzelle hat. Zwei verschiedene Verbindungen, deren Strukturen z.B. beide in *Pnma* zu beschreiben sind, kristallisieren im gleichen Raumgruppentyp, nicht in derselben Raumgruppe. Ja, es gibt sogar Fälle, in denen ein und dieselbe Substanz in zwei strukturell deutlich verschiedenen Modifikationen desselben Raumgruppentyps kristallisiert (z.B. $MnF_3 \cdot 3H_2O$ [20]).

6.4.5 Gruppe–Untergruppe–Beziehungen

Sehr wertvoll für das Verständnis struktureller Verwandtschaften oder von Strukturänderungen bei kristallographischen Phasenübergängen sind die gruppentheoretischen Beziehungen zwischen verwandten Raumgruppen. Ihre Anwendung wurde in Deutschland vor allem durch *Bärnighausen* [21] bekannt gemacht, eine kurze Einführung mit Beispielen findet sich auch bei *U.Müller* [22]. Man untersucht derartige Beziehungen z.B. in einer Strukturfamilie, indem man von der höchstsymmetrischen Raumgruppe innerhalb der Familie, dem *Aristotyp*, ausgeht und schaut, zu welchen *maximalen Untergruppen* man durch Wegnahme von einzelnen Symmetrieelementen (und den daraus durch Kombination entstandenen) gelangt. Die durch einen solchen Symmetrieabbau induzierten Übergänge lassen sich in einer Art von Stammbäumen (Beispiel Abb.45) darstellen und sind in drei Klassen einzuteilen:

1. *Translationengleiche Übergänge.* Dabei wird das Translationsgitter beibehalten, aber durch den Symmetrieabbau gelangt man in eine niedrigere Kristallklasse. Sie werden durch Symbole wie $t2, t3$ charakterisiert, wobei die Zahl 2 oder 3 angibt, daß die Zahl der Symmetrieelemente auf die Hälfte bzw. ein Drittel reduziert wurde. Man spricht dann z.B. von einem „translationengleichen Übergang vom Index 2".

2. *Klassengleiche Übergänge.* Dabei bleibt die Kristallklasse und damit das Kristallsystem erhalten, aber das Translationsgitter ändert sich, entweder indem eine Zentrierung wegfällt, oder sich eine, zwei oder alle drei Gitterkonstanten verdoppeln oder verdreifachen. Man schreibt als Symbol dafür analog z.B. $k2$ und gibt die Transformation der Gitterkonstanten zur neuen Zelle an.

6.4 Die 230 Raumgruppen

3. *Isomorphe Übergänge*. Sie stellen den Spezialfall eines klassengleichen Übergangs dar, bei der sich der Raumgruppentyp *nicht* ändert (er wird im Deutschen auch „äquivalenter Übergang" genannt). Durch Vergrößerung der Elementarzelle werden jedoch die Symmetrieelemente „ausgedünnt".

Abb. 45: Beispiele für Gruppe–Untergruppe–Beziehungen (z.T.nach [21])

$$
\begin{array}{ccc}
\text{translationengleich} & \text{klassengleich} & \text{isomorph} \\
\mathrm{P}\frac{4}{n}\frac{2}{m}\frac{2}{m}\,(129) & \mathrm{C}\frac{2}{m}\,(12) & \mathrm{P}\frac{2_1}{a}\,(14) \\
CsFeF_4 & & CuF_2 \\
| & | & | \\
t2 & k2 & i2 \\
& & c' = 2c \\
\downarrow & \downarrow & \downarrow \\
\mathrm{P}\frac{4}{n}\,(85) & \mathrm{P}\frac{2_1}{a}\,(14) & \mathrm{P}\frac{2_1}{a}\,(14) \\
CsMnF_4 & RbAuBr_4 & VO_2
\end{array}
$$

Es ist wichtig darauf hinzuweisen, daß es natürlich *nicht* genügt, wenn zwischen den Raumgruppen zweier Strukturen eine Gruppe–Untergruppe–Beziehung besteht, um eine Strukturverwandtschaft abzuleiten. Es müssen sich vielmehr auch die Atomlagen der niedriger symmetrischen Struktur aus denen der höher–symmetrischen entwickeln lassen. Die zum Auffinden solcher Symmetrie–Beziehungen nötigen maximalen Untergruppen sind für alle Raumgruppen in den Intern.Tables Vol. A [12] zusammengestellt (z.B. Abb.44 rechts unten). Im neuen Band A1 ist tabelliert, wie die Punktlagen beim Symmetrieabbau aufspalten. Praktische Bedeutung haben die Gruppe–Untergruppe–Beziehungen vor allem bei der Untersuchung möglicher Verzwillingungen (s. Kap. 11.2) und für die Diskussion und das Verständnis von Struktur–Verwandtschaften. Oft kann man die richtige Raumgruppe einer niedrig–symmetrischen Strukturvariante aus der Auswahl an möglichen herausfinden, indem man die Untergruppen des Aristotyps heraussucht. Wichtig sind die Gruppenbeziehungen vor allem auch bei kristallographischen Phasenübergängen: Nur wenn eine Gruppe–Untergruppe–Beziehung existiert, kann z.B. ein Phasenübergang nach der 2. Ordnung verlaufen.

6.5 Beobachtbarkeit von Symmetrie

Wurde bei der Diskussion der Raumgruppen bisher hauptsächlich darauf abgezielt, wie man die Symmetrieeigenschaften eines Kristalls beschreibt, so soll nun erörtert werden, wie sich diese Symmetrien, die man ja zu Beginn einer Strukturaufklärung noch nicht kennt, im Experiment äußern.

6.5.1 Mikroskopische Struktur

Die *Raumgruppen* beschreiben die geometrischen Gesetzmäßigkeiten im mikroskopischen, atomaren Aufbau einer Kristallstruktur. Sie schließen die translationshaltigen Symmetrieelemente ein. Man kann diese Symmetrien nur sichtbar machen, indem man Strukturmodelle der ermittelten Kristallstruktur baut bzw. zeichnet. Wie sich diese Symmetrie in den physikalischen Eigenschaften und den damit verbundenen experimentellen Beobachtungsmöglichkeiten ausdrückt, ist eine andere Sache.

6.5.2 Makroskopische Eigenschaften und Kristallklassen

Für die meisten physikalischen Eigenschaften von Kristallen ist die Translationssymmetrie nämlich unerheblich. Es ist nur wichtig, ob z.B. Spiegelung stattgefunden hat, ob also Bild und Spiegelbild eines chiralen Moleküls vorliegen oder nicht. Ob dabei eine Gleitung eingeschlossen war oder nicht, ist ohne Einfluß. Oder es ist wichtig, ob Moleküle in den vier Orientierungen einer 4–zähligen Drehachse vorliegen, gleichgültig ob dabei eine Translation gekoppelt war (Schraubenachse) oder nicht (echte Drehachse). Dies gilt z.B. für die optischen und die elektrischen Eigenschaften, aber auch z.B. für die äußere Gestalt, den Habitus von Kristallen. Die unterscheidbaren Symmetrieklassen zur Beschreibung dieser makroskopischen Phänomene leiten sich daher einfach von den 230 Raumgruppen ab, indem man alle translationshaltigen Symmetrie–Bestandteile entfernt: Man läßt das Symbol für den Bravais–Typ weg und überführt alle Gleitspiegelebenen in normale Spiegelebenen m, sowie alle Schraubenachsen in die entsprechenden Drehachsen. Dadurch erhält man aus den 230 Raumgruppen 32 Punktgruppen, die 32 *Kristallklassen* (Tab. 7). Jeder Kristallklasse ist umgekehrt eine bestimmte Anzahl von Raumgruppen zuzuordnen.

6.5.3 Symmetrie des Translationsgitters

Läßt man den Inhalt der Elementarzelle außer Betracht, sieht also nur das „nackte" Translationsgitter, ohne Symmetrieeigenschaften der Struktur selbst

6.5 Beobachtbarkeit von Symmetrie

zu berücksichtigen, so bleiben die *7 Kristallsysteme* übrig. Sie bestimmen die Metrik der Elementarzelle.

> *Betrachtet man nur die Gestalt der Elementarzelle ohne eventl. Zentrierungen mit einzubeziehen, so fällt noch das trigonale mit dem hexagonalen System zusammen. Deshalb werden in der Literatur manchmal nur 6 Kristallsysteme unterschieden. Bei Berücksichtigung der Zentrierung (vgl. Abb. 8, Kap.2.2) ist jedoch die Symmetrie des rhomboedrischen Translationsgitters nur trigonal. Deshalb empfiehlt die Intern.Union of Crystallography die Zuordnung aller Strukturen mit trigonalen Raumgruppen zu einem eigenen trigonalen Kristallsystem.*

Schließt man die möglichen zusätzlichen Translationsvektoren für zentrierte Gitter bei der Klassifikation mit ein, so erweitert sich die Gruppe auf die 14 *Bravaisgitter*, die schon in Kap. 2 behandelt wurden.

6.5.4 Symmetrie des Beugungsbildes: Die Laue-Gruppen

In Kap. 4 wurde gezeigt, daß es vorteilhaft ist, das Beugungsverhalten eines Kristalls im Röntgenstrahl im Bild des reziproken Gitters zu beschreiben. Wenn man den Punkten hkl des reziproken Gitters, die die möglichen Reflexe charakterisieren, die gemessenen Reflexintensitäten zuschreibt, so repräsentiert dieses „intensitätsgewichtete" reziproke Gitter quasi das Beugungsbild des Kristalls. Wie äußert sich nun die Kristallsymmetrie im Beugungsbild, welche Reflexe bekommen dadurch gleiche Intensitäten, sind „symmetrieäquivalent"? Da man die Entstehung von Reflexen schon mit der Vorstellung von Netzebenen im Translationsgitter ableiten kann (s.Kap. 3.4), ist einzusehen, daß auch hier nur die Symmetrie der Kristallklasse eingeht, denn Netzebenen gehören zum Kristall als Ganzem, also zu den makroskopischen Eigenschaften. Deshalb ist auch der Kristallhabitus durch die Kristallklasse bestimmt. Allerdings kommt nun noch eine zusätzliche Schwierigkeit hinzu: Auch wenn im Kristall selbst kein Inversionszentrum vorhanden ist, zeigt sein Beugungsbild, also das intensitätsgewichtete reziproke Gitter, immer ein Inversionszentrum. Dies sieht man ein, wenn man nach der Strukturfaktorgleichung (Gl.26, Kap.5.3) die Streuamplituden für zwei durch Inversion am Ursprung des reziproken Gitters miteinander verknüpfte Reflexe hkl und $\bar{h}\bar{k}\bar{l}$ berechnet:

$$F(hkl) = \sum \{f_i \cos[2\pi(hx_i + ky_i + lz_i)] + i\sin[...]\}$$

$$F(\bar{h}\bar{k}\bar{l}) = \sum \{f_i \cos-[2\pi(hx_i + ky_i + lz_i)] + i\sin-[...]\}$$

Da $\cos\phi = \cos-\phi$ und $\sin-\phi = -\sin\phi$, errechnet sich für beide Reflexe dieselbe Amplitude, lediglich der Phasenwinkel wechselt das Vorzeichen (Abb. 46). Da jedoch mit den Intensitäten nur das Quadrat der Amplitude gemessen wird, gilt das *Friedelsche Gesetz* (Betonung auf der 2.Silbe):

$$I_{hkl} = I_{\bar{h}\bar{k}\bar{l}}$$

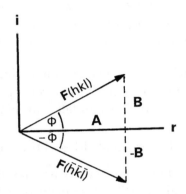

Abb. 46: Strukturfaktoren eines 'Friedelpaars' von Reflexen in der Gaußschen Zahlenebene

Auf mögliche geringfügige Abweichungen vom Friedelschen Gesetz wird in Kap. 10.4 noch eingegangen. Für die Symmetrie des Beugungsbildes hat das Friedelsche Gesetz jedoch zur Folge, daß zur Symmetrie der Kristallklasse stets noch ein Inversionszentrum hinzukommt. So wird z.B. im monoklinen Kristallsystem aus der Kristallklasse 2 durch Kombination mit $\bar{1}$ die scheinbare Kristallklasse $2/m$. Dieselbe Klasse entsteht durch Kombination der Kristallklasse m mit dem Inversionszentrum. Man kann also die drei monoklinen Kristallklassen $2, m$ und $2/m$ im Beugungsbild nicht unterscheiden. Ähnliches geschieht in den anderen Kristallsystemen, so daß insgesamt von den 32 Kristallklassen im Beugungsbild nur noch 11 unterschiedliche *Laue–Gruppen* übrigbleiben. Sie sind in Tab.7 mit aufgenommen. Im tetragonalen, trigonalen, hexagonalen und kubischen Kristallsystem gibt es jeweils zwei, — eine niedrigere und eine höhere Lauegruppe. Jeder Kristall läßt sich, wenn man sein Beugungsbild aufgenommen hat, einer dieser elf Lauegruppen zuordnen.

Ein Spezialfall tritt bei der „hohen" trigonalen Lauegruppe $\bar{3}m$ auf, wenn man die Orientierung der Spiegelebene bezüglich der kristallographischen Achsen betrachtet: Sie kann nämlich entweder senkrecht zur a–Achse *oder*

6.5 Beobachtbarkeit von Symmetrie

Tabelle 7: Die 32 Kristallklassen, aufgeteilt auf die 7 Kristallsysteme und die zugehörigen Lauegruppen (isomorphe Gruppen in eckigen Klammern)

Kristallsystem	Kristallklassen (mit Schönflies-Symbolen in Klammern)	Lauegruppe
triklin	$1\ (C_1),\ \bar{1}(C_i)$	$\bar{1}$
monoklin	$2(C_2), m(C_s), 2/m(C_{2h})$	$2/m$
orthorhombisch	$222(D_2), mm2(C_{2v}), mmm(D_{2h})$	mmm
tetragonal	$4(C_4), \bar{4}(S_4), 4/m(C_{4h})$ $422, \bar{4}2m, 4mm, 4/mmm$ $(D_4)\ (D_{2d})\ (C_{4v})\ (D_{4h})$	$4/m$ $4/mmm$
trigonal	$3(C_3), \bar{3}(C_{3i})$ $\left[\begin{array}{c}321\\312\end{array}\right] \left[\begin{array}{c}3m1\\31m\end{array}\right] \left[\begin{array}{c}\bar{3}m1\\\bar{3}1m\end{array}\right]$ $(D_3)\quad (C_{3v})\quad (D_{3d})$	$\bar{3}$ $\left[\begin{array}{c}\bar{3}m1\\\bar{3}1m\end{array}\right]$
hexagonal	$6(C_6), \bar{6}(C_{3h}), 6/m(C_{6h})$ $622, \bar{6}2m, 6mm, 6/mmm$ $(D_6)\ (D_{3h})\ (C_{6v})\ (D_{6h})$	$6/m$ $6/mmm$
kubisch	$23(T), m\bar{3}(T_h)$ $432(O), \bar{4}3m(T_d), m\bar{3}m(O_h)$	$m\bar{3}$ $m\bar{3}m$

senkrecht zur [210]–Diagonale stehen (vgl. Kap. 6.2). Die Lauegruppe $\bar{3}m$ spaltet deshalb bezogen auf das Translationsgitter auf in zwei klar unterscheidbare isomorphe Gruppen $\bar{3}1m$ und $\bar{3}m1$. Analoges gilt für jede der drei zugehörigen Kristallklassen. In der Praxis hat man also bezüglich der Lauesymmetrie die Wahl zwischen 12, bezüglich der Kristallklassen zwischen 35 unterscheidbaren Möglichkeiten zu treffen.

Die Reflexe, die als „asymmetrische Einheit" des reziproken Gitters die vollständige Beugungsinformation eines Kristalls tragen, nennt man auch die *unabhängigen Reflexe*. Die restlichen Reflexe werden durch die Symmetrieoperationen der Lauegruppe erzeugt, man nennt sie *symmetrieäquivalente Reflexe*. Es erhöht die Genauigkeit einer Strukturbestimmung, wenn man auch symmetrieäquivalente Reflexe mißt und dann durch Mittelung den Satz von *unabhängigen Reflexen* gewinnt, der den weiteren Strukturrechnungen zugrunde gelegt wird.

6.6 Bestimmung der Raumgruppe

6.6.1 Bestimmung der Lauegruppe

Der erste Schritt zur Bestimmung der Raumgruppe aus dem Beugungsexperiment ist die Suche nach der Lauegruppe. Am besten geschieht dies, indem man die Messdaten in Form des intensitätsgewichteten reziproken Gitters abbildet (siehe Kap. 7.2). Mit geeigneten Programmen sind auch die auf einem Vierkreis–Diffraktometer gemessenen Intensitätsdaten (siehe Kap. 7.3) farbkodiert auf dem Bildschirm in Form von Schichten des reziproken Gitters sichtbar zu machen. Man kann sich symmetrieäquivalente Reflexe für jede Lauegruppe leicht selbst ableiten, indem man unter Berücksichtigung der Blickrichtungen (Kap. 6.2) die Symmetrieelemente der betreffenden Lauegruppe in eine passende Projektion des reziproken Gitters einzeichnet (Vorsicht, die Blickrichtungen beziehen sich auf die realen Achsen!). Dann kann man auf einen Blick sehen, welche Reflexe durch diese Elemente ineinander überführt werden und kann prüfen, ob sie auch gleiche Intensität besitzen. Sonst muß man an genügend Reflexpaaren des Datensatzes prüfen, ob sie im Rahmen der Fehlergrenzen symmetrieäquivalent sind oder nicht. Es gibt natürlich auch Programme, die einem diese Arbeit abnehmen.

Die Ableitung symmetrieäquivalenter Reflexe kann man sich im trigonalen und hexagonalen Kristallsystem dadurch erleichtern, daß man mit 4 Miller-Indices hkil arbeitet: Der zusätzliche Index i gibt den reziproken Achsenabschnitt auf der zu a und b äquivalenten $[\bar{1}\bar{1}0]$–*Achse*

6.6 Bestimmung der Raumgruppe

an und berechnet sich zu $i = -(h + k)$. Damit erhält man die durch eine dreizählige Achse $\parallel c$ symmetrieäquivalenten Reflexe einfach durch zyklische Vertauschung der ersten drei Indices: $hkil \longrightarrow kihl \longrightarrow ihkl$.

Mit der Zuordnung des Kristalls zu einer der elf Lauegruppen, wodurch auch das Kristallsystem endgültig festgelegt ist, ist allerdings noch nicht sehr viel gewonnen, da zu jeder Lauegruppe mehrere Kristallklassen und zu jeder Kristallklasse meist eine ganze Reihe von Raumgruppen gehören. Man braucht also noch zusätzliche Symmetrieinformation, um mögliche Raumgruppen eingrenzen zu können.

6.6.2 Systematische Auslöschungen

Dazu kann man die Eigenschaft aller translationshaltigen Symmetrieelemente nutzen, daß sie zum systematischen Fehlen, zur „Auslöschung" bestimmter Reflexklassen führen. Im Angelsächsischen wird unglücklicherweise derselbe Ausdruck 'extinction' für Auslöschung wie für die in Kap. 10.5 behandelte Extinktion verwendet. Die Auslöschung läßt sich am Beispiel der reinen Translationssymmetrie der Raumzentrierung (Bravais–Typ I) gut anschaulich machen: Hier gibt es für jedes Atom auf einer Lage x, y, z ein äquivalentes mit den Parametern $\frac{1}{2} + x, \frac{1}{2} + y, \frac{1}{2} + z$. Legt man den Nullpunkt der Zelle in das erste Atom, vereinfachen sich die Lagen auf 0,0,0 und $\frac{1}{2}, \frac{1}{2}, \frac{1}{2}$. Nun kann man den Strukturfaktor, — der Einfachheit halber unter Annahme von Zentrosymmetrie — für einen beliebigen Reflex hkl aus der Summe dieser beiden Atombeiträge ausrechnen:

$$\begin{aligned} F_c(hkl) &= f \cos[2\pi(h \cdot 0 + k \cdot 0 + l \cdot 0)] + f \cos[2\pi(h/2 + k/2 + l/2)] \\ &= f + f \cos[\pi(h + k + l)] \end{aligned}$$

Da die Summe $h+k+l$ stets ganzzahlig ist, nimmt der cos für geradzahlige Summen den Wert +1, für ungeradzahlige den Wert -1 an. Das bedeutet, daß für $h+k+l = 2n+1$ sich $F_c = 0$ ergibt: alle Reflexe, die dieser *Auslöschungsregel* gehorchen, fehlen. Im Fall einer I–Zentrierung fehlt also jeder zweite Reflex. In der Skizze (Abb. 47) wird dies für die Reflexe 100 und 200 anschaulich gemacht:

Bei Einstrahlung unter dem richtigen Beugungswinkel für den 100–Reflex erzeugt die Zentrierung eine zusätzliche äquivalente Ebene mit dem *halben* Netzebenenabstand, die deshalb einen Gangunterschied von $\lambda/2$ verursacht, also zu Auslöschung führt. Bei Einstrahlung unter dem höheren Winkel θ für den 200–Reflex wird die Reflexion, wie in Kap. 3.6 behandelt, ohnehin

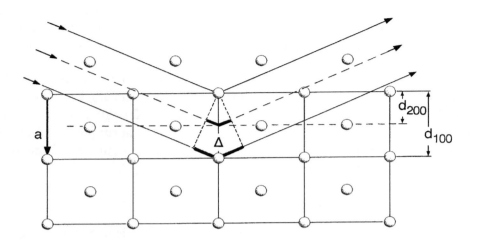

Abb. 47: Zur Auslöschung des Reflexes 100 bei I–Zentrierung

mit einem (fiktiven) Netzebenensatz mit Abstand $d/2$ beschrieben. Durch die Zentrierung entsteht also keine zusätzliche Ebene, auch die zentrierenden Atome streuen in Phase, ein Reflex kommt zustande (mit doppelter Intensität im Vergleich zum nicht zentrierten Fall).

Ähnliches geschieht bei allen anderen translationshaltigen Symmetrieelementen, denn alle führen zu Unterteilungen in bestimmten Richtungen. Der Röntgenstrahl „sieht" also Translationssymmetrie. Aus der Reflexklasse, die von einer Auslöschung betroffen ist, kann man auf den Typ des Symmetrieelements und seine Orientierung in der Elementarzelle schließen: *Integrale Auslöschungen* betreffen alle Reflexe hkl und geben Hinweise auf Zentrierungen; durch sie erkennt man direkt den Bravais–Typ. *Zonale Auslöschungen* sind nur auf reziproken Ebenen $0kl, h0l, hk0$ oder hhl zu sehen (Zonen sind Gruppen von Netzebenen mit einer gemeinsamen Achse). Sie zeigen Gleitspiegelebenen senkrecht a, b, c bzw. [110] an (Beispiel in Abb. 48). *Serielle Auslöschungen* schließlich betreffen nur die reziproken Geraden $h00, 0k0, 00l$ oder $hh0$ und weisen auf Schraubenachsen parallel a, b, c bzw. [110] hin.

Der Typ der Auslöschung zeigt an, wo die Zentrierung erfolgt, welche Gleitrichtung eine Gleitspiegelebene hat, bzw. welcher Schraubenachsentyp vorliegt. Eine Zusammenstellung aller Auslöschungstypen und der Symmetrieelemente, die man daraus entnehmen kann, bringt Tab. 8. In den Raumgruppen–Tafeln der Int.Tables (Beispiel Abb.44 rechts oben) sind sie umgekehrt als „reflection conditions", also Bedingungen für das Vorhandensein von Refle-

6.6 Bestimmung der Raumgruppe

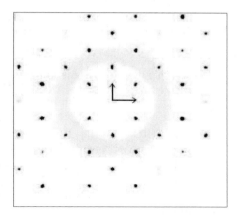 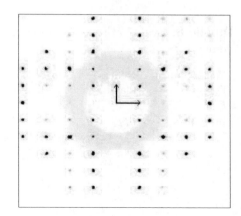

Abb. 48: Rez.Gitterebenen hk0 (links) und hk1 (rechts) (aus einer Flächendetektormessung, a* vertikal, b* horizontal) mit Auslöschungen für eine n–Gleitspiegelebene (hk0: $h + k \neq 2n$) senkrecht c und eine c–Gleitspiegelebene (h0l: $l \neq 2n$) senkrecht b

xen aufgeführt.

Beugungssymbole. Nachdem man über die Bestimmung der Lauegruppe die wenigen möglichen Kristallklassen und damit eine — allerdings meist recht große — Zahl möglicher Raumgruppen gefunden hat, kann man nun nach Untersuchung der im Beugungsbild zu findenden Auslöschungen die Auswahl sehr stark eingrenzen. Die Summe der dem Beugungsbild entnehmbaren Hinweise auf die Raumgruppe kann man in einem *Beugungssymbol* (Int.Tab. Vol.A, 3.3) zusammenfassen, das zuerst die Lauegruppe benennt, dann den Bravais-Typ und danach die translationshaltigen Symmetrieelemente in den verschiedenen Blickrichtungen. Das Fehlen eines solchen Elements wird durch einen Strich angezeigt. Nur die Raumgruppen, die die entsprechenden translationshaltigen Symmetrieelemente haben, sind noch möglich. Das Beugungssymbol $2/mC - /c$ zeigt also z.B. monokline Lauesymmetrie an, C–Zentrierung, *keine* 2_1–Achse parallel b, aber senkrecht dazu eine c–Gleitspiegelebene. Folglich kommen die Raumgruppen $C2/c$ oder Cc in Frage.

Die Wahl kann eindeutig sein, wenn eine Raumgruppe *nur* translationshaltige Symmetrieelemente besitzt, z.B. bei der am häufigsten vorkommenden Raumgruppe $P2_1/c$ (Nr.14). Die Auswahl wird größer, wenn, vor allem im orthorhombischen System, zwischen 2–zähligen Achsen und Spiegelebenen zu wählen ist, denn diese Symmetrieelemente lassen sich weder in der Lauegruppe unterscheiden, noch verursachen sie Auslöschungen. Findet man beispielsweise die Lauegruppe mmm und keine Auslöschung (Beugungssymbol mmm

6 SYMMETRIE IN KRISTALLEN

Tabelle 8: Systematische Auslöschungen und die sie verursachenden Symmetrieelemente

Auslöschungs-Typ	Reflex-klasse	Auslöschungsbedingung		Verursachendes Element			Bemerkung
integral	hkl	—		P			
		$h+k+l$	$\neq 2n$	I			
		$h+k$	$\neq 2n$	C			
		$k+l$	$\neq 2n$	A			
		$h+l$	$\neq 2n$	B			
		$-h+k+l$	$\neq 3n$	R(obvers)			s.Kap. 2.2.1
		$h-k+l$	$\neq 3n$	R(revers)			
zonal	$0kl$	k	$\neq 2n$	b	$\perp$	a	
		l	$\neq 2n$	c	$\perp$	a	
		$k+l$	$\neq 2n$	n	$\perp$	a	
		$k+l$	$\neq 4n$	d	$\perp$	a	nur bei F
	$h0l$	l	$\neq 2n$	c	$\perp$	b	
		$h+l$	$\neq 2n$	n	$\perp$	b	
		$h+l$	$\neq 4n$	d	$\perp$	b	nur bei F
	$hk0$	h	$\neq 2n$	a	$\perp$	c	
	$hk0$	k	$\neq 2n$	b	$\perp$	c	
	$hk0$	$h+k$	$\neq 2n$	n	$\perp$	c	
	$hk0$	$h+k$	$\neq 4n$	d	$\perp$	c	
	hhl	l	$\neq 2n$	c	$\perp$	$[110]$	tetragonal und kubisch
				c	$\perp$	$[120]$	trigonal
		$2h+l$	$\neq 4n$	d	$\perp$	$[110]$	tetragonal und kubisch I
	hhl	l	$\neq 2n$	c	$\perp$	a	trigonal, hexagonal
seriell	$h00$	h	$\neq 2n$	2_1	$\parallel$	a	
		h	$\neq 4n$	$4_1, 4_3$	$\parallel$	a	kubisch
	$0k0$	k	$\neq 2n$	2_1	$\parallel$	b	
		k	$\neq 4n$	$4_1, 4_3$	$\parallel$	b	kubisch
	$00l$	l	$\neq 2n$	$2_1, 4_2, 6_3$	$\parallel$	c	
	$00l$	l	$\neq 3n$	$3_1, 3_2, 6_2, 6_4$	$\parallel$	c	trigonal, hexagonal
	$00l$	l	$\neq 4n$	$4_1, 4_3$	$\parallel$	c	tetragonal, kubisch
	$00l$	l	$\neq 6n$	$6_1, 6_5$	$\parallel$	c	hexagonal

P - - -), so sind die Raumgruppen *P*222, *Pmm*2 und *Pmmm* möglich, wobei für *Pmm*2 drei Möglichkeiten bestehen. Die 2–zählige Achse kann nämlich entlang ***a, b*** oder ***c*** liegen (Raumgruppen *P*2*mm*, *Pm*2*m*, *Pmm*2). Weiß man, wo sie liegt, wird man gegebenenfalls durch Umbenennung der Achsen die Zelle so aufstellen, daß die Standardaufstellung der Raumgruppe *Pmm*2 resultiert. Für weniger Geübte bieten die *Intern. Tables, Vol. A, Tab. 3.2* Hilfe in der Art einer Pflanzenbestimmungstabelle.

Stehen mehrere Raumgruppen zur Wahl, so muß man entweder andere Kriterien zu Rate ziehen, wie physikalische Eigenschaften (z.B. Piezoelektrizität), die Patterson–Symmetrie (s. Kap. 8.2) oder die strukturchemische Plausibilität. Man kann auch versuchen, die Struktur in allen der möglichen Raumgruppen zu lösen und zu beschreiben. Nur die richtige führt in der Regel zum Ziel (vgl. Kap. 11). Das Beispiel der Raumgruppe *Pmm*2 wirft das sich häufig stellende Problem auf, daß man nachträglich die Elementarzelle transformieren muß.

6.7 Transformationen

Transformationen der Elementarzelle beschreibt man am besten durch Multiplikation einer 3x3–Matrix, der *Transformationsmatrix*, in der zeilenweise die drei Komponenten der neuen in den Richtungen der alten Achsen ***a, b, c*** angegeben werden, mit der Spalte der alten Gitterkonstanten[1] (Gl. 32).

$$\begin{pmatrix} t_{11} & t_{12} & t_{13} \\ t_{21} & t_{22} & t_{23} \\ t_{31} & t_{32} & t_{33} \end{pmatrix} \begin{pmatrix} a \\ b \\ c \end{pmatrix} = \begin{pmatrix} a' \\ b' \\ c' \end{pmatrix} \quad (32)$$

Dann erhält man die neuen Achsen ***a′, b′, c′*** , ausgedrückt im alten Achsensystem.

$$\begin{aligned} a' &= t_{11}a + t_{12}b + t_{13}c \\ b' &= t_{21}a + t_{22}b + t_{23}c \\ c' &= t_{31}a + t_{32}b + t_{33}c \end{aligned}$$

Da es sich um Vektoroperationen handelt, muß man die Beträge der neuen Gitterkonstanten und Winkel explizit berechnen. Dafür sei ein in der Praxis wichtiges Beispiel vorgestellt, die Transformation einer monoklinen Zelle mit der Raumgruppe $P2_1/c$ in die alternative Aufstellung mit der Raumgruppe

---

[1] Im Gegensatz zu der hier und in den gängigen kristallographischen Programmen benutzten zeilenweisen Notation sind Matrizen in den „Intern. Tables" spaltenweise geschrieben.

$P2_1/n$ (Abb. 49). Dies sind zwei äquivalente Beschreibungen derselben Raumgruppe. Man sollte, wie schon erwähnt, immer die Aufstellung wählen, bei der der monokline Winkel am nächsten bei 90° liegt (aber immer $\geq 90°$ bleibt), da dies, zumindest bei großen Winkeldifferenzen, zu besseren Verfeinerungsergebnissen führen kann (s.Kap.9). Da die Gleitkomponente der Gleitspiegelebene nach der Transformation statt in c – in die Diagonalrichtung weist, ändert sich ihr Symbol von c nach n.

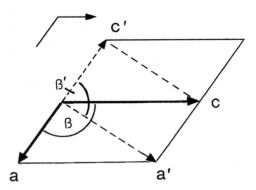

Abb. 49: Alternative Aufstellung einer monoklinen Zelle mit Raumgruppe $P2_1/c$ bzw. $P2_1/n$ (gestrichelt)

Transformationsmatrix: $\begin{pmatrix} 1 & 0 & 1 \\ 0 & 1 & 0 \\ \bar{1} & 0 & 0 \end{pmatrix}$

$$a' = \sqrt{a^2 + c^2 - 2ac\cos(180° - \beta)}$$

$$c' = a$$

$$\beta' = 180° - \arccos\frac{a^2 + a'^2 - c^2}{2aa'}$$

Je nach Abmessungen der Zelle kann natürlich die Wahl der anderen Flächendiagonale als neue Achse günstiger sein. Das kann man leicht durch eine etwa maßstäbliche Handskizze beurteilen. Ein ähnlicher Fall liegt vor bei den alternativen Aufstellungen der Raumgruppe $C2/c$ bzw. $I2/a$. Obwohl die Aufstellung $I2/a$, wie oben $P2_1/n$ früher als nichtkonventionelle Aufstellungen

6.7 Transformationen

galten (sie waren in den älteren Int.Tables Vol.I nicht extra aufgeführt), sollte man sich nicht scheuen, sie zu benutzen, wenn dadurch ein deutlich kleinerer monokliner Winkel resultiert. Es ist in jedem Fall ein „Kunstfehler", mit Winkeln $> 120°$ zu arbeiten.

Ein Sonderfall ist die kubische Raumgruppe Pa$\bar{3}$ (Nr. 205, vollständiges Symbol P2_1/a$\bar{3}$): In dieser zentrosymmetrischen Raumgruppe kann man trotz der kubischen Symmetrie die Achsen nicht beliebig vertauschen, da sich dabei die Richtungen der Gleitspiegelungen ändern. Will man die Symmetrie–Codes der Int. Tables und die dadurch festgelegten Auslöschungsregeln für die Aufstellung Pa$\bar{3}$ verwenden, so muß man sicherstellen, daß die Achsenwahl der dort festgesetzten Orientierung entspricht. Danach muß senkrecht a eine b–Gleitspiegelebene, senkrecht b eine c– und senkrecht c eine a–Gleitspiegelebene liegen. Dies kann man an Hand der Auslöschungen prüfen; findet man in allen drei Richtungen Gleitspiegelebenen, jedoch mit anderen Gleit-Komponenten, so muß man die Achsen entsprechend transformieren. Andernfalls müßte man die Symmetrieoperationen für die unkonventionelle Aufstellung Pb$\bar{3}$ verwenden.

7 Experimentelle Methoden

Dieses Kapitel beschäftigt sich mit den wichtigsten Methoden, mit denen man die für eine röntgenographische Einkristall–Strukturbestimmung notwendigen Meßdaten erhält. Der erste Schritt dabei ist natürlich die Gewinnung eines geeigneten Kristalls.

7.1 Einkristalle: Züchtung, Auswahl und Montage

Das *Wachstum von Kristallen* wird im Wesentlichen durch das Verhältnis der Geschwindigkeiten der Keimbildung und des Kristallwachstums gesteuert. Man sollte stets anstreben, daß die Keimbildungsgeschwindigkeit kleiner als die Wachstumsgeschwindigkeit ist, da sonst meist nur verwachsene Konglomerate vieler kleiner Kristallite entstehen. Auch die Wachstumsgeschwindigkeit sollte selbst nicht zu hoch sein, um nicht zu viele Kristallbaufehler zu erhalten. Die Mittel, wie diese Ziele zu erreichen sind, sind leider bei neuen Verbindungen kaum vorherzusagen, oft eine Sache des „Fingerspitzengefühls". Je nach Substanz kann die Kristallzüchtung aus Lösung, aus der Schmelze oder aus der Gasphase erfolgen. Hier sollen nur einige einfache Methoden zusammengestellt sowie einige praktische Hinweise dazu gegeben werden.

Kristallzüchtung aus Lösung. Die zu kristallisierende Substanz sollte wenig löslich sein. Meist ist die langsame Abkühlung einer gesättigten Lösung, z.B. indem man das Gefäß in einen Styroporbehälter oder ein Dewargefäß stellt, günstiger als Eindunsten lassen. Um die Keimzahl klein zu halten, sollten neue, glatte Glasgefäße, z.B. Petrischalen oder auch Teflonschalen verwendet werden. Die Gefäße sollten ruhig stehen, nicht in der Nähe von vibrierenden Pumpen oder Abzugsmotoren. Höhere Temperaturen sind, wenn möglich, tieferen (z.B. im Tiefkühlfach des Kühlschranks) vorzuziehen, da die Gefahr des meist störenden Lösungsmitteleinbaus dadurch veringert wird. Als günstig erweist sich auch oft ein kleiner Temperaturgradient: z.B. kann man ein Reagenzglas in die schräge Bohrung eines langsam abkühlenden Metallblocks stellen, so daß der obere Teil herausragt. Dadurch erzielt man Stofftransport durch Konvektion in der Lösung.

Bei Mißerfolg empfiehlt sich vor allem Variation des Lösungsmittels, wobei möglichst auf CCl_4, $CHCl_3$ und ähnliche Solventien mit schwereren Atomen verzichtet werden sollte, da sie erfahrungsgemäß oft in Kristallen eingebaut werden und dort durch Fehlordnung die Genauigkeit der Strukturbestimmung herabsetzen können.

Wenn sich die Verbindung durch Zusammengeben zweier Reaktionslösungen herstellen läßt, ist oft die Kristallisation der Verbindung direkt bei der

7.1 Einkristalle: Züchtung, Auswahl und Montage

Synthese von Vorteil. Kristalle bilden sich z.B. häufig, wenn man die beiden Lösungen langsam ineinander diffundieren läßt.

Abb. 50:

Abb.50 zeigt eine Variante dieser *Diffusionsmethode*, die sich als besonders einfach und trotzdem erfolgreich erwiesen hat. Dabei wird ein völlig gefülltes Präparateglas (Lösung 1) mit durchbohrtem Deckel vorsichtig in ein größeres (Lösung 2) versenkt.

In schwierigen Fällen kann die Diffusionsgeschwindigkeit durch Verwendung einer Dialysemembran oder eines Gels noch reduziert werden. Verwandt mit der Diffusionsmethode ist die Kristallisation dadurch, daß man ein zweites Lösungsmittel mit geringerem Lösungsvermögen entweder direkt, über eine Membran oder über die Gasphase eindiffundieren läßt.

Hydrothermalmethode. Vor allem bei sehr schwer löslichen anorganischen Verbindungen kommt die Hydrothermalmethode in Frage, bei der die Substanz in einem meist wässrigen Lösungsmittel (Wasser, Alkalilaugen, Flußsäure u.s.w.), in dem sie unter Normalbedingungen unlöslich ist, in einem kleinen Autoklaven so hoch erhitzt wird (meist 200–600°C), daß Drücke von einigen hundert bar entstehen. Unter diesen z.T. überkritischen Bedingungen lösen sich die meisten Verbindungen auf und kristallisieren beim langsamen Abkühlen aus. Oft benutzt man die Hydrothermalmethode bereits zur Synthese der Verbindung. Da unter Druck Ordnung begünstigt wird, erhält man in relativ kurzer Zeit oft sehr gute Kristalle.

Aus der Schmelze gezogene Kristalle sind meistens weniger für röntgenographische Zwecke geeignet, da der erstarrte Schmelzkuchen zerkleinert werden muß, um ein einkristallines Bruchstück geeigneter Größe zu finden. Dabei entstehen normalerweise keine schönen Begrenzungsflächen, so daß z.B. die Justierung für Filmaufnahmen oder die Vermessung für eine numerische Absorptionskorrektur (siehe Kap. 7.4.3) erschwert werden. Oft leidet dabei auch die Qualität des Kristalls. Bei vielen nicht unzersetzt löslichen typischen anorganischen Festkörperverbindungen ist dies jedoch die einzig mögliche Methode. In der abgewandelten Form, einige 10° unter dem Schmelzpunkt zu sintern, kann man jedoch oft in den Hohlräumen oder an der Oberfläche des noch lockeren Sinterkuchens einzelne gut ausgebildete Exemplare der richtigen Größe finden. Daher empfiehlt es sich, das thermische Verhalten der Substanz vorher durch DTA– oder DSC–Untersuchungen festzustellen, um den richtigen Temperaturbereich einstellen zu können. Dabei erkennt man auch mögliche Phasenübergänge, bei deren Durchlaufen ein Kristall verzwillingen kann (siehe Kap. 11.2).

Sublimation. Die Sublimation kann sehr gute Kristalle liefern, ist aber auf wenige geeignete Proben beschränkt. Ähnliches gilt für die Methode des *Chemischen Transports.* Wenn ein geeignetes Transportmittel gefunden wird, können zahlreiche — vor allem binäre — Chalkogenide und Halogenide in Form schöner, oft eher zu großer Kristalle erhalten werden. Für weitere Hinweise zum Thema Kristallisation sei auf einen Übersichtsartikel von Hulliger [23] verwiesen.

Die *Kristallgröße* sollte sich nach der verwendeten Röntgenstrahlung und dem Absorptionsverhalten der Verbindung richten. Sie sollte jedoch 0.5 mm nicht überschreiten, da der Bereich konstanter Intensität im Querschnitt des Röntgenstrahls normalerweise nicht größer ist. Bei schwach streuenden Kristallen, z.B. sehr dünnen Nadeln, kann man auch bis ca. 0.8 mm gehen, da der Gewinn an Intensität die einsetzenden Fehler durch die Strahlinhomogenität wettmacht. Dann ist auch die weichere Cu–Strahlung von Vorteil (falls sie zur Verfügung steht), da hier die „Ausbeute" an gebeugter Strahlung bis ca. 8x größer ist als bei der härteren Mo–Strahlung. Andererseits ist die Absorption bei Cu–Strahlung im Durchschnitt ca. 10–fach stärker als bei Mo–Strahlung, so daß man Cu–Strahlung meist nur bei Leichtatomstrukturen oder bei sehr kleinen Kristallen mit schwereren Elementen benutzt, sonst eher die Mo–Strahlung. Bei stark absorbierenden Kristallen gibt es eine optimale Größe, bei der sich die mit zunehmendem Volumen natürlich wachsende Streukraft und die mit der zu durchstrahlenden Dicke des Kristall sehr rasch anwachsende Absorption zu einem Maximum an Intensität überlagern. Kennt man den Absorptionskoeffizienten μ für die gewählte Wellenlänge, so läßt sich die optimale Dicke des Kristalls nach der Faustregel

$$D = \frac{2}{\mu}$$

ausrechnen. Näheres zum Problem der Absorption findet sich in Kap.7.4.3.

Die *Kristallqualität* beurteilt man am besten mit einem Stereomikroskop bei ca. 20–80–facher Vergrößerung unter polarisiertem Licht. Die meisten Kristalle sind transparent. Nur kubische Kristalle sind optisch isotrop, d.h. ihr Brechungsindex ist richtungsunabhängig; die Kristalle mit niedrigeren Kristallklassen sind *optisch anisotrop*. Tetragonale, trigonale und hexagonale sind *optisch einachsig*. Ihr Brechungsindex ist in c–Achsenrichtung anders als in der a,b–Ebene. Alle niedriger symmetrischen Kristallklassen sind *op-*

7.1 Einkristalle: Züchtung, Auswahl und Montage

tisch zweiachsig, sie zeigen in allen drei Raumrichtungen unterschiedliche Brechungsindices. Alle in der Betrachtungsebene optisch anisotropen Kristalle, — die tetragonalen, trigonalen und hexagonalen also nur, wenn man sie nicht aus der c–Richtung betrachtet, — drehen die Ebene des polarisierten Lichts. Im Polarisationsmikroskop beleuchtet man sie im Durchlicht mit polarisiertem Licht und setzt vor das Objektiv ein zweites drehbares Polarisationsfilter, das man so einstellt, daß das Gesichtsfeld dunkel ist (gekreuzte Polarisationsrichtungen). Wenn der Kristall die Polarisationsebene dreht, so sieht man ihn hell vor dunklem Hintergrund. Dreht man ihn selbst in der Bildebene, so wechselt er bei geeigneter Stellung nach dunkel (er „löscht aus") und wird bei weiterer Drehung wieder hell. Dies wiederholt sich alle 90°. Ist ein Kristall nun verwachsen, d.h. aus mehreren Individuen zusammengesetzt, so löschen die einzelnen Bereiche des Kristalls bei verschiedenen Drehwinkeln aus. Risse im Kristall erkennt man oft als helle Linien im dunkel gestellten Kristall. Kristalle, die solche Fehler zeigen, sollte man verwerfen oder durch Spalten mit einem feinen Skalpell störende Bereiche entfernen. Oft ist ein Zuschneiden des Kristalls nötig, um das richtige Format zu erreichen. Um ein Wegspringen der Bruchstücke zu verhindern, kann man diese Operation unter einer inerten Flüssigkeit wie Paraffin–, Silicon– oder Teflonöl durchführen. Man kann zu große Kristalle auch schonender verkleinern, indem man sie unter dem Mikroskop durch einen Tropfen Lösungsmittel schiebt. Mechanisch und chemisch stabile Kristalle kann man von anhaftenden Splittern befreien, indem man sie kurz zwischen mit Schlifffett benetzten Fingern reibt.

Kristallmontage. Die Kristalle werden dann entweder auf *Glasfäden* befestigt, wobei je nach Kristall etwas Schlifffett, Teflonfett, Zaponlack, Zweikomponenten–Kleber oder sog. Sekundenkleber verwendet werden. Diese billige und einfache Methode hat den Nachteil, daß der Glasfaden, der nicht zu dünn sein darf, um Schwingungen auf dem Diffraktometer zu verhindern, selbst Strahlung absorbiert und die Untergrundstrahlung erhöht. Oder die Kristalle werden unter dem Mikroskop mithilfe feiner Glasfäden in *Spezialglas– oder Quarzkapillaren* mit Durchmessern von 0.1 bis 0.7 mm und Wandstärken von ca. 0.01 mm abgefüllt. Damit sie während der Messungen nicht verrutschen können, werden sie meist mit etwas Fett fixiert. Dies bringt man am besten ein, indem man das untere Ende der Kapillare öffnet und mit einem feinen Glasfaden eine Spur Fett an die Innenwand bringt. Danach wird sie wieder zugeschmolzen. Diese Kapillaren können dann nach Einbringen des Kristalls auch „oben" abgeschmolzen werden, so daß der Kristall geschützt ist. Auch wenn man, wie mit einem Glasfaden, mit oben angeklebtem Kristall arbeitet, ist eine Kapillare günstiger, da sie steifer ist und wesentlich weniger Glas in den Strahlengang kommt.

7 EXPERIMENTELLE METHODEN

Die Kapillaren oder Glasfäden werden selbst am besten mit Pizein (Siegellack) oder Zweikomponentenkleber in einem kleinen Metallröhrchen befestigt, das man auf einen *Goniometerkopf* aufsetzen kann. Arbeitet man ohne Kristallkühlung kann man auch Knetmasse, Wachs oder Zaponlack nehmen. Goniometerköpfe haben genormte Maße und Gewinde und passen auf die verschiedenen Einkristall–Kameras und Diffraktometer (s.unten). Alle Goniometerköpfe besitzen zwei senkrecht zueinander stehende Parallelschlitten, die die *Zentrierung* des Kristalls genau in die Drehachse des Kopfes erlauben. Für Filmaufnahmen müssen sie zusätzlich zwei senkrecht zueinander stehende Bogenschlitten haben, mit denen ein Kristall *justiert* (im Raum gedreht) werden kann (Abb.51). Günstig ist eine Höhenverstellung des Goniometerkopfes, da Einkristall–Diffraktometer dazu meist keine Vorrichtung besitzen. Wegen des auf wenige mm begrenzten Verstellbereichs muß die Kapillare bzw. der Glasfaden so bemessen und im Trägerröhrchen eingesetzt werden, daß der Kristall bereits etwa an der „richtigen" Stelle sitzt. Hilfreich für die Montage und auch die Vermessung des Kristalls ist ein optisches Zweikreisgoniometer, auf dem man sich dann eine Eichmarke für den richtigen Kristallort anbringen kann.

Abb. 51: XY–Goniometerkopf (links), mit Bögen für Filmaufnahmen (rechts) (mit frdl. Genehmigung der Fa. Huber)

Schwieriger ist die Montage *luftempfindlicher Kristalle*. Hier sind vor allem drei Methoden üblich: Die Auswahl und Abfüllung in Kapillaren kann, wenn vorhanden, in einem Handschuhkasten mit Mikroskop geschehen. Statt sie abzuschmelzen, kann man die Kapillare im Handschuhkasten mit einem Tröpfchen Sekundenkleber verschließen. Bei der zweiten Methode trifft man die Auswahl eines oder mehrerer Kristalle in einem speziellen Schlenkrohr

7.2 Röntgenbeugungsmethoden an Einkristallen

mit angesetzten Kapillaren unter einem Stativmikroskop, füllt diese mit Hilfe eines langen Stabes mit abgebogener Spitze unter Argongegenstrom ab und schmilzt sie zu.

Bei der einfachsten und selbst bei sehr empfindlichen Kristallen mit Erfolg eingesetzten Methode werden die Kristalle unter strömendem Argon aus einem Schlenkgefäß auf einen Objektträger mit einem Tropfen getrocknetem inertem Öl gebracht, unter dem sie dann an der Luft im Polarisationsmikroskop geprüft und evtl. geschnitten werden. Daraus werden sie dann direkt mit der Spitze eines auf einem Goniometerkopf vorzentrierten Glasfadens oder besser einer Kapillare aufgenommen und sofort auf das Diffraktometer mit laufender Kristallkühlung gebracht. Bei Temperaturen unter ca. -80°C ist während der Meßdauer normalerweise keine Zersetzung mehr zu befürchten. Der Nachteil dieser Methode besteht darin, daß die Kristallform oft nicht mehr gut vermessen werden kann, so daß keine sehr exakte Absorptionskorrektur mehr möglich ist.

7.2 Röntgenbeugungsmethoden an Einkristallen

Nach der Montage eines Kristalls erfolgt nun das eigentliche Beugungsexperiment, bei dem es darum geht, eine ausreichend große Zahl von Reflexen zu erfassen, normalerweise zwischen 1000 und 50 000. Da für jeden Reflex die verantwortliche Netzebene (hkl) im Kristall eine ganz bestimmte räumliche Orientierung hat, muß der Kristall mechanisch im Raum bewegt werden, um sie nacheinander in "Reflexionsstellung" zu bringen. In der Sprache des reziproken Gitters (Kap. 4) ausgedrückt heißt dies, daß man die jeweiligen Streuvektoren d*(hkl) durch Bewegen des reziproken Gitters zum Schnitt mit der Ewald-Kugel bringen muß.

Die technische Lösung dieses Problems hat in den letzten Jahren eine nachgerade dramatische Entwicklung genommen. Während bis Anfang der 70er Jahre die klassischen Filmkameras im Gebrauch waren, auch zur Messung der Intensitäten, waren die nächsten 25 Jahre durch die Vierkreis-Diffraktometer geprägt, die wiederum seit etwa 10 Jahren zusehends durch Flächendetektorsysteme abgelöst werden. Deshalb werden hier die klassischen Filmmethoden nur noch kurz erwähnt, das Meßprinzip an Vierkreis-Diffraktometern an Hand der derzeit noch verbreiteten wichtigsten Typen in kompakter Form erläutert, den größten Raum nimmt die Darstellung der Arbeit mit Flächendetektorsystemen ein. Da sie Geschwindigkeit und Genauigkeit mit den Vorteilen der klassischen Filmmethoden verbinden, sind sie durchaus, wie letztere, auch von didaktischem Wert für die Einarbeitung in die kristallographischen Grundlagen.

7.2.1 Filmmethoden

Laue-Aufnahmen. Die älteste Filmtechnik arbeitet mit feststehendem Kristall, jedoch mit nicht monochromatisierter "weißer" Strahlung. Dann hat man — im Bild der Ewaldkonstruktion gesehen — viele Ewaldkugeln vorliegen, die größte hat den Radius, der durch die kürzeste Wellenlänge vorgegeben wird (s. Kap. 3.2, Gl.(2)). Alle innerhalb liegenden reziproken Gitterpunkte sind in Reflexionsstellung und werden auf den planen Film projiziert. Für jeden gilt allerdings eine eigene Wellenlänge und ein eigener Kristall–Film–Abstand, so daß die Aufnahmen schwierig zu interpretieren sind. Sie zeigen jedoch die Symmetrie in Röntgenstrahlrichtung an.

Drehkristall– und Weissenbergmethode. Zum Verständnis dieser Technik kann man direkt von der in Abb. 26 (Kap. 4.2) skizzierten Ewaldkonstruktion ausgehen. Man montiert den Kristall mit seinem Goniometerkopf auf eine horizontale Drehachse mit Motorantrieb und bestrahlt ihn von der Seite aus einer 90° dazu liegenden Richtung. Darüber schiebt man einen Metallzylinder, der einen seitlichen Schlitz für die eintretende Röntgenstrahlung aufweist und auf der Innenseite, hinter einem Abdeckpapier, den Röntgenfilm enthält (Abb.52).

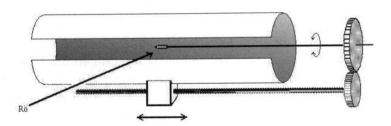

Abb. 52: Schema einer Weissenberg-Kamera

Wird der Kristall so justiert, daß eine reale Achse in Richtung der Drehachse liegt, also reziproke Schichten senkrecht dazu, so bilden sich diese beim Drehen einzeln als "Schichtlinien" auf dem Film ab (Drehkristallaufnahme, Abb.53).

Blendet man eine solche Schichtlinie aus und bewegt den Film während der Drehung parallel zur Zylinderachse, so entsteht ein auf den ganzen Film auseinandergezogenes verzerrtes Abbild der gewählten reziproken Ebene, eine sog. Weissenbergaufnahme (Abb.53).

Präzessions–Methode. Die nach ihrem Erfinder auch Buerger–Kamera genannte Präzessions–Kamera arbeitet nach einem anderen Prinzip, das man

7.2 Röntgenbeugungsmethoden an Einkristallen

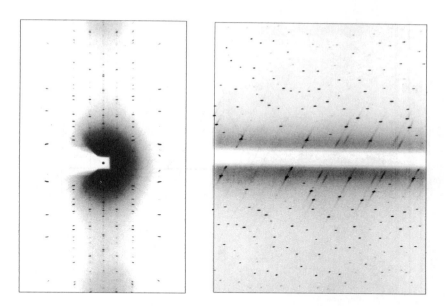

Abb. 53: Beispiel für eine Drehkristallaufnahme (links) und eine Weissenbergaufnahme (rechts)

ebenfalls mit Hilfe der Ewaldkonstruktion gut verstehen kann: Hier greift man eine reziproke Ebene heraus, die *senkrecht* zum Röntgenstrahl justiert wird (Abb.54). Statt den Kristall und damit die reziproke Ebene zu drehen, wird sie nur um einen bestimmten konstanten Winkel, den Präzessionswinkel μ auf die Ewaldkugel zu gekippt. Dabei schneidet sie diese in einem Schnittkreis, dessen konstanter Radius von μ abhängt. Reflexe, die zufällig auf diesem Kreis liegen, werden abgebildet. Nun läßt man den Kristall präzedieren, die Normale auf der reziproken Ebene beschreibt einen Kegel mit Öffnungswinkel 2μ. Dabei wandert der Schnittkreis um den Nullpunkt der Ebene herum, wobei er innerhalb eines Kreises mit dem doppelten Radius des Schnittkreises alle Reflexe wie auf einem Radarschirm überfährt und sie dabei in Reflexionsstellung bringt. Bringt man nun einen ebenen Film an, der mitpräzediert, so daß der Abstand Kristall–Film im Moment einer Reflexion immer derselbe ist, so erhält man eine unverzerrte Projektion der reziproken Gitterebene. Durch eine mitpräzedierende Ringblende wird erreicht, daß nur *eine* reziproke Ebene abgebildet wird.

Durch Weissenberg- oder Präzessionsaufnahmen an einem gut justierten Kristall lassen sich dessen Beugungseigenschaften umfassend studieren. Sie sind deshalb auch heute noch ein wichtiges Werkzeug, wenn für die Inten-

100 7 EXPERIMENTELLE METHODEN

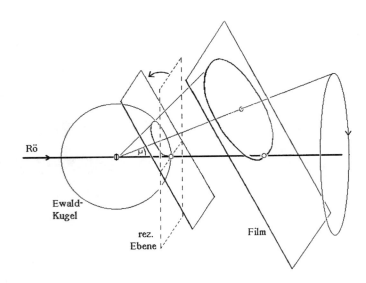

Abb. 54: Schema einer Präzessions- (Buerger-)kamera

sitätsmessungen nur ein Vierkreis-Diffraktometer zur Verfügung steht. Der prinzipielle Unterschied beider Registrierungsmethoden ist der, daß bei einer Filmaufnahme *gleichzeitig* eine ganze Schichtebene im reziproken Gitter abgebildet wird, bei der Zählrohrtechnik muß ein Reflex nach dem anderen angefahren und *einzeln* vermessen werden. Filmaufnahmen kann man ohne vorausgehende Kenntnis der Elementarzelle anfertigen, ja sie liefern bei sachgemäßer Arbeit zweifelsfrei die richtige Zelle und die richtige Lauegruppe, da man auf Filmen bei genügender Belichtungszeit nichts übersehen kann und direkt die Symmetrie im reziproken Raum erkennt. Am Diffraktometer muß im ersten Schritt aufgrund weniger (meist 20–40) aufgesuchter Reflexe mit Hilfe eines Indizierungsprogramms die Elementarzelle und deren Lage im Raum ermittelt werden, bevor mit dieser Information die Lagen aller weiteren Reflexe berechnet und angefahren werden können. Bei diesem entscheidenden Schritt sind natürlich Fehler möglich, z.B. das Übersehen schwacher (sogenannter Überstruktur-) Reflexe, die z.B. eine Gitterkonstantenverdopplung bedingen würden, von Fehlordnungsstreifen (Kap. 10.1) oder von Verzwillingungen (Kap. 11.2). Oft ist trotzdem eine Strukturlösung und -verfeinerung möglich, die jedoch dann z.T. schwer erkennbare Fehler enthält. Vor allem in der anorganischen Festkörperchemie sind solche Probleme häufig, und man findet immer wieder publizierte Strukturbestimmungen, die solche Fehler enthalten. Es ist deshalb auch heute noch anzuraten, vor einer Messung auf dem

7.2 Röntgenbeugungsmethoden an Einkristallen

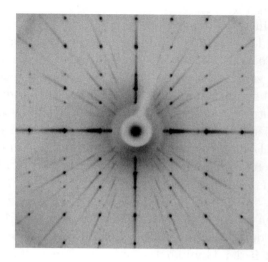

Abb. 55: Beispiel einer Präzessions- (Buerger-)aufnahme

Vierkreis-Diffraktometer zumindest einige wenige orientierende Filmaufnahmen zu machen, spätestens dann, wenn bei der Strukturlösung irgendwelche Ungereimtheiten auftauchen. Normalerweise kostet es weniger Zeit, Filme aufzunehmen, als man vergeudet, wenn man an einer Struktur mit falscher Elementarzelle und/oder Raumgruppe rechnet.

Wegen der Notwendigkeit, den Kristall vorher genau zu justieren, und der meist bei 10 – 50 Stunden liegenden Belichtungszeiten ist das Erstellen eines kompletten Satzes von Filmaufnahmen sehr zeit- und arbeitsintensiv, es dauert meistens ein bis drei Wochen. Vergleichbare Information läßt sich heute jedoch mit Flächendetektorsystemen in meist weniger als einem Tag gewinnen. Zwar ist bedingt durch die später näher erläuterte Aufnahmetechnik die Darstellung der einzelnen Reflexe meist unschärfer als bei Filmaufnahmen, dagegen sind Flächendetektoren durch die hohe Empfindlichkeit und Dynamik und die Möglichkeit, das Beugungsbild aus allen möglichen Richtungen am Bildschirm zu betrachten, den Filmaufnahmen überlegen. Wenn auch je nach Typ und Fabrikat die Flächendetektorsysteme von der Software her noch nicht alle wünschenswerten Möglichkeiten ausloten, ist ganz klar, daß sie inzwischen den "Stand der Technik" definieren.

7.2.2 Vierkreis-Diffraktometer

Zunächst jedoch sollen die noch in den meisten Labors arbeitenden Vierkreis-Diffraktometer besprochen werden, deren Stärke die genaue und automatische

Vermessung einzelner Reflexintensitäten ist.

Die derzeit auf dem Markt befindlichen Geräte besitzen alle drei Drehachsen, die sich genauer als 10 μm in einem Punkt schneiden. In diesen Punkt muß der Kristall zentriert werden. Durch rechnergesteuerte Motoren kann damit der Kristall so im Raum zum einfallenden Strahl gedreht werden, daß für eine gewünschte Netzebene die Braggsche Gleichung erfüllt ist *und* der Reflex in die Horizontalebene fällt, wo auf einem vierten Kreis ein Zählrohr zum gewünschten Beugungswinkel fahren und die Intensität registrieren kann. Für die mechanische Realisation eines solchen *Vierkreis–Diffraktometers* haben sich zwei Varianten durchgesetzt:

Eulergeometrie. Im ersten Fall ist die Basis des Geräts um den ω–Kreis in der horizontalen Ebene drehbar, darauf steht ein senkrechter χ–Kreis, auf dessen Innenseite der Goniometerkopfschlitten vertikal im Kreis fahren kann. Schließlich läßt sich der Goniometerkopf mit dem ϕ–Kreis um seine eigene Achse drehen. Der vierte θ–Kreis ist koaxial mit dem ω–Kreis und trägt das Zählrohr (Abb.56). Zur Registrierung der Röntgenstrahlung eignen sich Proportionalzählrohre oder Szintillationszähler. Nach diesem Prinzip arbeiten die Geräte der Firmen Huber, Rigaku, Bruker-AXS (früher Siemens, davor Nicolet, davor Syntex, davor Scintag), Stoe und die älteren nicht mehr gebauten Diffraktometer von Philips, Hilger & Watts oder Picker.

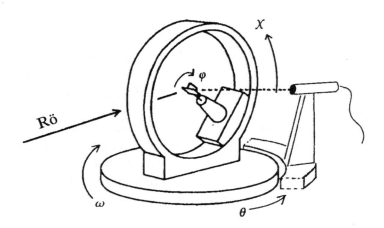

Abb. 56: Vierkreis–Diffraktometer nach dem Prinzip der Eulerwiege

Kappa–Geometrie. Eine andere Möglichkeit, den Kristall im Raum zu bewegen, wird im MACH3–, früher CAD4–Diffraktometer der Firma Bruker–Nonius (früher Enraf-Nonius bzw. Nonius) oder im analogen Gerät von CU-

7.2 Röntgenbeugungsmethoden an Einkristallen

MA realisiert, das nun durch die Fa. Oxford Diffraction als "Xcalibur" vertrieben wird (Abb.57): Bei analog angeordneten ω– und θ–Kreisen wird anstatt des χ–Kreises eine um 50° gegen die Horizontalebene geneigte κ–Achse verwendet, die den Kristallträgerarm bewegt. Auf diesem ist, wiederum 50° gegen die κ–Achse geneigt, die φ–Achse des Goniometerkopfes angeordnet. Durch Kombination von κ– und φ–Drehung kann man dieselben Positionen ansteuern wie durch eine χ–Drehung bei Eulergeometrie.

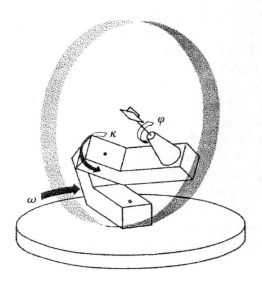

Abb. 57: κ–Achsen–Diffraktometer CAD4 (mit frdl. Genehmigung der Fa. Nonius)

Bei Geräten mit Eulergeometrie tritt Abschattung und damit Einschränkung in den ω–Winkeln durch den mechanisch massiven χ–Kreis auf, aus demselben Grund ist die Anbringung von Zusatzgeräten wie einer Kristallkühleinrichtung technisch schwieriger. Diese führt dann zu weiteren Einschränkungen in den zugänglichen Winkelbereichen. Bei der κ–Geometrie ist der Zugang von oben leicht und ungehindert möglich, in den ω–Winkeln gibt es keine Beschränkung. Dagegen ist der obere Bereich des Raums mit — in Euler–Winkeln — $\chi > 100°$ („hängender Goniometerkopf") nicht zugänglich. Da die Symmetrie des Beugungsbildes normalerweise mindestens $\bar{1}$ ist, kann man jedoch mit beiden Gerätetypen meist einen vollen Datensatz „unabhängiger" Reflexe messen. Bei den meisten Geräten wird die Röntgenstrahlung durch einen Graphitkristall monochromatisiert.

Kristallzentrierung. Auf einem Vierkreis–Diffraktometer muß der Kristall nicht justiert, jedoch sehr genau zentriert werden. Dazu fährt man in eine Stellung, in der die Goniometerkopfachse ϕ senkrecht zur Mikroskopachse des Diffraktometers steht und mit dieser eine vertikale Ebene einnimmt. Nun stellt man einen Parallelschlitten des Kopfes durch ϕ–Drehung ebenfalls quer dazu und verschiebt den Kristall horizontal in die Mitte des Fadenkreuzes. Fehler in dessen Justierung erkennt man, indem man eine ϕ–Drehung um 180° durchführt. Der echte Mittelpunkt, in den der Kristall zentriert wird, ist die Mitte beider Stellungen. Dasselbe geschieht nun mit dem zweiten Parallelschlitten. Die Kristallhöhe wird auf einer Euler–Wiege am besten so eingestellt bzw. kontrolliert, indem man χ um 180° dreht. Auf dem κ–Diffraktometer fährt man eine Position des Goniometerkopfes an, in der die ϕ–Achse horizontal und immer noch senkrecht zum Mikroskop steht. Nun kann man die Höhe in den vorher ermittelten horizontalen Nullpunkt einstellen. Auf einer genauen und stabilen Kristallzentrierung beruht wesentlich die Genauigkeit der späteren Gitterkonstantenbestimmung und Intensitätsmessung. Die Kristall–Zentrierung kann mit Hilfe der geräteeigenen Software überprüft werden.

Bestimmung der Orientierungsmatrix. Der nächste Schritt ist die Bestimmung der Elementarzelle und ihrer Orientierung zu den Goniometerachsen. Für das Goniometer wird dazu ein orthogonales Achsensystem so definiert, daß z.B. die X–Achse der umgekehrten Röntgenstrahlrichtung entspricht, Y 90° (von oben gesehen gegen den Uhrzeigersinn) dazu in der Horizontalebene steht, und Z senkrecht nach oben weist (Abb.58).

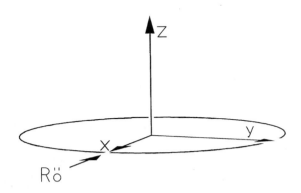

Abb. 58: Zur Definition des Goniometer–Achsensystems

Die *Orientierungsmatrix* ist eine 3 x 3 – Matrix, die in reziproken Längeneinheiten [Å^{-1}] die Komponenten der drei reziproken Achsen jeweils in den drei Richtungen des Goniometer–Achsensystems angibt. In ihr ist also die

7.2 Röntgenbeugungsmethoden an Einkristallen

grundlegende Information über die Abmessungen der reziproken Elementarzelle *und* über ihre Orientierung im Raum enthalten. Ist sie bekannt, kann man die Lage jedes reziproken Gitterpunkts leicht ausrechnen.

Die Definition der Orientierungsmatrix Kann sich von Gerät zu Gerät unterscheiden, es wird auf die Hersteller–Unterlagen verwiesen.

Die Bestimmung der Orientierungsmatrix und damit der Elementarzelle, kann auf drei Wegen erfolgen. In allen Fällen wird ein Satz von Referenzreflexen erstellt, der möglichst gut im reziproken Raum verteilt sein sollte. Aufgrund der optimierten Winkelpositionen dieser Reflexe wird dann die Matrix nach der Methode der kleinsten Fehlerquadrate verfeinert. Dazu kann man verschiedene Strategien anwenden:

- Ist der Kristall von vorhergehenden Filmaufnahmen bekannt und justiert, so kann man aus der Kenntnis der Goniometerkopfposition auf der Kamera und den Filmaufnahmen für einige starke Reflexe die jeweiligen Positionen des Diffraktometers ausrechnen, diese Winkel dann anfahren und optimieren und mit den bekannten Indices hkl die Matrix berechnen.

- Man kann mit einem ebenen Polaroidfilm (auch ohne vorherige Justierung) eine Schwenkaufnahme anfertigen und aus den Filmkoordinaten einiger Reflexe die groben Winkelpositionen am Diffraktometer berechnen. Diese werden dann wieder optimiert und geben einen Satz von reziproken Gitterpunkten an, deren Lagen jedoch noch auf das Goniometerachsensystem bezogen sind. Die reziproken Basisvektoren sind noch unbekannt. Durch Indizierungsprogramme, die wieder je nach Hersteller unterschiedliche Strategien benutzen, wird nun versucht, in diese Punkte des reziproken Raums ein Gitter zu legen und damit die Größe und Lage der reziproken Achsen, damit also die Orientierungsmatrix zu definieren.

- Schließlich gibt es die wohl am häufigsten benutzte Möglichkeit, durch automatische Reflexsuchprogramme den Raum nach Reflexen abzusuchen, die dann als Basis für dieses Indizierungsprogramm benutzt werden können.

Dieser kritische Schritt bei einer Strukturbestimmung sollte sehr sorgfältig und kritisch beurteilt werden, wenn keine Filmdaten bekannt sind. Auch wenn man Filmaufnahmen vorliegen hat, wird aus Bequemlichkeit oft der Weg der automatischen Reflexsuche beschritten und anschließend geprüft, ob die gefundene Elementarzelle mit der aus den Filmen identisch ist. Dieser Weg hat den Vorteil, daß dann auch evtl. Fehler bei der Interpretation der Filme erkannt werden können. Für die Verfeinerung der Orientierungsmatrix sollte man in allen Richtungen des reziproken Raums genügend starke Reflexe mit hohen Indices zur Verfügung haben. Auch hier ist es von Vorteil, wenn man aus Filmen starke Reflexe kennt, sonst muß man aufgrund einer vorläufigen Matrix weitere Reflexe suchen. Je niedriger symmetrisch das Kristallsystem, also je mehr Gitterkonstanten und Winkel zu verfeinern sind, desto wichtiger ist die Zahl der Referenzreflexe, die mindestens etwa 20 betragen sollte.

Die Zuordnung des „richtigen" Bravaisgitters erfolgt, wie in Kap. 2.2 geschildert, über die Analyse der reduzierten Zelle. Man darf nicht vergessen, daß die Metrik allein nicht genügt, um die Kristallklasse zu definieren.

Indizierungsprobleme. Bei nicht mit Filmen untersuchten Kristallen ist es möglich, daß nicht alle der anfangs automatisch gesuchten Reflexe zu indizieren sind. Dies kann daran liegen, daß das Indizierungsprogramm noch nicht die richtige Zelle gefunden hat. Dann ist das Problem durch Aufsuchen weiterer Reflexe in einem anderen Bereich des reziproken Raums vielleicht zu beheben. Die andere Möglichkeit ist, daß neben dem eigentlichen Kristall eine Aufwachsung oder ein Zwillingsexemplar vorliegt. Dann liegen zwei (oder mehr) reziproke Gitter vor, die sich überlagern (s. Kap. 11.2). Sind zu viele „Fremdreflexe" in der Reflexliste, so ist eine sinnvolle Indizierung nicht möglich, bei nur wenigen kann evtl. die richtige Zelle bestimmt werden. Bei der Indizierung der Reflexe verzwillingter Kristalle können auch spezielle Programme wie DIRAX [77] helfen. Treten während der Messung nur geringe Überlagerungen durch Fremdreflexe auf, so ist die Struktur meist zu bestimmen, bei stärkeren Überlagerungen ist ohne Kenntnis der Gesetzmäßigkeiten, z.B. aus Filmaufnahmen, keine sinnvolle Strukturlösung möglich. In solchen Fällen empfiehlt sich eine Vermessung auf einem Flächendetektorsystem oder das Aufnehmen von Filmen. Oft hilft die Untersuchung weiterer Kristalle.

7.2.3 Reflexprofile und Abtast–Modus

Reflexe werden auf Diffraktometern meist dadurch registriert, daß die 4 Kreise auf die erwartete Reflexposition eingestellt werden. Dann wird ein ausgewählter Kreis, z.B. bei Intensitätsmessungen der ω-Kreis, kurz vor die berechnete Position gefahren (z.B. 0.5°). Nun wird er bei angeschalteter Strahlung langsam (d.h. mit meist ca. 1–10°/min) über die Sollposition bewegt. Im Bild der Ewaldkonstruktion wird ein Streuvektor d^* langsam um den *„Scanwinkel"* $\Delta\omega$ durch die Ewaldkugel gedreht. Trägt man z.B. bei einem solchen ω–scan die registrierte Zählrate gegen den Winkel $\Delta\omega$ auf (Abb.59), so sieht man, wie sich der Reflex mit einem bestimmten Profil aus dem Untergrund heraushebt.

7.2 Röntgenbeugungsmethoden an Einkristallen

Die Reflexbreite (von Fuß zu Fuß) beträgt bei einem guten kleinen Kristall 0.5–0.8°, sie kann bei schlecht kristallisierenden Verbindungen oder nach mechanischer Beanspruchung bis ca. 2–3° gehen. Kristalle mit noch schlechterem Profil lassen sich meist nicht mehr sinnvoll vermessen. Gelegentlich findet man auch Aufspaltungen im Reflexprofil.

Mosaikstruktur. Solche Verbreiterungen und Störungen im Reflexprofil sind durch die *Mosaikstruktur* der Kristalle bedingt. Reale Kristalle haben nur in kleinen Bereichen den idealen, durch dreidimensionales Aneinanderreihen von Elementarzellen beschriebenen Aufbau. Solche *Mosaikblöcke* sind dann infolge von Baufehlern um kleine Winkelbeträge gegeneinander verkippt: bei „guten" Kristallen sind dies nur ca. 0.1–0.2°. Solche Störungen sind für die Intensitätsmessungen sogar nützlich, da sie die Voraussetzung für die Gültigkeit der in den Strukturfaktor–Berechnungen verwendeten Streutheorie sind (siehe Kap.10.5).

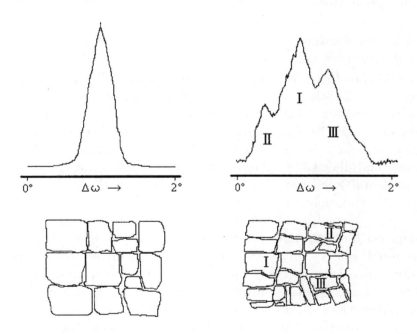

Abb. 59: Reflexprofile und Mosaikstruktur (stark übertrieben)

Bei schlechteren Kristallen verbreitern sie das Profil, was zu einem schlechteren Peak/Untergrundverhältnis führt und zu ungenauer bestimmbaren Winkelposition. Dies reduziert wiederum die Genauigkeit von Orientierungsmatrix und Gitterkonstanten. Wie Abb. 60 zeigt, ist die Reflexverbreiterung

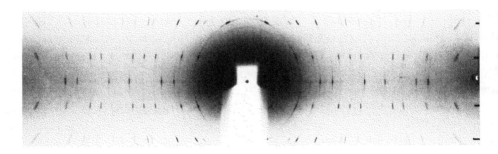

Abb. 60: Drehkristallaufnahmen eines Kristalls mit sehr grober Mosaikstruktur, so daß sich schon Charakteristika von Pulveraufnahmen andeuten (Debye–Scherrer–Ringe)

durch die grobe Mosaikstruktur besonders gut in Drehkristallaufnahmen zu sehen.

Zur Planung der Intensitätsmessung müssen wir die geeignete Scanbreite ermitteln, indem wir einige typische Reflexprofile beurteilen.

Abtast–Modus. Intensitätsmessungen können entweder mit dem gerade erwähnten reinen ω–Scan vorgenommen, bei dem während des Scans das Zählrohr auf der berechneten 2θ–Position stehen bleibt, oder mit dem $\omega-2\theta$–Scan (manchmal auch $\theta-2\theta$–Scan genannt). Bei letzterem fährt man zu einem Scan über $\Delta\omega$ mit dem ω–Kreis $1/2\Delta\omega$, mit dem θ–Kreis $\Delta\omega$ vor die berechneten Positionen und überstreicht dann den Reflex synchron mit dem ω–Kreis um $\Delta\omega$, mit dem θ–Kreis um $2\Delta\omega$. Der $\omega-2\theta$–Scan wird vor allem verwendet, wenn die Monochromatisierung nur mit Filterfolien vorgenommen wird. Er hat auch den Vorteil, die vor allem bei sehr hohen Beugungswinkeln (also besonders bei Messung mit Cu–Strahlung) zutage tretende Wellenlängendivergenz durch die $K_{\alpha_1}/K_{\alpha_2}$–Aufspaltung zu berücksichtigen. Bei Kristallen mit grober Mosaikstruktur sollte man diese Methode jedoch nicht anwenden. Sie führt zwar zu scheinbar schmaleren Reflexprofilen, jedoch unter z.T. starken Intensitätsfehlern. Dies kommt daher, daß bei sehr breiten Scans (z.B. um $\Delta\omega = 2°$), die notwendig sein können, um alle Mosaikblöcke zu erfassen, zu Beginn des Scans das Zählrohr bei einem um $\Delta\omega$ zu niedrigen Beugungswinkel 2θ steht. Dadurch sind z.B. die in Abb.59 mehr nach rechts gedrehten Blöcke im Bereich von **II** zwar in Reflexionsstellung, der reflektierte Strahl trifft jedoch noch nicht ins Zählrohr. Die Mosaikblöcke in Mittellage um **I** geben Anlaß zu einem relativ scharfen Reflex, da für sie das Zählrohr richtig steht. Die Intensität der am Ende des Scanbereichs reflektierenden nach links gedrehten Blöcke um **III** geht jedoch wieder verloren, da das Zählrohr bereits

7.2 Röntgenbeugungsmethoden an Einkristallen

zu weit gefahren ist. Es ist deshalb, — zumindest wenn man mit Graphitmonochromator arbeitet, — immer besser, mit nicht zu schmalem reinem ω–Scan zu messen, wenn man das Profilverhalten nicht genau untersucht hat. Bei grober Mosaikstruktur entsteht dann zwar ein breites aber von allen Bereichen des Kristalls erzeugtes Reflexprofil (Abb.59 rechts oben).

Sehr wichtig ist, daß vor und nach dem Reflex die Intensität tatsächlich auf Untergrundniveau absinkt, da zur Ermittlung der Reflexintensität der dort ermittelten Untergrundwert abgezogen werden muß. Eine Beendigung des Scans noch in der Reflexflanke führt nämlich zu doppeltem Fehler: der Reflex wird zu niedrig gemessen *und* ein zu hoher Untergrund abgezogen.

Die Geschwindigkeit der Scans, die die Meßzeit pro Reflex bestimmt, wird nach der Streukraft des Kristalls und dem Reflexprofil gewählt. Meist verwendet man Meßzeiten zwischen 10 und 120 s/Reflex. Mit den modernen Steuerprogrammen kann man auch auf Grund eines orientierenden schnellen „Prescans" die zur Erzielung einer gewünschten Genauigkeit notwendige Meßdauer für jeden Reflex individuell berechnen lassen. Man gibt dann nur noch eine maximale Meßzeit vor, um bei sehr schwachen Reflexen nicht zu viel Meßzeit zu verbrauchen.

Zu messende Reflexe. Ist klargestellt, *wie* man die Reflexe mißt, so muß man nun noch entscheiden, welchen Ausschnitt aus dem reziproken Raum man erfassen will. Eine Grenze wird durch den maximalen Beugungswinkel θ vorgegeben. Er begrenzt eine Kugel im reziproken Raum, innerhalb derer Reflexe nur erfaßt werden können. Bei Mo–Strahlung sollte man mindestens bis ca. $\theta = 25°$ messen, der daraus zu berechnende minimale Netzebenenabstand, hier 0.84 Å, wird auch die Auflösung genannt. Bei Cu–Strahlung entspricht dieselbe Auflösung einem Bereich bis $\theta = 66.5°$. Je größer die Streukraft der Kristalle ist, also vor allem wenn schwerere Atome vorhanden sind, zu umso höheren Winkeln kann man messen, z.B. bis $\theta = 40°$ bzw. 75°. Normalerweise gibt man auch einen minimalen Beugungswinkel von $\theta = 2 - 3°$ an, denn durch die hohe Streustrahlung in der Nähe des Primärstrahls sind Reflexe mit noch kleineren Beugungswinkeln nur ungenau zu vermessen.

Als zweites muß man entscheiden, welches Segment der Kugel im reziproken Raum man messen will. Dies richtet sich nach der Lauegruppe. Im triklinen Kristallsystem muß man mindestens die halbe Kugel messen, im monoklinen ein Viertel: Die Lauegruppe $2/m$ bedeutet ja, daß im reziproken Gitter senkrecht zur $\boldsymbol{b}^*$–Achse eine Spiegelebene liegt, also sind hkl– und $h\bar{k}l$–Reflexe symmetrieäquivalent. Entlang $\boldsymbol{b}^*$ liegt zudem eine 2–zählige Achse. Deshalb genügt es, entlang einer der beiden reziproken Achsen $\boldsymbol{a}^*$ oder $\boldsymbol{c}^*$ auch auf der negativen Seite zu messen. Man mißt also mindestens die Reflexe hkl und entweder $\bar{h}kl$ oder $hk\bar{l}$. Im orthorhombischen genügt ein „Oktant", z.B. hkl

(nur positive Indices), da durch die Lauesymmetrie mmm die 7 restlichen äquivalent sind. Im trigonalen System sollte man mindestens den Ausschnitt $\bar{h}kl$ (nur negative h–Indices, nur positive k und l) messen. Dies ist ein 120°–Ausschnitt in der Halbkugel mit positivem l, während die Reflexe $+hkl$ nur einen 60°–Ausschnitt darstellen. Im Falle niedriger Lauesymmetrie $\bar{3}$ ist ein solcher 120°–Ausschnitt die „asymmetrische Einheit" im reziproken Raum. Im Zweifel sollte man lieber einen größeren Ausschnitt messen, vor allem wenn genügend Meßzeit zur Verfügung steht. Dann hat man auch die Möglichkeit, durch Mittelung symmetrieäquivalenter Reflexe die Genauigkeit zu erhöhen. Wenn man eine nicht–zentrosymmetrische Raumgruppe vermutet, z.B. bei chiralen Naturstoffen, sollte man besser zusätzlich die „Friedel–Reflexe" $\bar{h}\bar{k}\bar{l}$ mitmessen (siehe Kap.10.2).

Kontrollreflexe. Schließlich ist es üblich, anhand von 2–4 starken Reflexen, die in regelmäßigen Abständen wiederholt vermessen werden, die Konstanz der Streukraft des Kristalls zu kontrollieren. Manche empfindliche Kristalle zersetzen sich im Strahl; anhand der Kontrollreflexe kann dieser Intensitätsverlust nachträglich korrigiert werden. Teilweise ist auch eine Kontrolle der Kristallorientierung möglich sowie eine automatische Neubestimmung der Orientierungsmatrix im Falle zu starker Abweichungen.

Intensitätsmessung. Sind alle Präliminarien erledigt, kann die rechnergesteuerte automatische *Datensammlung* beginnen, bei der ein Reflex nach dem anderen im vorgesehenen Scan–Modus vermessen und in einer Datei seine Daten abgespeichert werden, nämlich die Indices, die Goniometerwinkel und die Zählraten von Untergrund und Reflex. Man kann bei durchschnittlichen Kristallen und üblichem Röntgen–Generator ca. 1000–2500 Reflexe pro Tag vermessen. Eine Messung dauert deshalb normalerweise 1–14 Tage, je nach Größe der Elementarzelle.

7.3 Flächendetektoren

Eine zuerst in der Protein–Kristallographie schon vor etwa 20 Jahren eingeführte Methode, ähnlich wie bei Filmmethoden viele Reflexe gleichzeitig auf einem *Flächendetektor* zu registrieren, wird inzwischen als Standardmethode auch zur Vermessung von Datensätzen „kleiner" Kristallstrukturen eingesetzt. Die ersten Systeme dieser Art verwendeten als Detektoren *Vieldraht–Proportionalzähler*, die aus gekreuzten Lagen vieler Zähldrähte in einer Xenon–gefüllten Kammer aufgebaut waren. Andere setzten die früher gebräuchlichen *"Bildwandler"* ein, wie sie z.B. in Fernsehkameras verwendet wurden. Die modernen Geräte benutzen zwei alternative Techniken:

7.3 Flächendetektoren

- *CCD-Systeme.* Sie enthalten für Bildspeicherung entwickelte "CCD-Chips", wie man sie von digitalen Kameras und Camcordern her kennt (CCD = charge coupled device). Sie werden durch eine Fluoreszenzschicht, z.B. aus Gadoliniumoxidsulfid für Röntgenstrahlung sensibilisiert. Auf Diffraktometern werden nur die größeren 1K- oder 4K-CCD-

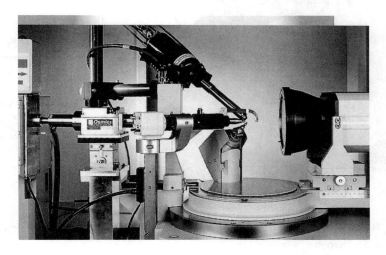

Abb. 61: Beispiel für ein 3-Kreis-Goniometer mit CCD-Detektor (mit frdl. Genehmigung der Fa. Bruker-Nonius)

Chips verwendet, die 1024×1024 bzw. 4096×4096 Pixel mit $15 \times 15\mu$ Größe haben. Mit den CCD-Detektoren ist eine sehr schnelle Registrierung der Reflexe, praktisch in „Echtzeit", möglich. Ein Problem ist das elektronisch bedingte Untergrund-Rauschen, das man durch Kühlung mit einem Peltier-Element auf -40 bis $-60°C$ reduzieren kann, das aber längere Belichtungszeiten bei schwach streuenden Kristallen unwirksam werden läßt. Wegen des kleinen Querschnitts wird bei 1K-CCD-Chips meist eine aufwendige Optik mit gebündelten konisch zulaufenden Glasfasern verwendet, die die Detektorfläche auf das 1.5– bis 3.6–fache vergrößert. Da die aktive Fläche trotzdem nur maximal etwa 95×95 mm groß ist, kann man meist nicht den ganzen Reflexsatz im gewünschten Beugungswinkelbereich in einer Aufnahmestellung erfassen. Deshalb ist die Kombination mit einem Drei– oder Vierkreis-Diffraktometer notwendig (Abb. 61).

- Die *Bildplatte*, 'imaging plate', wird derzeit meist als runde drehbare Platte mit typischem Durchmesser um 350 mm eingesetzt (z.B.

Abb 62). Sie ist mit einer Folie belegt, die mit Eu^{2+} dotiertes BaBrF enthält. Während der Belichtung (typisch 0.5-10 min) wird die Informa-

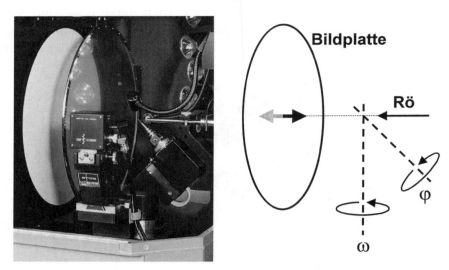

Abb. 62: Beispiel für ein 2-Kreis-Diffraktometer mit Bildplatte (mit frdl. Genehmigung der Fa. Stoe)

tion auftreffender Röntgenquanten in einer Art Farbzentren (freie Elektronen auf Zwischengitterplätzen) gespeichert, die durch strahlungsinduzierte Oxidation von Eu^{2+} zu Eu^{3+} entstehen. Dieses latente Beugungsbild wird in einem sich anschließenden Auslese–Schritt mit einem Laser–Scanner abgetastet ähnlich dem Lesevorgang bei einer CD. Das verwendete rote Laserlicht löst Rekombination der Farbzentren unter Rückbildung von Eu^{2+} aus. Dabei wird die Emission von Photonen im blau-grünen Wellenlängenbereich angeregt, deren Intensität durch eine Photozelle mit Photomultiplier für jedes Pixel gemessen wird. Nach Belichtung mit starkem weißem Halogenlicht zur Beseitigung eventuell verbleibender Farbzentren ist die Platte wieder gelöscht und bereit für eine weitere Aufnahme. Der Auslese- und Löschvorgang benötigt ca. 2 Minuten, deshalb dauern Messungen an Imaging-Plate-Systemen trotz der viel größeren Plattendurchmesser meist länger als an Geräten mit CCD-Detektoren. Deshalb wurden Geräte gebaut, die zwei oder sogar drei Platten benutzen, so daß während der Auslesezeit einer Platte bereits die nächste belichtet werden kann. Der Vorteil der Bildplatte liegt in ihrem sehr niedrigen Untergrund, der praktisch nur durch die Streustrahlung verursacht wird. Deshalb lassen sich schwach streu-

7.3 Flächendetektoren

ende Kristalle oder Kristalle mit schwachen Überstrukturreflexen mit Vorteil auf lange belichteten Bildplatten vermessen. Belichtungszeiten bis über eine Stunde pro Aufnahme sind möglich, da die Halbwertszeit der Farbzentren im Bereich von 10 Stunden liegt. Wegen der großen Plattendurchmesser kann man mit Bildplatten-Systemen weitgehend vollständige Datensätze erhalten, wenn man den Kristall nur um eine Achse dreht. Es bleibt zwar ein trichterförmiger "toter Bereich" um die Drehachse herum. Meist lassen sich aber trotzdem Vollständigkeitswerte von 96 – 100% für den Datensatz erzielen, da symmetrieäquivalente Reflexe in zugänglichen Bereichen die Lücke schließen. Mit zwei schräg zueinander angeordneten Achsen läßt sich normalerweise 100% Vollständigkeit ("Completeness") erreichen. Wegen der einfacheren Mechanik sind Bildplatten-Systeme niedriger im Preis als CCD-Systeme. Durch den Plattendurchmesser und den verwendeten Plattenabstand ist jedoch bei Bildplattensystemen der zugängliche Beugungswinkelbereich bzw. die erzielbare Auflösung festgelegt (hier wird der Begriff Auflösung mit einer anderen Bedeutung benutzt: die Grenze bis zu der benachbarte Reflexe noch getrennt abgebildet werden können). Durch Verwendung eines schwenkbaren Trägers für die Bildplatte lässt sich der Beugungswinkelbereich ohne Einbuße an Auflösung jedoch erheblich steigern.

Bildplatten und CCD-Systeme besitzen ähnliche, gegenüber Röntgenfilmen ca. 50–fach höhere Empfindlichkeit, einen hohen Dynamik–Bereich von ca. 10^5 und gute Auflösung. Für die Vermessung „kleiner" Kristallstrukturen sind praktisch nur die Geräte geeignet, die mit Mo–Strahlung betrieben werden, da es schwierig oder unmöglich ist, den bei Verwendung von Cu-Strahlung notwendigen Beugungswinkelbereich von oft über 70° zu erfassen. Cu-Strahlung wird jedoch bei der Vermessung von Proteinstrukturen eingesetzt, wo nur kleine Beugungswinkelbereiche, dafür aber mit hoher Auflösung, erfaßt werden müssen. Die hier zu behandelnden Meßstrategien bei der Untersuchung von Kristallen mit „kleinen" Strukturen ist bei CCD– und Bildplatten–Systemen weitgehend ähnlich, deshalb seien sie im Folgenden gemeinsam behandelt.

Aufnahmetechnik. Wie bei einem Vierkreis-Diffraktometer muß der Kristall zuerst genau in den Mittelpunkt des Goniometers zentriert werden, was heute meist durch eine Videokamera erleichtert wird. Dann werden einige orientierende Aufnahmen gemacht, die Auskunft über die Qualität und Streukraft des Kristalls und über die Elementarzelle geben. Die Aufnahmetechnik mit Flächendetektoren ähnelt dabei sehr der bei Drehkristallaufnahmen (Abb. 63), nur wird der Kristall nicht vorher in eine definierte Lage justiert.

Man läßt ihn zu Beginn lediglich z.B. in der Nullstellung des Goniometers um einen kleinen Winkelbetrag um die vertikale Achse rotieren. Typische

7 EXPERIMENTELLE METHODEN

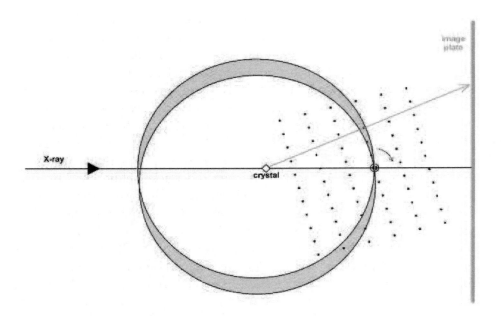

Abb. 63: Meßprinzip bei Flächendetektorsystemen im Bild der Ewald-Konstruktion: Rotation um z.B. 1° um eine Achse senkrecht zur Zeichenebene bringt die rez. Gitterpunkte im grau unterlegten Bereich zum Schnitt mit der Ewaldkugel

Drehwinkel sind für Bildplatten 0.5 bis 2°, bei CCD-Sytemen 0.3 bis 1°. Dabei gelangen – im Bild des reziproken Gitters gesehen – die Streuvektoren in Reflexionsstellung (die reziproken Gitterpunkte zum Schnitt mit der Ewaldkugel), die in der Nähe der Ewaldkugel liegen (Abb. 63 grauer Bereich). Da in diesem Schnitt einer Kugelschale mit dem reziproken Gitter bereits dreidimensionale Information steckt, genügen meist wenige Aufnahmen, – im Falle des Beispiels von Kap. 15 drei, von $0 - 1.2, 1.2 - 2.4$ und $2.4 - 3.6°$, – um die Basisinformation über den untersuchten Kristall zu erhalten. Ein Beispiel für eine Flächendetektor–Aufnahme findet sich in Abb. 64 (s. auch Kap. 15 (Abb. 105).

Indizierung. Dies geschieht mit – je nach Hersteller unterschiedlich arbeitenden – Indizierungsprogrammen, die auf der Basis einer Peaksuche in den anfänglich gemessenen Aufnahmen (also nach 10-20 min) die zugehörigen Streuvektoren im reziproken Raum berechnen und z.B. über die Untersuchung aller Differenzvektoren reziproke Basisvektoren suchen, mit denen alle rez. Gitterpunkte addressiert werden können. Nach einer Delauney-Reduktion (vgl. Kap.2.2.2) wird über die reduzierte Zelle die konventionelle ermittelt und

7.3 Flächendetektoren

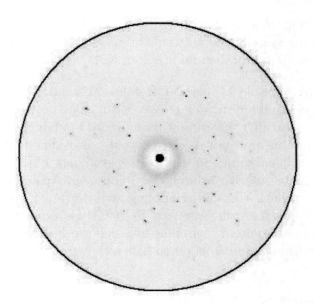

Abb. 64: Beispiel einer durch Rotation um 1° erzeugten Flächendetektoraufnahme

die entsprechende Orientierungsmatrix angegeben. Aus der Metrik der Zelle kann man damit auf das wahrscheinliche Kristallsystem schließen.

Meßparameter. Auf der Basis der Information über die beobachtbaren Intensitäten und die Elementarzelle kann man nun über die endgültigen Meßparameter entscheiden:

- *Belichtungszeit pro Aufnahme.* Sie wird so gewählt, daß die stärksten Reflexe in die Nähe der maximal registrierbaren Pixelintensität kommen. Bei CCD-Geräten werden wegen der begrenzten Belichtungszeit Mehrfachbelichtungen addiert.

- *Drehwinkel-Bereich.* Man braucht so viele aneinander anschließende Aufnahmen, bis möglichst alle für die aktuelle Lauegruppe notwendigen unabhängigen Reflexe überstrichen sind. Bei Bildplatten-Geräten mit nur einer Drehachse liegt der Bereich zwischen etwa 150° für kubische und 250° für trikline Kristalle. Bei Geräten mit 2-4 Drehachsen kann man mit Hilfe gerätespezifischer Software die optimale Meßstrategie ermitteln. Hier werden zwei oder mehr Aufnahmeserien über kleinere ω -Winkelbereiche bei verschiedenen Kristallorientierungen (eingestellt durch die anderen Goniometerachsen) programmiert. Bei CCD-Geräten müssen Messungen bei anderen Detektorpositionen eingeplant werden, wenn man höhere Beugungswinkel-Bereiche erfassen will. Dasselbe gilt für Systeme mit schwenkbaren Bildplatten, wenn man zugleich mit großem Detektorabstand arbeiten will.

- *Detektorabstand.* Je kleiner der Detektorabstand, desto größer ist der Beugungswinkelbereich, der erfasst wird, aber desto näher liegen die Reflexe beieinander. Es kommt deshalb auf die Länge der größten Gitterkonstante an und auf die Reflexbreite, wie kurz man den Detektorabstand wählen kann. Bei Bildplattensystemen mit nicht schwenkbarer Plattenposition wird durch den minimalen Abstand, bei dem noch keine wesentliche Reflexüberlappung zu erwarten ist, der zugängliche Beugungswinkelbereich begrenzt. Bei CCD-Geräten resultieren erheblich längere Meßzeiten, wenn man zugleich mit hoher Auflösung (großer Detektorabstand) *und* über einen hohen Beugungswinkelbereich messen will.

- *Winkelinkrement.* Sind die Gitterkonstanten klein, so sind die Abstände der Punkte im reziproken Gitter groß, so daß man für eine einzelne Aufnahme einen größeren ω –Schwenkbereich, bis ca. 2° wählen kann, ohne Gefahr zu laufen, schon einen weiteren Reflex zu erfassen. Je größer die maximale Gitterkonstante, desto kleiner muß der Schwenkbereich sein. Bei Bildplatten-Systemen wählt man eher große Schwenkbereiche, wenn möglich, um durch geringere Zahl an Aufnahmen Auslesezeit zu sparen. Bei CCD-Systemen kann man eher ohne großen Zeitverlust in Schritten von z.B. 0.3 bis 0.5° arbeiten, und erhält so dreidimensionale Reflexprofil-Information, da ein Reflex auf mehreren Aufnahmen registriert wird.

Darstellung des Beugungsbilds im reziproken Raum. Sind genügend Aufnahmen gesammelt, so empfiehlt es sich, den großen Vorteil der Flächendetektorsysteme, daß die gesamten Beugungseigenschaften des Kristalls erfaßt werden, nicht nur – wie bei Vierkreis-Diffraktometern – am Ort erwarteter Reflexe, auch zu nutzen. Dies kann geschehen, indem man Schnitte durch Ebenen im reziproken Gitter rechnet, z.B. eine $h0l$-Ebene. Dazu werden aus allen Aufnahmen die zu dieser Ebene beitragenden Pixel gesammelt. Die entstehende Abbildung (z.B. Abb. 48) entspricht den klassischen Filmaufnahmen mit einer Präzessionskamera (Kap. 7.2.1). Lediglich die Reflexform erscheint etwas verzerrt, vor allem wenn man mit größerem Schwenkbereich gemessen hat. Auf diesen Abbildungen erkennt man leicht die Symmetrie im reziproken Raum, die Auslöschungsbedingungen, aber auch eventuelle Fremdreflexe, Verzwillingungen, Satellitenreflexe oder diffuse Streubeiträge, deren Auftreten bei der weiteren Behandlung der Struktur in Betracht gezogen werden muß.

Integration. Findet man keine Anomalitäten, so schließt sich nun die eigentliche Intensitätsmessung, die "Integration" an. Zuvor empfiehlt es sich, aus einer neuen Peaksuche mit vielen Aufnahmen eine genauere Orientierungsmatrix zu verfeinern. Dann werden mit Software-Unterstützung die beugungswinkelabhängigen Reflexprofile bestimmt. Aus der Orientierungsmatrix und dieser Profilfunktion wird nun nacheinander für jeden Reflex hkl berechnet, auf welchen Aufnahmen und an welchen Stellen dort Beiträge zu diesem Reflex zu messen sind. Je nach Gerät wird um die berechneten Positionen auf den fraglichen Aufnahmen ein Kreis, eine Ellipse oder ein Rechteck mit von der Profilfunktion abhängiger Größe gelegt. Alle Pixelintensitäten innerhalb werden zur Bruttointensität des Reflexes aufsummiert, die auf der Randlinie werden als Untergrund gelesen, auf die Integrationsfläche hochgerechnet und abgezogen. Aus den gemessenen Intensitäten wird schließlich eine Standardabweichung gewonnen und aus der Lage des Peakmaximums die Richtungscosinus errechnet. Außerdem kann man die Lageinformation dazu benutzen, um nun mit allen gemessenen Reflexen die Gitterkonstanten nochmals zu verfeinern. Wenn man alle im Raum verteilten Reflexe dazu benutzt, werden systematische Fehler durch Kristall- oder Geräte-Zentrierfehler weitgehend herausgemittelt.

7.4 Datenreduktion

Nachdem die Datensammlung abgeschlossen ist, müssen die Rohdaten, hauptsächlich Zählraten oder Intensitäten, ggf. Meßzeiten für jeden Reflex sowie für die Untergrundbereiche so aufbereitet und korrigiert werden, daß daraus beobachtete Strukturfaktoren F_o entstehen, die mit den berechneten Werten (siehe Kap. 5) direkt verglichen werden können.

Nettointensitäten. Bei Vierkreisdiffraktometern dauert die Messung im Bereich des Untergrunds (in Gl.33 U_L, U_R = Untergrund links und rechts) meist nur halb so lang wie die im eigentlichen Scanbereich des Reflexes. Sind die einzelnen Reflexe mit verschiedener Meßzeit t gemessen worden, so muß man auch darauf normieren und erhält für die Nettointensität

$$I_N = [I_{Brutto} - 2(U_L + U_R)]/t \tag{33}$$

Diese Rechnung wird dann zusammen mit den im Folgenden besprochenen Korrekturen in einem separaten "Datenreduktionsprogramm" vorgenommen. Bei Flächendetektorsystemen wird dies zusammen mit der Integration durchgeführt (s.o.).

7.4.1 LP–Korrektur

Polarisationsfaktor. Bei der Reflektion von elektromagnetischer Strahlung wird der Strahlungsanteil mit Polarisationsrichtung des elektrischen Feldvektors *parallel* zur Reflektions–Ebene unabhängig vom Einfallswinkel reflektiert, der Anteil mit *senkrecht* dazu stehendem Vektor erfährt winkelabhängige Schwächung bei der Reflexion: sie nimmt mit $\cos^2 2\theta$ ab, geht also bei einem Einfallswinkel von 45° gegen Null. Zerlegt man die unpolarisierte Röntgenstrahlung in die beiden Komponenten parallel und senkrecht zur Ebene, so wird die eine Hälfte nicht, die andere mit $\cos^2 2\theta$ geschwächt, so daß insgesamt ein Polarisationsfaktor

$$P = (1 + \cos^2 2\theta)/2 \tag{34}$$

resultiert, der vom Meßgerät unabhängig ist. Wird mit Graphitmonochromator gearbeitet, so ist die einfallende Strahlung durch eben diesen Effekt geringfügig vorpolarisiert [25]. Dies kann man durch einen experimentell zu bestimmenden Faktor K korrigieren:

$$P = (1 + K\cos^2 2\theta)/(1 + K) \tag{35}$$

Da wegen des relativ geringen Polarisationsgrades diese Korrektur nur gering ist (bei Mo–Strahlung ist die Abweichung zu Gl.(34) meist unter 1%), wird sie häufig vernachlässigt.

Lorentzfaktor. Eine weitere Korrektur berücksichtigt, daß abhängig von der Aufnahmetechnik bei der Messung der Reflexintensitäten keine „Chancengleichheit" herrscht. Bei einer Vierkreis-Diffraktometermessung wird, wie man in der Ewaldkonstruktion gut erkennt (Abb.65), beim ω–Scan mit konstanter Winkelgeschwindigkeit ein kurzer Streuvektor kürzer in der Reflexionsstellung verweilen als ein langer, der nahezu tangential in die Ewaldkugelschale eintaucht. Dieser winkelabhängige Effekt wird als *Lorentzfaktor L* korrigiert:

$$L = 1/\sin 2\theta \tag{36}$$

Meist werden beide Korrekturen gemeinsam als „LP-Korrektur"

$$LP = (1 + \cos^2 2\theta)/2\sin 2\theta \tag{37}$$

angebracht, so daß nun beobachtete Strukturfaktoren F_o (mit noch willkürlicher Skalierung) berechnet werden können:

$$F_o = \sqrt{I_{Netto}/LP} \tag{38}$$

Bei Flächendetektormessungen ist wegen der raumabhängig unterschiedlichen Reflexionsbedingungen die LP-Korrektur etwas komplizierter.

7.4 Datenreduktion

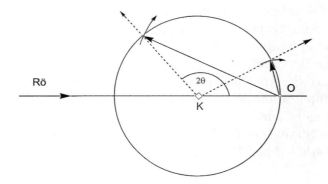

Abb. 65: Zur Entstehung des Lorentzfaktors (Ewaldkonstruktion)

7.4.2 Standardabweichungen

Bei der Umrechnung der Rohdaten auf beobachtete Strukturfaktoren wird auch der Fehler der Meßdaten bestimmt. Hat man an einem Vierkreis-Diffraktometer die Intensitäten mit einem Zählrohr vermessen, so kann man die Fehleranalyse leicht nachvollziehen: Da es sich um die Zählung der auftreffenden Röntgenquanten handelt, errechnet sich der statistische Fehler, die Standardabweichung, mathematisch einfach aus der Wurzel der gezählten Ereignisse.

$$\sigma(Z) = \sqrt{Z} \tag{39}$$

Je höher die Zählraten, desto höher werden dabei zwar auch die Absolutwerte der Standardabweichung, die *relativen* Werte werden jedoch immer niedriger. Bei den Intensitätsmessungen müssen die für den Untergrund gezählten Impulse (s. Gl.33) statt subtrahiert *addiert* werden.

$$\sigma(I) = \frac{\sqrt{I_{Brutto} + 2(U_L + U_R) + (k \cdot I_{Netto})^2}}{t} \tag{40}$$

Ein hoher Untergrund erhöht deshalb die Standardabweichung der F_o^2–Daten deutlich. Zusätzlich zu diesen aus der Zählstatistik folgenden Gliedern wird in Gl.33 üblicherweise noch ein meist als Gerätefehler geführtes Glied kI_{Netto} mit $k = 0.01 - 0.02$ hinzugefügt, das eine konstante Grund–Unsicherheit der Diffraktometermessung zur Standardabweichung addiert. Natürlich muß wie in Gl.33 unterschiedliche Meßdauer t berücksichtigt werden. Der entsprechende Fehler der LP–korrigierten F_o^2–Daten beträgt dann

$$\sigma(F_o^2) = \frac{\sigma(I)}{\sqrt{LP}} \tag{41}$$

Bilden die Zählraten bei Vierkreis-Diffraktometern eine klare physikalische Basis für die Anwendung der Zählstatistik zur Berechnung der Standardabweichungen, so ist dies bei Flächendetektorsystemen problematischer. Die dort erhaltenen integrierten Pixelintensitäten müssen skaliert werden, um eine vergleichbare Standardabweichung berechnen zu können. Deshalb sind die aus den Integrationsprogrammen erhaltenen Werte offenbar herstellerabhängig und mehr oder weniger deutlich unterschätzt.

Die Standardabweichungen der F_o–Werte lassen sich aus der durch Umstellen von Gl.38 erhältlichen Beziehung

$$I = LPF_o^2 \tag{42}$$

errechnen, wenn man die Ableitung dI/dF_o bildet

$$dI/dF_o = 2LPF_o \tag{43}$$

und näherungsweise $dI = \sigma(I)$ und $dF_o = \sigma(F_o)$ setzt:

$$\sigma(F_o) = \sigma(I)/2LPF_o \tag{44}$$

Das bedeutet, daß die relativen Fehler der F_o–Werte halb so groß sind wie die der Intensitäten oder F_o^2–Daten. Das ist von Bedeutung, wenn man sogenannte σ–Limits einführt: Oft werden sehr schwache Reflexe, z.B. mit $F_o < 2\sigma(F_o)$ bei der später zu behandelnden Strukturverfeinerung (Kap. 9) nicht verwendet. Diesem Kriterium von $2\sigma(F_o)$ entspricht eines von $1\sigma(I)$ für die Intensitäten oder F_o^2–Werte.

Ein Problem – sowohl bei der Berechnung der F_o–Werte als auch bei der ihrer Standardabweichungen – tritt auf, wenn eine Intensität zu Null oder kleiner Null gemessen wird. Dies ist im Sinne einer statistischen Streuung der Impulszahlen in Untergrund- und Reflexbereich bei „nicht messbaren", z.B. ausgelöschten Reflexen durchaus vernünftig und kommt häufig vor. Man behilft sich dann, indem man den F_o^2–Werten, die < 0 sind, willkürlich kleine positive Werte, z.B. von $\sigma/4$ zuweist, um dann in Gl.38 die Wurzel ziehen und F_o und $\sigma(F_o)$ verwenden zu können. Da man hierbei jedoch systematische Fehler einschleppt, ist es besser, gar nicht mit F_o–Daten sondern nur mit F_o^2–Werten zu arbeiten (s. Kap. 9.1).

Die mit der Berechnung der Standardabweichungen nun abgeschlossene „Datenreduktion" wird nach der Datensammlung normalerweise insgesamt durch ein kleines Programm vorgenommen, das eine Reflexdatei erzeugt, die die hkl–Indices, die F_o^2–Werte und deren Standardabweichung $\sigma(F_o^2)$ enthält. Zusätzlich kann man in Form der sog. *Richtungscosinus* die Information über die Kristallorientierung bei der Messung eines Reflexes übernehmen, die aus den Goniometerwinkeln berechnet werden kann.

7.4 Datenreduktion

7.4.3 Absorptionskorrektur

Die Röntgenstrahlung wird auf dem Weg durch den Kristall durch verschiedene physikalische Prozesse wie elastische (Rayleigh–) und inelastische (Compton–) Streuung oder Ionisation geschwächt. Diese Absorptionseffekte wachsen etwa mit der 4.Potenz der Ordnungszahl der absorbierenden Atome und etwa der 3.Potenz der Wellenlänge der Röntgenstrahlung an. Sie können durch den *linearen Absorptionskoeffizienten* μ in Gl.45 beschrieben werden:

$$dI/I = \mu dx, \quad \text{also} \quad I = I_o e^{-\mu x} \tag{45}$$

μ gibt an, um welchen Faktor die Intensität eines Röntgenstrahls geschwächt wird, wenn er den Weg x durchläuft, und wird in cm^{-1} oder mm^{-1} (Vorsicht!) angegeben.

Der Absorptionskoeffizient läßt sich für jede Verbindung aus den tabellierten atomaren Inkrementen, den *Massenschwächungskoeffizienten* (Intern. Tables C, Tab. 4.2.4.3), und der Dichte berechnen. Dies wird in einigen kristallographischen Programmen bereits automatisch erledigt. Der lineare Absorptionskoeffizient kann je nach Verbindung und Strahlung Werte zwischen ca. 0.1–100 mm^{-1} annehmen. Ob eine Korrektur erforderlich ist, richtet sich nach seiner Größe und dem Kristallformat. Bei Werten von $\mu \cdot R$ (R = mittlerer Kristallradius) unter 1 mm^{-1} kann man meist auf eine Korrektur verzichten, es sei denn der Kristall ist sehr groß und sein Format stark anisotrop, z.B. wenn ein sehr dünnes Plättchen vorliegt. Dann nimmt der ein– und der ausfallende Röntgenstrahl je nach Orientierung des Kristalls sehr verschieden lange Wege, so daß stark richtungsabhängige Fehler entstehen. Diese können fehlerhafte Atompositionen verursachen, während bei einem Kristall mit isotroper, d.h. annähernd kugel– oder würfelartiger Form, sich die Fehler überwiegend in den Auslenkungsfaktoren niederschlagen. Je größer μ und je größer und anisotroper der Kristall, desto mehr Mühe muß man sich also mit einer Absorptionskorrektur geben, die für jeden Reflex einen individuellen Korrekturfaktor, den Absorptionsfaktor A liefert. Es gibt zahlreiche Ansätze dafür, drei recht verbreitete Methoden seien im Folgenden beschrieben:

Numerische Absorptionskorrektur. Dies ist die beste Methode, bei der für jeden Reflex die Weglänge von ein– und ausfallendem Strahl aus dem Kristallformat und seiner Orientierung berechnet wird. In einem geschlossenen mathematischen Ausdruck ist die Korrektur möglich für Kugeln und Zylinder. Für sehr exakte Messungen, z.B. für Elektronendichte–Bestimmungen werden deshalb Kristalle z.T. zu Kugeln geschliffen. In den üblichen Fällen wird der Kristall durch seine Begrenzungsflächen beschrieben: Man bestimmt aus der Kenntnis der Lage des Kristalls (Orientierungsmatrix) die *hkl*–Indices der Begrenzungsflächen und mißt deren senkrechten Abstand zu einem gewählten

Mittelpunkt im Kristall (Abb.66). Dies geschieht heute meist mit Software-Unterstützung mittels der auch für die Kristallzentrierung benutzen CCD-Kamera. Dabei kann man optisch kontrollieren, ob die durch die Flächenangaben definierte Kristallform auch tatsächlich mit der beobachteten übereinstimmt wie in Abb. 67.

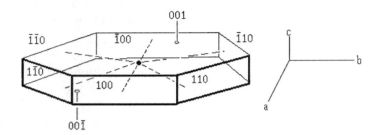

Abb. 66: Zur Indizierung und Vermessung eines Kristalls für eine numerische Absorptionskorrektur

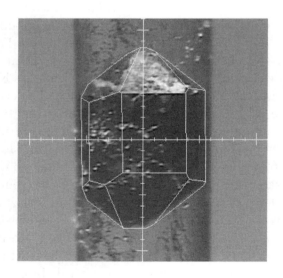

Abb. 67: Beispiel für die Beschreibung der Kristallform durch indizierte Flächen

Aus den *Richtungscosinus* in der Reflexdatei (s.o.) ist für einen bestimmten Reflex die Lage auf dem Goniometer bekannt. Zerlegt man nun den Kristall in ein Raster von kleinen Volumeninkrementen (mindestens 1000), so kann man

7.4 Datenreduktion

für jedes den Weg des einfallenden und des ausfallenden Strahls berechnen. Integriert man über alle Volumeninkremente, so kann man die Schwächung in Form des *Transmissionsfaktors* $A^* = 1/A$ für diesen Reflex errechnen (Gaußsche Integrationsmethode).

Semiempirische Absorptionskorrektur mit Ψ–Scans. In vielen Fällen ist das Kristallformat schlecht zu vermessen, die Flächen sind schwierig zu indizieren. Oft sind zusätzliche Absorptionseffekte vorhanden, z.B. durch Kleber oder den Glasfaden, die mit der numerischen Korrektur natürlich nicht erfaßt werden. Hier ist die semiempirische Methode geeignet, bei der man auf einem Vierkreis-Diffraktometer, meist nach erfolgter Datensammlung, einige starke, möglichst gut im reziproken Raum verteilte Reflexe aussucht, die bei hohen χ–Winkeln (nahe 90°) gemessen wurden. Dann ist es nämlich möglich, komplette Ψ–Scans durchzuführen, das sind sog. Azimut–Rotationen des Kristalls um die Netzebenennormale, bei denen die Ebene immer in Reflexionsstellung bleibt. Mißt man nun, wie üblich, die Intensität eines solchen Reflexes bei Variation des Ψ–Winkels, z.B. alle 10°, so kann man ein Absorptionsprofil aufnehmen, da der Kristall dabei seine Orientierung ändert. Hat man genügend (meist 6–10) Reflexe derart vermessen, so kann man ein dreidimensionales Absorptionsprofil ableiten, mit dem dann der ganze Datensatz korrigiert wird. Eine häufige Fehlerquelle bei dieser Methode ist, daß wegen der Restriktion in den χ–Winkeln die gewählten Reflexe wichtige Bereiche des Raums nicht erfassen. Man sollte deshalb lieber auf Vollständigkeit der Ψ–Scans verzichten und auch niedrigere χ–Werte zulassen. Wegen der oft extremen Diffraktometerstellungen sind außerdem gelegentlich Abschattungen durch den Goniometerkopf möglich, die man bei Inspektion des Untergrunds jedoch erkennt.

Semiempirische Absorptionskorrektur mit äquivalenten Reflexen. Auf Flächendetektor-Systemen kann man zwar keine Ψ–Scans durchführen, aber dadurch daß die meisten Reflexe bei unterschiedlichen Kristallstellungen doppelt gemessen werden (beim Eintritt und Austritt des rez. Gitterpunktes aus der Ewaldkugel) und zusätzlich ihre symmetrieäquivalenten im Datensatz vorhanden sind, läßt sich das richtungsabhängige Absorptionsprofil daraus mindestens genauso gut ableiten. Statt weniger Reflexe mit kompletten Ψ–Scans benutzt man sehr viele gut im Raum verteilte stärkere Reflexe mit jeweils wenigen äquivalenten. Je höher die Lauesymmetrie, desto besser funktioniert die Methode.

DIFABS–Methode. Eine meist erfolgreiche, jedoch umstrittene empirische Methode [26] versucht, alleine aus systematischen Unterschieden zwischen den gemessenen F_o–Daten und den berechneten F_c–Werten die Information für eine Absorptionskorrektur abzuleiten. Sie setzt voraus, daß die Struktur ohne Absorptionskorrektur gelöst und mit isotropen Auslenkungsfaktoren gut verfeinert wurde. Das Problem bei dieser Methode besteht darin, daß systematische Abweichungen von F_o und F_c–Werten ihre Ursache auch in Fehlern des Strukturmodells haben können. Diese werden durch eine solche Korrektur dann „weggerechnet". Man sollte die Methode deshalb sehr kritisch anwenden, am besten nur in Fällen, wo eine numerische oder empirische Korrektur nicht möglich ist, z.B. nach Kristallzersetzung. Sie ist aber ein wertvoller Test zur Abschätzung vorhandener systematischer Fehler im Datensatz.

Die Int.Union of Crystallography empfiehlt den Autoren ihrer Zeitschriften eine semiempirische Korrektur (aus Psi-scans oder äquivalenten Reflexen) durchzuführen, wenn das Produkt $\mu \cdot x$ (x = mittlerer Kristalldurchmesser) > 0.1 ist, möglichst eine numerische Korrektur, wenn $\mu \cdot x > 1$ ist, in jedem Fall aber bei $\mu \cdot x > 3$.

7.5 Andere Beugungsmethoden

Beugungsexperimente an Kristallen sind mit verschiedenen anderen Strahlungen vergleichbarer Wellenlänge ebenso möglich.

7.5.1 Neutronenbeugung

Während die Beugungsgeometrie bei Verwendung von Neutronen mit der Röntgenbeugung übereinstimmt, gibt es einige fundamentale physikalische Unterschiede: Die *Streuung von Neutronen* erfolgt an den *Atomkernen* statt an der Elektronenhülle. Das hat zur Folge, daß die Streufaktoren nicht wie die Atomformfaktoren im Röntgenfall proportional Z sind und mit dem Beugungswinkel stark abfallen, sondern sie variieren individuell von Element zu Element, ja sogar von Isotop zu Isotop eines Elements, sind aber *winkelunabhängig*. Der Streufaktor von Wasserstoff liegt z.B. im mittleren Bereich, so daß eine wichtige Anwendung der Neutronenbeugung die genaue Lokalisierung von H–Atomen, z.B. in H–Brückensystemen ist. Eine andere Anwendung ist die Unterscheidung direkt im Periodensystem benachbarter schwererer Elemente, die röntgenographisch fast dieselbe Streukraft zeigen, z.B. Co, Ni oder Mn, Fe.

Die Eigenart, daß Neutronen zwar keine Ladung, aber ein magnetisches Moment besitzen, bringt den einzigartigen Vorteil mit sich, daß auch an dreidimensional geordneten magnetischen Momenten Beugung stattfindet. Eine weitere wichtige Anwendung von Neutronenbeugung besteht deshalb in der Bestimmung magnetischer Strukturen. Näheres zur Methode ist z.B. [28] zu entnehmen.

7.5 Andere Beugungsmethoden

Neutronenbeugung für kristallographische Zwecke wird in Europa vor allem an Forschungsreaktoren in Berlin (Hahn–Meitner–Institut/HMI), Grenoble (Institut Laue–Langevin/ILL), Saclay (Laboratoire Léon Brillouin/LLB), seit kurzem auch in Garching(TU München) betrieben. Neutronenbeugungsexperimente erfordern große Proben (Einkristalle im mm–Bereich, Pulver in Gramm–Mengen) und meist tagelange Meßzeiten. Auch die Verwendung polarisierter Neutronenstrahlung ist möglich.

7.5.2 Elektronenbeugung

Elektronenstrahlen wechselwirken sehr stark mit Materie, sowohl mit den *Kernen* als auch mit der *Elektronenhülle*, werden also auch sehr stark absorbiert. Die Elektronenbeugung beschränkt sich deshalb einerseits auf Messungen an der *Gasphase*. Sie erlauben die Strukturbestimmung kleiner Moleküle mit nur wenigen Atomen. Andererseits wird die Elektronenbeugung zusammen mit hochauflösender Transmissions–Elektronenmikroskopie betrieben, wo Beugungsdiagramme sehr dünner Schichten von Festkörpern aufgenommen werden.

Hier ist eine unter zwei Gesichtspunkten interessante Entwicklung zu verfolgen [29,30]: Einerseits kann durch Fouriertransformation des hochaufgelösten Transmissionsbildes (der realen Struktur) Phaseninformation für das Elektronenbeugungsdiagramm (das reziproke Gitter) gewonnen werden, so daß eine direkte Strukturlösung und z.T. sogar Verfeinerung mit Elektronenbeugungsdaten möglich wird. Andererseits genügen mikroskopisch kleine geordnete Bereiche zur Aufnahme eines Beugungsdiagramms, so daß selbst Verbindungen untersucht werden können, die keine geeigneten Kristalle für Röntgenbeugungsmessungen ausbilden. Allerdings bleiben erhebliche Probleme, da bei der Durchstrahlung primär nur zweidimensionale Strukturinformation anfällt, und die Anwendung der Methode mit starker thermischer Belastung der Proben einhergeht. Da es experimentell schwieriger ist, genügend gute Reflexe zu vermessen und zugleich bei den Rechnungen das Problem dazukommt, daß Elektronenbeugung nicht mehr alleine mit der kinematischen Streutheorie beschrieben werden kann, sind bislang bei Verfeinerungen kaum R-Werte unter 20% erzielt worden.

Auf die Verwendung von Synchrotronstrahlung als alternativer Röntgenquelle wurde bereits in Kap. 3.1 eingegangen.

8 Strukturlösung

Nachdem die experimentell zugänglichen Basisinformationen über eine Kristallstruktur vorliegen: Elementarzelle, Raumgruppe (zumindest eine Auswahl) und die Intensitätsdaten, geht es nun um die Kernfrage, wie man damit zu den Lagen der Atome in der asymmetrischen Einheit der Elementarzelle gelangt, deren Bestimmung das eigentliche Ziel einer Kristallstrukturbestimmung darstellt.

8.1 Fouriertransformationen

Man kann den Beugungsvorgang so verstehen, daß die komplizierte dreidimensional periodische Elektronendichtefunktion, mit der ein Kristall die Interferenzerscheinungen auslöst, den kohärenten Röntgenstrahl durch eine *Fouriertransformation* in lauter Einzelwellen $F_o(hkl)$ zerlegt. Das Beugungsbild, das intensitätsgewichtete reziproke Gitter, ist als Fouriertransformierte des Kristalls zu sehen. Eine gewisse akustische Analogie kann man in der *Fourieranalyse* der komplizierten periodischen Funktion eines Geigentones sehen, nämlich der rechnerischen Zerlegung in lauter einfache harmonische sinus–Wellen. Kennt man diese Einzelwellen, die *Fourierkoeffizienten*, mit Amplitude und Phase, so kann man daraus — im Synthesizer — umgekehrt durch *Fouriersummation* oder *Fouriersynthese* wieder den Geigenton erzeugen. Ganz ähnlich ist es im Falle der Röntgenbeugung: Kennt man alle Einzelwellen, die Strukturfaktoren F_o, mit ihren Phasen, so kann man durch *Fouriersynthese* die Elektronendichtefunktion ρ, also die Kristallstruktur zurückberechnen. Die grundlegende Gleichung für diese Fourier–Summation ist

$$\rho_{XYZ} = \frac{1}{V} \sum_{hkl} F_{hkl} \cdot e^{-i2\pi(hX+kY+lZ)} \qquad (46)$$

Damit kann man für jeden Punkt XYZ in der Elementarzelle (es genügt natürlich die asymmetrische Einheit) die Elektronendichte ρ_{XYZ} berechnen. In der Praxis genügt es, in einem Punkteraster mit 0.2–0.3 Å Abstand die Dichtewerte zu berechnen, um dann durch Interpolation Elektronendichtemaxima lokalisieren zu können, die die Koordinaten xyz von Atomlagen liefern. Man kann den Elektronendichteverlauf auch in Schnitten durch die Elementarzelle mittels Konturdiagrammen, wie in geographischen Höhenlinien–Karten, graphisch darstellen (s. unten Abb.68).

Da man bei den Messungen nur Intensitäten bestimmen kann, kennt man bei den Fourierkoeffizienten F_o jedoch bislang nur den Betrag, die Amplitude

8.1 Fouriertransformationen

der Streuwelle, die Phaseninformation ist verloren gegangen. Dies ist das zentrale *Phasenproblem* der Röntgenstrukturanalyse, dessen Lösung Gegenstand dieses Kapitels ist. Wenn man von der Lösung einer Struktur spricht, meint man meist die Lösung dieses Phasenproblems.

Strukturmodelle. Alle hierfür eingesetzten Methoden arbeiten früher oder später mit einem *Strukturmodell*, das zumindest für wichtige Teile der Struktur konkrete Atomlagen xyz, bezogen auf eine bestimmte Raumgruppe enthält. Ist dieses Modell prinzipiell richtig und enthält es genügend dreidimensionale Strukturinformation, so lassen sich damit nach der bereits in Kap. 5 behandelten Strukturfaktorgleichung (Gl.24) theoretische Strukturfaktoren F_c berechnen.

$$F_c = \sum_i f_i [\cos 2\pi(hx_i + ky_i + lz_i) + i \sin 2\pi(hx_i + ky_i + lz_i)] \qquad (47)$$

Sie enthalten nun, wenn auch mit gewissen Fehlern, die gesuchte Phaseninformation. Vor allem in zentrosymmetrischen Raumgruppen, wo das Phasenproblem nur ein Vorzeichenproblem ist, ist die Wahrscheinlichkeit einer richtigen Vorzeichenberechnung groß, während die Amplitude eher noch fehlerhaft sein kann. Erfahrungsgemäß genügt es bereits, wenn ca. 30–50% aller in der asymmetrischen Einheit enthaltenen Elektronen im Modell richtig beschrieben werden, um zu einem brauchbaren Phasensatz zu kommen. Diese *berechneten* Phasen überträgt man nun auf die *gemessenen* F_o-Werte und kann nun durch eine Fouriersynthese die gesamte Struktur zu Tage bringen, zumindest ein verbessertes Modell, mit dem man diese Prozedur wiederholen kann.

Differenz–Fouriersynthesen. Bei der Fouriersynthese nach Gleichung 46 muß über alle Reflexe hkl summiert werden. Da man jedoch nur einen begrenzten Datensatz gemessen hat, entstehen Abbrucheffekte, die sich in „Wellen" und Pseudomaxima von Elektronendichte äußern können. Diesen Effekt kann man elegant reduzieren, indem man an jedem Punkt der Fourierdarstellung vom Ergebnis der Summation mit den (mit Phasen versehenen) *beobachteten* F_o-Werten das Ergebnis einer analogen Summation mit den *berechneten* F_c-Werten des Modells abzieht. Da man mit dem gleichen Reflexsatz rechnet, heben sich die Abbrucheffekte weitgehend auf. Zudem hat man den Vorteil, daß nur noch an den Stellen deutliche Elektronendichtemaxima auftreten, wo im Strukturmodell noch Atome fehlen, denn man subtrahiert die Elektronendichte des Strukturmodells von der „tatsächlichen" Elektronendichte. Solche *Differenz–Fouriersynthesen* sind deshalb die übliche Methode, um ein Strukturmodell schrittweise zu vervollständigen. Bei organischen Strukturteilen werden so vor allem im Endstadium der Strukturbestimmung die Wasserstoffatome lokalisiert. Abb.68 zeigt eine F_o–Fouriersynthese (oben) und eine Differenz–Fouriersynthese (unten) auf der Basis eines nur die schwereren Atome enthaltenden Strukturmodells.

Bevor man so weit ist, ist es jedoch zuerst notwendig, die Methoden kennenlernen, mit denen man zu einem solchen Strukturmodell gelangen kann.

8.2 Patterson-Methoden

Ein von *Patterson* erschlossener Weg zur Ableitung eines Strukturmodells führt über eine ganz analoge Fouriersynthese wie die von Gl.46, nur daß man zur Berechnung der *Pattersonfunktion* P_{uvw} direkt die gemessenen F_o^2–Werte als Fourierkoeffizienten einsetzt. Zur Unterscheidung von der „normalen" F_o–Fouriersynthese verwendet man die Symbole u, v, w für die Koordinaten im *Pattersonraum*. Sie beziehen sich zwar genauso auf die Achsen der Elementarzelle, auftretende Maxima sind jedoch *nicht* direkt mit Atomkoordinaten x, y, z korreliert.

$$P_{uvw} = \frac{1}{V^2} \sum_{hkl} F_{hkl}^2 \cdot \cos[2\pi(hu + kv + lw)] \qquad (48)$$

Dadurch, daß in den F_o^2–Werten keine Phaseninformation enthalten ist, kommt in einer Pattersonsynthese nur noch der allein in den Intensitäten verschlüsselte Teil an Strukturinformation zum Tragen, nämlich die über die *interatomaren Abstandsvektoren*: Wie man nach dem in Kap. 5.3 Gesagten einsieht, ist bei der Überlagerung von Wellen für die resultierende *Amplitude* (und damit auch die Intensität) nur die *relative* Verschiebung maßgebend. Sie hängt nur von der Komponente des interatomaren Abstandsvektors in Richtung des Streuvektors $\boldsymbol{d}^*$ (hkl) ab. Erst wenn man auch die Phase der resultierenden Streuwelle angeben will, muß man sich auf einen Nullpunkt beziehen. Umgekehrt erhält man bei der Fouriersynthese *nur* mit Intensitäten *nur* die Abstandsvektoren, alle von einem Punkt aus aufgetragen.

Rechnet man die Pattersonfunktion wieder punktweise in der ganzen Elementarzelle aus, so erhält man Maxima, die die Endpunkte dieser Abstandsvektoren markieren. Dies ist in Abb.69 schematisch für eine 2–Atom–Struktur mit Symmetriezentrum skizziert. Man erkennt, daß jeder interatomare Abstand in beiden Richtungen gemessen auftaucht, und daß durch das Symmetriezentrum in der Struktur die Vektoren **1** und **2** doppeltes Gewicht erhalten.

Intensitäten. Die relative Intensität I_P eines Patterson–Maximums errechnet sich einfach aus dem *Produkt der Elektronenzahlen* (also der Ordnungs-

8.2 Patterson-Methoden

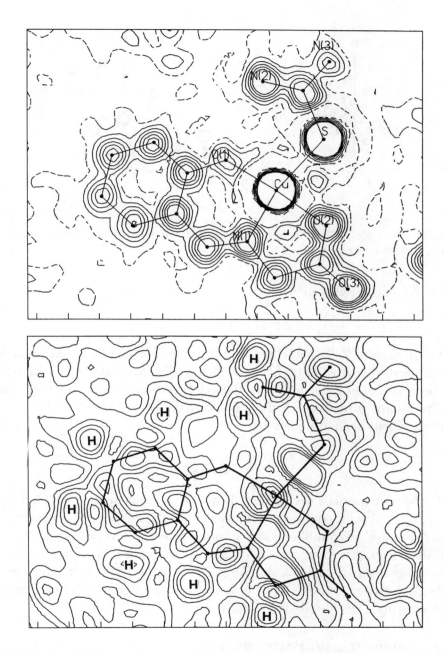

Abb. 68: **a** F_o–Fouriersynthese (oben) und **b** Differenz–Fouriersynthese (unten): Schnitte durch die Molekülebene des Thioharnstoff-Addukts von N-Salicyliden-glycinato-kupfer(II) („CUHABS", s.Kap.15). Konturlinien in Abständen von **a** 1 e/Å^3, **b** 0.1 e/Å^3, gestrichelt: Nullinie. In **b** zeichnen sich außer den H-Atomen bereits auch Bindungselektronen in den Ringen ab.

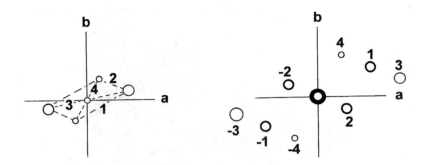

Abb. 69: Zur Entstehung der Maxima in der Pattersonsynthese. Maxima mit doppeltem Gewicht fett gezeichnet

zahlen Z_i) der beteiligten Atome.

$$I_P = Z_1 \cdot Z_2$$

Im Nullpunkt der Zelle berechnet sich stets der höchste Peak, da jedes Atom zu sich selbst den Abstand 0 hat, und sich so die Quadrate der Ordnungszahlen aller Atome der Zelle addieren. Bei der Erstellung einer Liste von Maxima per Programm wird dieser Nullpunkt normalerweise auf 999 skaliert, so daß man mit einem Skalierungsfaktor

$$k = \sum \frac{Z_i^2}{999} \qquad (49)$$

die Pattersonmaxima „normieren" kann. Man sieht sofort, daß bei Anwesenheit vieler ähnlich schwerer Atome wie bei organischen Verbindungen die 'Patterson map' sehr unübersichtlich und schwer zu interpretieren wird. Sind jedoch nur wenige schwere neben leichten Atomen vorhanden, wie in einer typischen metallorganischen Verbindung, so heben sich die Vektoren zwischen den Schweratomen stark ab. Die der Leichtatome untereinander verschwinden im Untergrund. Dies ist in Tab.9 am Beispiel $(C_5H_5)_3Sb$ gezeigt.

8.2.1 Symmetrie im Pattersonraum.

Symmetrie in den Atomlagen der Elementarzelle muß sich natürlich auch in der Symmetrie ihrer Abstandsvektoren niederschlagen. Liegt z.B. entlang **b** eine 2–zählige Achse, so existiert für jedes Atom auf der Lage x,y,z ein zweites mit der Lage $\bar{x},y,\bar{z}$. Die Abstandvektoren sind dann durch Subtraktion in

8.2 Patterson-Methoden

beiden Richtungen zu $2x, 0, 2z$ und $-2x, 0, -2z$ zu berechnen. Solche Maxima, die von zwei Atomen in symmetrieäquivalenten Lagen verursacht sind, nennt man *Harker–Peaks*. Im Beispiel einer 2–zähligen Achse bedeutet dies, daß dann die $u0w$-Ebene der Pattersonsynthese besonders stark besetzt sein sollte (*'Harker-Ebene'*). Liegt stattdessen senkrecht zu **b** eine Spiegelebene, so liefern alle gespiegelten Atompaare nur Vektoren auf einer $0v0$–Geraden im Pattersonraum (*'Harker–Gerade'*). Die Inspektion der „Patterson–Map" ist also eine Möglichkeit, mit der man solche in der Lauegruppe nicht zu unterscheidende Symmetrieelemente lokalisieren kann. Allerdings findet man häufig den Fall, daß gerade die die Pattersonsynthese bestimmenden Schweratome auf speziellen Lagen sitzen, wodurch deren Symmetrieelement nicht mehr zu Tage tritt. Um die Besetzung einer Geraden zu beurteilen, ist es oft besser, statt der Liste der Maxima ein Konturdiagramm anzuschauen, da bei starker gegenseitiger Überlagerung auch nur wenige Maxima berechnet werden.

Da alle interatomaren Abstandsvektoren in beiden Richtungen abgebildet werden, ist eine Patterson–Map stets zentrosymmetrisch. Die zusätzlichen Translationsvektoren in zentrierten Gittern treten natürlich auch als Pattersonmaxima auf, so daß der *Bravaistyp* auch in der Pattersonsynthese *erhalten* bleibt. Die translationshaltigen Symmetrieelemente der Gleitspiegelebenen und Schraubenachsen werden im Pattersonraum zu einfachen Spiegelebenen bzw. Drehachsen. Die dadurch erzeugten Maxima sind jedoch um die Translationskomponente vom Nullpunkt verschoben und liegen alle auf Harkergeraden bzw. -ebenen.

> *Beispiel: Die Gleitspiegelebene $c \perp b$ in der Raumgruppe $P2_1/c$ bildet ein Atom x,y,z auch auf die Lage $x, \frac{1}{2} - y, \frac{1}{2} + z$ ab. Der Abstandsvektor zwischen beiden Lagen und sein „Gegenvektor" ergeben sich durch wechselseitige Subtraktion zu $0, \frac{1}{2} - 2y, \frac{1}{2}$ und $0, \frac{1}{2} + 2y, 1/2$, die Patterson–Maxima werden also durch eine Spiegelebene in $x, \frac{1}{2}, y$ ineinander überführt, die c–Gleitkomponente wird im Wert $w = \frac{1}{2}$ beider Peaks sichtbar.*

8.2.2 Strukturlösung mit Harker–Peaks.

Die Symmetrie kann auch der Schlüssel zur „Lösung" einer Pattersonsynthese sein, also zur Ableitung von Atompositionen x,y,z eines Strukturmodells aus Patterson- Maxima. Dies sei am Beispiel von $(C_5H_5)_3Sb$ gezeigt, das in der verbreiteten Raumgruppe $P2_1/c$ mit $Z = 4$ Formeleinheiten pro Elementarzelle kristallisiert (Tab.9).

Da die allgemeine Lage der Raumgruppe $P2_1/c$ 4–zählig ist, kann man annehmen, daß Sb *nicht* auf einem Symmetriezentrum sitzt, was für das Mo-

Tabelle 9: Ermittlung der Atomparameter x, y, z für Sb in $(C_5H_5)_3Sb$ aus den *Harker–Peaks* einer Pattersonsynthese

a) Patterson–Normierung durch Berechnung des Nullpunkts–Peaks
(für 4 Formeleinheiten $(C_5H_5)_3Sb$ pro Zelle)

n	Atom	Z	Z^2	nZ^2	
4	Sb	51	2601	10404	
60	C	6	36	2160	$f = 999/12564 = 0.0795$
				12564	

Ber. Peakhöhen ($f \cdot Z_1 Z_2$): Sb-Sb 207   Sb-C 24   C-C 3

b) *Harker–Peaks* in der Raumgruppe $P2_1/c$

	x, y, z	$\bar{x}, \bar{y}, \bar{z}$	$\bar{x}, \frac{1}{2}+y, \frac{1}{2}-z$	$x, \frac{1}{2}-y, \frac{1}{2}+z$
x, y, z	-	$-2x, -2y, -2z$	$-2x, \frac{1}{2}, \frac{1}{2}-2z$	$0, \frac{1}{2}-2y, \frac{1}{2}$
$\bar{x}, \bar{y}, \bar{z}$	$2x, 2y, 2z$	-	$0, \frac{1}{2}+2y, \frac{1}{2}$	$2x, \frac{1}{2}, \frac{1}{2}+2z$
$\bar{x}, \frac{1}{2}+y, \frac{1}{2}-z$	$2x, \frac{1}{2}, \frac{1}{2}+2z$	$0, \frac{1}{2}-2y, \frac{1}{2}$	-	$2x, -2y, 2z$
$x, \frac{1}{2}-y, \frac{1}{2}+z$	$0, \frac{1}{2}+2y, \frac{1}{2}$	$-2x, \frac{1}{2}, \frac{1}{2}-2z$	$-2x, 2y, -2z$	-

c) Die stärksten Maxima der Pattersonsynthese

Nr	Höhe	u	v	w	Zuordnung	
1	999	0	0	0	Nullpunktspeak	
2	460	0	0.396	0.5	Harker–Peak $0, \frac{1}{2}-2y, \frac{1}{2}$	$2\times$Sb-Sb
3	452	0.420	0.5	0.705	Harker–Peak $2x, \frac{1}{2}, \frac{1}{2}+2z$	$2\times$Sb-Sb
4	216	0.421	0.104	0.206	Harker–Peak $2x, 2y, 2z$	$1\times$Sb-Sb

d) Berechnung der Sb–Lage aus Vergleich von b) und c):

aus Peak 2:	$\frac{1}{2}-2y$	$=$	0.396	$\Longrightarrow$	$y = 0.052$
aus Peak 3:	$2x$	$=$	0.420	$\Longrightarrow$	$x = 0.210$
	$\frac{1}{2}+2z$	$=$	0.705	$\Longrightarrow$	$z = 0.103$

8.2 Patterson-Methoden

lekül ohnehin nicht möglich wäre, sondern auf dieser allgemeinen Lage. Nun kann man einfach durch Subtraktion aller Kombinationen der vier äquivalenten Lagen algebraische Ausdrücke für die möglichen Abstandsvektoren zwischen symmetrieäquivalenten Lagen, die *Harker–Peaks* berechnen. Man sieht, daß manche doppeltes Gewicht bekommen und daß sie z.T. auf den erwähnten *Harker–Ebenen* (ein Parameter konstant) oder *–Geraden* (zwei Parameter konstant) im Pattersonraum angeordnet sind. Durch Vergleich mit dieser Tabelle und unter Berücksichtigung der erwarteten Intensitäten lassen sich die drei — nach dem Nullpunkt — stärksten Maxima der Pattersonsynthese solchen Harkerpeaks zuordnen und damit durch Einsetzen der experimentellen Werte u, v, w die Atomparameter x, y, z für Sb ausrechnen. Das so gewonnene Strukturmodell, bei dem noch alle 15 C und 15 H–Atome fehlen, umfaßt zwar nur 33% der Elektronen. Da diese jedoch am Schweratom sehr scharf lokalisiert sind, ist ihr Beitrag zu den Strukturfaktoren schon so bestimmend, daß die Vorzeichen der F_c–Werte weitgehend richtig berechnet werden. In einer Differenz–Fouriersynthese erscheinen bereits alle C–Atome als Maxima. Der Weg, eine Kristallstruktur über die Lokalisierung eines Schweratoms aus Pattersonsynthesen zu lösen, wird oft auch als *Schweratommethode* bezeichnet.

*Auf demselben Prinzip beruht die in der Proteinkristallographie mit großem Erfolg eingesetzte Methode des „isomorphen Ersatzes": hierzu werden mehrere Kristalle gezüchtet, bei denen — ohne daß merkliche Änderungen in Zelle und Atomlagen der Reststruktur resultieren dürfen — verschiedene Schweratome (Br, I, Metalle) an verschiedenen Stellen der Struktur eingebaut sind. Für jeden Kristall, einschließlich des unsubstituierten, wird ein kompletter Datensatz gemessen. Aus Patterson–Maps werden die Schweratome lokalisiert, damit sind Phasenberechnungen, auch für den unsubstituierten "nativen" Proteinkristall möglich. Oft wird dabei die Pattersonfunktion mit den Differenzen in den Reflexintensitäten des Datensatzes eines substituierten und dessen des nativen Kristalls berechnet ("**M**ultiple **I**somorphous **R**eplacement", **MIR**-Methode) . Heute nutzt man eher Unterschiede in der anomalen Dispersion aus, die man bei Verwendung von Synchrotronstrahlung ideal nutzen kann (siehe auch Kap. 10.4). Dabei misst man denselben Kristall, der ein Schweratom wie Se, Br enthält, bei verschiedenen Wellenlängen, unterhalb und oberhalb der Absorptionskante des schweren Elements ("**M**ulti-**W**avelength **A**nomalous **D**ispersion", **MAD**-Methode) und gewinnt wieder aus der Subtraktion der Datensätze Information über die Schweratomlage und daraus über die Phasen. Bei deren Kenntnis wird die dreidimensionale Proteinstruktur* *durch Fouriersynthese zugänglich. Zu näheren Informationen über dieses rasch wachsende Gebiet sei auf Spezialliteratur wie [55,56] verwiesen. Auch die im Folgenden erwähnten Methoden finden in der Proteinkristallographie Anwendung.*

8.2.3 Bildsuchmethoden.

Die Lösung einer Struktur allein aufgrund der Harker–Peaks ist normalerweise nur möglich, wenn lediglich ein oder zwei unabhängige Schweratome vorhanden sind, die sich in der Streukraft stark vom Rest der Struktur abheben. In Fällen kleinerer Gruppen (Fragmenten) von ähnlich schweren Atomen sind andere Techniken der Interpretation der Patterson–Map möglich, die hier nur vom Prinzip her erläutert werden sollen.

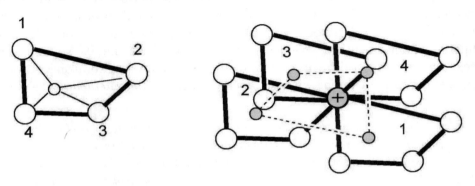

Abb. 70: Schema zur Patterson–Bildsuchmethode

Man kann sich die Pattersonfunktion als aus lauter parallel verschobenen Strukturbildern entstanden denken: Der Vektorsatz vom Atom 1 aus zu seinen Nachbarn beschreibt durch seine Endpunkte ein Bild der Struktur selbst, verschoben um den umgekehrten Abstandsvektor dieses Atoms 1 vom Nullpunkt (Abb.70). Dem überlagern sich alle Bilder mit den anderen Atomen als Ursprungsatomen. Kennt man also ein wichtiges Strukturfragment, — meist weiß der Chemiker ja, was er zu erwarten hat, — so kann man sich die zugehörige Pattersonfunktion ausrechnen. Das Problem ist nun, die Orientierung und die Position zu bestimmen, indem man die berechnete "Vektor-Map" mit der aktuellen Pattersonfunktion vergleicht. In verschiedenen Programmen ist diese Bildsuchmethode automatisiert, wobei normalerweise zuerst ein "Rotations–", dann ein "Translations–Suchlauf" durchgeführt wird [z.B. 61, 65, 67]. Bei der "Superpositions–Methode", wie sie z.B. im SHELXL-97–Programm angewandt wird, wird ein einfacher Harker-Vektor gesucht (z.B.

$2x, 2y, 2z$ im Beispiel von Tab.9). Ein Duplikat der Patterson–Map, um diesen Vektor verschoben, wird nun der Original–Map überlagert und die sog. *Minimumfunktion* gebildet. Wo in beiden Positionen der Patterson–Map Maxima liegen, bleibt Intensität übrig und die Struktur oder ein Strukturfragment wird sichtbar. Hat man ein genügend großes Fragment durch eine der Methoden lokalisiert, kann man die Struktur durch Differenzfouriersynthesen weitervervollständigen.

Die Patterson-Methoden stoßen zunehmend auf Schwierigkeiten, wenn die Struktur aus zu vielen ähnlich schweren Atomen besteht. Hier setzt man mit Vorteil andere Lösungsmethoden ein.

8.3 Direkte Methoden

Man nennt diese *Direkte Methoden*, weil sie auf der Ausnutzung von Zusammenhängen zwischen den Intensitäten innerhalb von Reflexgruppen und den Phasen beruhen, also eine direkte Lösung des Phasenproblems versuchen.

8.3.1 Harker–Kasper–Ungleichungen.

Die Ursprünge der Direkten Methoden liegen in Arbeiten von Harker und Kasper, die 1948 fanden, daß bei Vorhandensein von Symmetrieelementen Zusammenhänge zwischen den Strukturamplituden bestimmter Reflexpaare auftreten. Statt der Strukturfaktoren selbst werden dabei die sog. *unitären Strukturamplituden* U benutzt,

$$U = F/F(000) \qquad (50)$$

die auf die Gesamtelektronenzahl $F(000)$ in der Elementarzelle der Struktur normiert sind. Sie geben einen Eindruck, welcher Anteil der Elektronen bei einem bestimmten Reflex zur Strukturamplitude beiträgt. Ein wichtiges Beispiel ist die Wirkung des Symmetriezentrums in der Raumgruppe $P\bar{1}$: Die hierfür abgeleitete Ungleichung ist

$$U^2_{hkl} \leq \frac{1}{2} + \frac{1}{2} U_{2h2k2l} \qquad (51)$$

Ihr kann man entnehmen, daß dann, wenn U^2_{hkl} sehr groß ist, also über $1/2$ liegt, die höhere Beugungsordnung dieses Reflexes U_{2h2k2l} ein positives Vorzeichen haben muß und zwar mit umso höherer Wahrscheinlichkeit, je höher der Betrag von U für beide Reflexe ist. Mit solchen allein über die Symmetrie gewonnenen Beziehungen sind allerdings nicht genügend Phasen zu bestimmen, um eine Struktur lösen zu können. Später wurden jedoch genereller anwendbare Beziehungen entdeckt, die ebenfalls besonders starke Reflexe betreffen.

8.3.2 Normalisierte Strukturfaktoren.

Hier gibt es das Problem, daß die Amplituden von Reflexen, die bei verschiedenen Beugungswinkeln θ gemessen werden, nicht direkt miteinander verglichen werden können, da ja wegen der Winkelabhängigkeit der Atomformfaktoren die Streukraft zu höherem θ hin stark abnimmt. Diesen Effekt kann man korrigieren, indem man die Strukturamplituden auf einen Erwartungswert für den aktuellen Beugungswinkel bezieht, also „normalisierte Strukturfaktoren" oder E–Werte benutzt:

$$E^2 = k \frac{F^2}{F_{erw}^2} \quad \text{(k = Skalierungsfaktor)} \tag{52}$$

Die Erwartungswerte kann man nach der *Wilson–Statistik* berechnen, indem man über die Werte der Atomformfaktoren aller Atome in der Zelle beim jeweiligen Beugungswinkel summiert.

$$F_{erw}^2 = \epsilon \sum f_i^2 \tag{53}$$

Für manche Reflexklassen ist ein Gewichtungsfaktor ϵ (kleine ganze Zahl) notwendig [Int.Tables B, Kap. 2.2.3]. Da die Winkelabhängigkeit auch vom Auslenkungsfaktor beeinflußt wird, kann man umgekehrt aus der Beugungswinkel–Abhängigkeit der mittleren experimentellen F–Werte einen mittleren „overall" Auslenkungsfaktor ableiten. Gleichzeitig fällt dabei ein vorläufiger Skalierungsfaktor k an, mit dem man die F_o^2–Daten auf die Erwartungswerte, also im Grunde die Elektronenzahl in der Elementarzelle normiert.

Meist berechnet man heute jedoch den Erwartungswert aus dem Datensatz selbst, indem man einfach den F_o^2–Mittelwert über alle Reflexe im ähnlichen Beugungswinkelbereich bildet. Dies ist einer der Gründe, weshalb es bei der Anwendung direkter Methoden wichtig ist, daß *alle* möglichen Reflexe, einschließlich der schwachen, im Datensatz vorhanden sind.

E–Wert–Statistik. Ein E–Wert größer 1 zeigt einen über dem Erwartungswert liegenden Reflex an, starke Reflexe besitzen meist E–Werte über 2. Man kann zeigen, daß generell in zentrosymmetrischen Strukturen die statistische Häufigkeit von besonders starken E–Werten größer ist als in nicht zentrosymmetrischen. Dies hängt damit zusammen, daß sich die Atomformfaktoren bei statistischer Atomanordnung ohne Symmetriezentrum vektoriell für die einzelnen Reflexe zu E–Werten addieren, die enger um den Mittelwert verteilt sind, als wenn Atompaare vorhanden sind, bei denen sich die zwei Beiträge wegen des Symmetriezentrums jeweils paarweise direkt addieren (siehe Kap. 6.4.2). Den Unterschied erkennt man besonders gut, wenn man den theoretischen Mittelwert von E^2-1 vergleicht: er beträgt für nicht zentrosymmetrische

8.3 Direkte Methoden

Strukturen 0.74, für zentrosymmetrische 0.97. Dies kann man sich bei der Suche nach der Raumgruppe zunutze machen: Hat man aufgrund der Lauegruppe und der systematischen Auslöschungen noch die Auswahl zwischen mehreren Raumgruppen, so ist dabei häufig zwischen einer zentrosymmetrischen und einer alternativen nicht zentrosymmetrischen zu entscheiden. Typische solche Raumgruppenpaare sind $Pnma$ und $Pn2_1a$ ($= Pna2_1$), $P2_1$ und $P2_1/m$, Cc und $C2/c$, $C2$ und $C2/m$. Oft hilft dann die Berechnung des mittleren E^2-1 – Wertes der Struktur und der Vergleich mit den oben angegebenen theoretischen Werten bei dieser Entscheidung. Liegt der Wert nicht in dieser Spanne, sondern deutlich über 1, so kann eine *hyperzentrische* Struktur ('super symmetry') vorliegen. Das ist eine zentrosymmetrische Struktur, bei der zusätzlich zentrosymmetrische Baugruppen auf einer *allgemeinen Lage* sitzen. Hier kommen also zu den Inversionszentren der Raumgruppe zusätzliche Zentren hinzu, die nicht zum Satz der kristallographischen Symmetrieelemente gehören.

8.3.3 Sayre–Gleichung.

Von grundlegender Bedeutung für die Anwendung direkter Methoden ist ein von *Sayre* erstmals entdeckter Zusammenhang (Gl.54), dessen Gültigkeit im Grunde darauf beruht, daß die Elektronendichte im Kristall nie negative Werte annehmen kann und in annähernd punktförmigen Maxima konzentriert ist.

$$F_{hkl} = k \sum_{h'k'l'} F_{h'k'l'} \cdot F_{h-h',k-k',l-l'} \qquad (54)$$

Sie besagt, daß man den Strukturfaktor eines Reflexes hkl aus der Summe von Produkten der Strukturfaktoren aller Reflexpaare berechnen kann, die jeweils der Bedingung genügen, daß ihre Indices sich zu denen des gesuchten Reflexes addieren, z.B.

$$E_{321} = E_{100} \cdot E_{221} + E_{110} \cdot E_{211} + E_{111} \cdot E_{210} \qquad \text{u.s.w.} \qquad (55)$$

Auf den ersten Blick scheint dies wenig nützlich, denn, um *einen* Reflex zu berechnen, muß man sehr *viele andere* — mit Phaseninformation — kennen. Bedenkt man aber, daß alle Produkte, bei denen mindestens ein Reflex schwach ist, kaum Beiträge liefern und sich mit gewisser Wahrscheinlichkeit gegenseitig auch teilweise aufheben, so erkennt man die mögliche Anwendung: Enthält ein Produkt zwei besonders hohe E–Werte *und* der gesuchte Reflex ist ebenfalls sehr stark, dann besteht hohe Wahrscheinlichkeit, daß dieses Produkt ihn maßgeblich beeinflußt, also auch seine Phase bestimmt.

8.3.4 Triplett–Beziehungen.

Es ist vor allem das Verdienst von *Karle* und *Hauptmann*, die dafür 1985 den Nobelpreis bekamen, dieses Prinzip zu einer praktikablen Methode weiterentwickelt zu haben, mit der heute die meisten Strukturen gelöst werden [31]. Bei zentrosymmetrischen Strukturen, bei denen sich das Phasenproblem auf die Vorzeichen-Bestimmung reduziert, stellten sie die aus Gl.54 abzuleitende sogenannte $\sum_2$–Beziehung für ein Triplett starker Reflexe auf, das der Bedingung der Sayre–Gleichung gehorcht:

$$S_H \approx S_{H'} \cdot S_{H-H'} \tag{56}$$

Der Einfachheit halber wird hier und im Folgenden $hkl = H$, $h'k'l' = H'$ abgekürzt. Sind z.B. bei einer Beziehung $S_{321} = S_{210} \cdot S_{111}$ die Vorzeichen der beiden rechtsstehenden Reflexe 210 und 111 beide positiv oder beide negativ, so ist das des links stehenden 321 wahrscheinlich positiv, ist nur eines von beiden negativ, ist das des ersten Reflexes wahrscheinlich negativ.

Das zugrundeliegende Prinzip kann man sich anschaulich vor Augen führen, wenn man sich vergegenwärtigt, daß bei der Bragg-Reflexion an einer Netzebenenschar dann besonders hohe Streuamplituden entstehen, wenn alle Atome *auf* den Ebenen liegen (vgl. Kap. 5.3) oder auf Ebenen parallel dazu. Dann sind alle „in Phase"; liegt der Nullpunkt in der Ebene (Abb. 71 links),

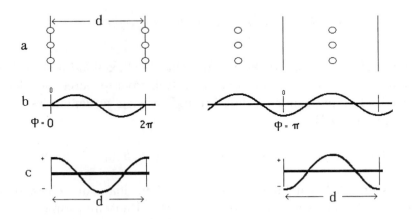

Abb. 71: **a) links:** Atomlagen *auf* den Ebenen, **rechts:** *zwischen* den Ebenen einer Netzebenenschar. **b)** Streuwellen von dieser Netzebene: **links:** mit Phase $0(+)$, **rechts** mit Phase π $(-)$. **c)** Beiträge des Reflexes dieser Netzebene zur Elektronendichteberechnung entlang der Netzebenen-Normalen bei der Fouriersynthese.

8.3 Direkte Methoden

so hat der Reflex den Phasenwinkel 0° (Vorzeichen +). Umgekehrt liefert ein starker Reflex mit Phasenwinkel 0° bei der Fouriersynthese starke positive Elektronendichte–Beiträge auf den Ebenen seiner Netzebenenschar. Liegen dagegen die Atomschichten nur in der Mitte *zwischen* (und parallel zu) den Ebenen dieser Schar (Abb. 71 rechts), so ist die Phase des (genauso starken) Reflexes 180° (Vorzeichen –). Umgekehrt wird sich dann der Elektronendichte–Beitrag eines solchen Reflexes bei der Fouriersynthese auf die Ebenen bei $d/2, 3d/2$ u.s.w. konzentrieren.

Betrachtet man nun drei über eine Triplettbeziehung miteinander verknüpfte Reflexe H, H' und $H - H'$, z.B. 110, 100 und 010, so ist die Forderung, daß alle drei Reflexe besonders stark sein sollen, mit der Bedingung verbunden, daß gemäß Abb.71 für alle drei die Elektronendichten vorwiegend in Ebenen parallel zu den jeweiligen Netzebenenrichtungen und im jeweiligen Abstand d konzentriert sind. Legt man die Phasen zweier Reflexe fest, so legt man die Lage der Dichtemaxima bezüglich zweier Netzebenensysteme fest. Wie Abb.72 schematisch zeigt, ist dadurch automatisch die Phase des dritten Reflexes festgelegt.

Die $\sum_2$–Beziehung erlaubt also mit einer gewissen Wahrscheinlichkeit die Berechnung des Vorzeichens des Reflexes H aus denen von H' und $H - H'$, aber nur dann, wenn alle drei Reflexe dieses Reflextripletts stark sind. Es ist dabei wesentlich, zu wissen, wie hoch diese Wahrscheinlichkeit etwa ist. Für eine Struktur mit N gleich schweren Atomen berechnet sich die *Wahrscheinlichkeit p*, daß die Phase richtig bestimmt ist, nach *Cochran und Woolfson* [32] zu

$$p = \frac{1}{2} + \frac{1}{2} \tanh[\frac{1}{\sqrt{N}} E_H E_{H'} E_{H-H'}] \qquad (57)$$

Daraus läßt sich ersehen, daß die direkten Methoden prinzipiell umso schlechter arbeiten, je komplexer die zu bestimmende Kristallstruktur ist. Die Grenzen der Methode liegen derzeit bei ca. 150–250 Atomen (H–Atome nicht gezählt) in der asymmetrischen Einheit.

$\sum_1$–*Beziehung.* Als Spezialfall der $\sum_2$–Beziehung ergibt sich die $\sum_1$–Beziehung, wenn die beiden Reflexe $E_{H'}$ und $E_{H-H'}$ identisch sind, z.B. bei den Reflexen

$$S_{222} \approx S_{111} \cdot S_{111} \qquad (58)$$

Das bedeutet, daß das Vorzeichen des Reflexes $2h\,2k\,2l$ *positiv* ist, wenn ein Reflex *hkl und* seine höhere Beugungsordnung $2h\,2k\,2l$ zugleich sehr stark sind, – unabhängig von dem des Reflexes *hkl*. Hier kommt nichts anderes als die erwähnte Harker–Kasper–Ungleichung (Gl.51) zum Ausdruck. Ein solches, nicht sehr häufig vorkommendes Reflexpaar liefert also ohne weitere

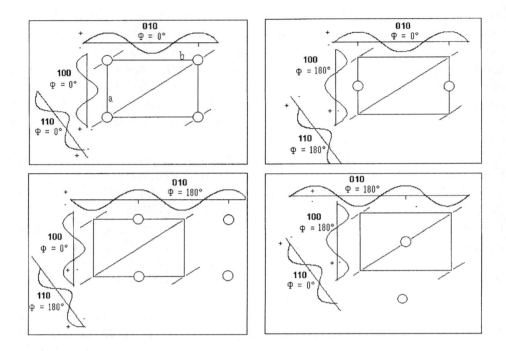

Abb. 72: Zusammenhang zwischen Atomlagen und Phasen im Reflextripel 100, 010 und 110. Beiträge der Reflexe entlang der Netzebennormalen bei der Fourier-Summation

Voraussetzungen (mit einer gewissen Wahrscheinlichkeit) das Vorzeichen eines Reflexes.

Nicht zentrosymmetrische Strukturen. Bei Abwesenheit eines Symmetriezentrums muß für jeden Reflex statt nur des Vorzeichens der Phasenwinkel Φ bestimmt werden. Man muß also auf die allgemeine Form der Sayre–Gleichung (Gl.54) zurückgreifen, die die Strukturfaktoren als komplexe Zahlen enthält. Analog zur Beziehung zwischen den Vorzeichen in Reflextripletts (Gl.56) kann man eine Beziehung zwischen den Phasenwinkeln ableiten:

$$\Phi_H \approx \Phi_{H'} + \Phi_{H-H'} \tag{59}$$

Man versucht, eine Phase Φ_H aus möglichst vielen $\sum_2$–Beziehungen zu bestimmen. *Karle und Hauptmann* leiteten dazu die sog. *Tangensformel* ab,

$$tan\Phi_H = \frac{\sum_{H'} \kappa \cdot sin(\Phi_{H'} + \Phi_{H-H'})}{\sum_{H'} \kappa \cdot cos(\Phi_{H'} + \Phi_{H-H'})} \tag{60}$$

8.3 Direkte Methoden

in der man über alle geeigneten Tripletts summiert. In den Größen $\kappa = \frac{1}{\sqrt{N}}|E_H E_{H'} E_{H-H'}|$ steckt wieder eine Gewichtung nach Wahrscheinlichkeiten analog zu Gl.57.

Außer der Triplettbeziehung in Gl.58 sind auch noch komplexere Beziehungen verwendet worden. Eine wichtige davon ist die in Quartetts:

$$\Phi_4 \approx \Phi_{H1} + \Phi_{H2} + \Phi_{H3} + \Phi_{H1+H2+H3} \qquad (61)$$

Wenn das Produkt aller beteiligten E–Werte $E_{H1}E_{H2}E_{H3}E_{H1+H2+H3}$ groß ist, kann man aus den Intensitäten der „Kreuzglieder" E_{H1+H2}, E_{H1+H3} und E_{H2+H3} auf die resultierenden Phasenwinkel Φ_4 schließen: Sind sie stark, so ist Φ_4 bei 0, man spricht dann von einem *positiven Quartett*. Sind sie alle schwach, so liegt Φ_4 bei 180°, und man hat ein *negatives Quartett*. Der Wert solcher komplizierterer Beziehungen liegt nicht so sehr in der Berechnung neuer Phasen, sondern in der Beurteilung der Brauchbarkeit der verschiedenen Lösungsvorschläge (s.unten).

8.3.5 Nullpunktswahl

Hat man eine zentrosymmetrische Struktur vorliegen, so befinden sich ja (siehe Kap. 6, Abb.40) außer im Ursprung der Elementarzelle weitere äquivalente Inversionszentren in den Positionen $\frac{1}{2}, 0, 0; 0, \frac{1}{2}, 0; 0, 0, \frac{1}{2}$, auf den Flächenmitten und im Zentrum der Zelle. Man kann eine Struktur natürlich genauso beschreiben, indem man den Ursprung in ein anderes Zentrum verschiebt. Dazu braucht man nur die entsprechenden Verschiebungsvektoren zu allen Atomparametern der Struktur zu addieren, zu allen x–Parametern z.B. 0.5. Das wirkt sich nicht auf die Amplituden der gebeugten Wellen aus, wohl aber auf ihre Phasen, die sich alle gleichsinnig verschieben (Tab. 10). Dies kann man sich leicht am Beispiel eines Reflexes 100 klarmachen. Sitzt das phasenbestimmende Atom im Nullpunkt, so ist die Phase 0°, das Vorzeichen positiv, verschiebt man nach $\frac{1}{2}, 0, 0$, wird die Phase 180°, das Vorzeichen negativ. Durch Festlegung eines positiven Vorzeichens für diesen Reflex legt man also den Nullpunkt auf die erste Möglichkeit fest. Entsprechendes kann man nun für die beiden anderen Raumrichtungen tun, wobei man geeignete „unabhängige" Indices wählen muß.

Nicht geeignet sind z.B. Reflexe mit nur geraden Indices, da sie auf jede Verschiebung um $\frac{1}{2}$ mit einer Phasenverschiebung von $2\pi = 360°$ reagieren (wie man durch Einsetzen von $hkl = 222$ in Gl.57 nachvollziehen kann). Man nennt sie *strukturinvariant*. Man wird zweckmäßigerweise solche Reflexe zur Nullpunktsdefinition auswählen, die in vielen $\sum_2$–Beziehungen mit guten Wahrscheinlichkeiten beteiligt sind. Man nennt die $\sum_2$–Beziehungen in

Tabelle 10: Phasenänderungen bei Nullpunktsverschiebungen

Reflexklasse Nullpunkt	ggg	ugg	gug	ggu	uug	ugu	guu	uuu
0, 0, 0	+	+	+	+	+	+	+	+
$\frac{1}{2}$, 0, 0	+	−	+	+	−	−	+	−
0, $\frac{1}{2}$, 0	+	+	−	+	−	+	−	−
0, 0, $\frac{1}{2}$	+	+	+	−	+	−	−	−
$\frac{1}{2}$, $\frac{1}{2}$, 0	+	−	−	+	+	−	−	+
$\frac{1}{2}$, 0, $\frac{1}{2}$	+	−	+	−	−	+	−	+
0, $\frac{1}{2}$, $\frac{1}{2}$	+	+	−	−	−	−	+	+
$\frac{1}{2}$, $\frac{1}{2}$, $\frac{1}{2}$	+	−	−	−	+	+	+	−

Tripletts auch *seminvariant*, da die Phasenbeziehung selbst *unabhängig vom gewählten Nullpunkt* gilt, die tatsächlichen Werte der drei Phasen aber vom aktuellen Nullpunkt abhängen.

8.3.6 Strategien zur Phasenbestimmung

Alle wichtigen Strategien, eine Struktur mit direkten Methoden zu lösen, basieren darauf, am Anfang einen Startsatz von Reflexen mit *bekannten Phasen* aufzustellen. Dann wird in einer Liste der stärksten E–Werte, meist einige hundert umfassend, nach Reflextripletts gesucht, in denen mit möglichst hoher Wahrscheinlichkeit neue Phasen aus den bekannten des Startsatzes gewonnen werden können. Wie man nun auf dieser Basis mit der Phasenberechnung weiter verfährt, darin unterscheiden sich die in verschiedenen Arbeitsgruppen entwickelten Methoden, die in Programmsystemen verfügbar sind (s. unten). Sind für genügend E–Werte die Phasen richtig bestimmt, so kann damit, wie mit den Strukturfaktoren selbst, eine Fouriersynthese gerechnet werden, die ein meist schon recht vollständiges Strukturmodell liefert, das dann weiter komplettiert wird.

Startsätze. Für den Startsatz werden natürlich stets die den Nullpunkt definierenden Reflexe verwendet, dann werden z.T. die über die erwähnten $\sum_1$–Beziehungen gewonnenen Phasen hinzugenommen. Meist genügt ein solcher Startsatz jedoch immer noch nicht für eine problemlose Phasenbestimmung des ganzen Datensatzes. Beim weiteren Vorgehen haben sich hauptsächlich folgende Varianten durchgesetzt:

8.3 Direkte Methoden

Symbolische Addition. Man nimmt wenige (z.B. 4) in möglichst vielen Tripletts beteiligte Reflexe und gibt den unbekannten Phasen „Symbole" a, b, c... Nun sucht man im Satz der Tripletts nach Beziehungen, in denen diese Symbole untereinander verknüpft sind. Hat man mehr unabhängige Beziehungen als unbekannte Symbole, so kann man daraus dann die Phasenwerte selbst ausrechnen. Nach dieser auf Zachariasen [33] zurückgehenden Methode wurden früher viele Strukturen organischer Verbindungen „von Hand" gelöst. Heute arbeitet z.B. das Programm SIMPEL von H.Schenk [60] anfangs nach dieser Technik, wobei auch Quartetts einbezogen werden. Sind auf diese Weise die stärksten Reflexe mit Phasen versehen, werden die des restlichen Datensatzes numerisch durch Ausnutzen der $\sum_2$-Beziehungen oder, bei nicht zentrosymmetrischen Strukturen, durch Anwendung der Tangensformel bestimmt.

'Multisolution' Methoden. Bei dieser Methode werden für alle zusätzlich in den Startsatz aufgenommenen Reflexe die Phasen willkürlich auf einen bestimmten Wert festgesetzt und alle Kombinationsmöglichkeiten permutiert. Bei zentrosymmetrischen Strukturen müssen dazu alle Kombinationen der Vorzeichen + oder − für die n zusätzlichen Reflexe eingesetzt werden, was zu 2^n möglichen Startsätzen führt. Bei 20 Reflexen sind dies bereits über 10^6 Varianten. Von jedem dieser Startsätze aus wird nun eine Ausdehnung der Phasen auf die restlichen Reflexe aufgrund der Triplettbeziehungen versucht. Nur beim „richtigen" oder beinahe richtigen Start führt dies ohne Widersprüche zum Ziel. Im nicht zentrosymmetrischen Fall enthält der Startsatz Reflexe, bei denen der Phasenwinkel in Schritten von ca. 30–50° variiert wird, was die Zahl der Permutationen natürlich noch erheblich erhöht. Die Berechnung und Verfeinerung der Phasenwinkel geschieht dann über die Tangensformel (Gl.60). Wegen der höheren Ungenauigkeit einer solchen Winkelbestimmung sind nicht zentrosymmetrische Strukturen generell schwieriger zu lösen als zentrosymmetrische. Das in einer abschließenden Fouriersynthese auf Grund der besten Lösung sich abzeichnende Strukturmodell ist oft noch unvollständig.

Bei der praktischen Durchführung dieser Prozeduren gibt es verschiedene Philosophien. Waren frühere Konzepte, einen relativ kleinen Startsatz von etwa 6–12 Reflexen sehr sorgfältig zusammenzustellen und die Phasenausbreitung über kritisch ausgewählte Tripletts vorzunehmen, wegen der optimalen Nutzung damals knapper Rechenzeit sehr erfolgreich, so werden heute eher Methoden mit großem Startsatz, dessen Phasen durch Zufallsgenerator erzeugt werden, bevorzugt. Die verbreitetsten Programme, die auf diese Weise arbeiten, sind *MULTAN* [61] und *SHELXS* [62] und SIR [63]. In den letzten Jahren richtete sich die Entwicklung der direkten Methoden hauptsächlich auf die Bestimmung sehr großer Strukturen. Dabei wird z.B. bei der *"shake and bake"*–Methode [81] Optimierung eines durch Zufallsgenerator erzeugten Strukturmodells im realen Raum mit Phasen–Verfeinerung im reziproken Raum kombiniert.

'Figures of Merit'. Da dabei eine enorme Anzahl an Lösungsversuchen anfällt, die nicht einzeln durch Fouriersynthesen auf chemisch vernünftige Strukturfragmente durchsucht werden können, sind eine Reihe von sogenannten „*Figures of Merit*" (*FOM*) eingeführt worden, die z.T. noch während des Phasenbestimmungsprozesses eine Beurteilung der Lösungsqualität im Programm ermöglichen sollen, so daß am Ende der Rechnung nur eine kleine Auswahl möglicher Lösungen übrigbleibt. Die im Programm *MULTAN* benutzten *FOM*s sind z.B. $'ABSFOM', 'Psi(0)'$ und ein 'residual R_α'. Der *ABSFOM*-Wert wird nur aus den starken E–Werten berechnet und ist ein Maß für die Konsistenz der zur Phasenbestimmung benutzten Triplett-Beziehungen. Sein Wert sollte bei einer richtigen Lösung über 1 liegen, meist ist er bei 1.1–1.3.

$Psi(0)$ wird nur aus den schwächsten E–Werten berechnet, es sollte möglichst kleine Werte annehmen. Mit $Psi(0)$ werden die Spezialfälle der Sayre-Gleichung (Gl.54) ausgenutzt, in denen zwei Produkte jeweils starker E-Werte sich etwa zu Null addieren. In zentrosymmetrischen Fällen, vor allem in Raumgruppe $P\bar{1}$, kann es zu sog. „Uranatom–Lösungen" kommen, bei denen alle Phasen positiv werden und deshalb in der Fouriersynthese nur ein schweres Atom im Ursprung erscheint. Dabei wird M_{abs} groß, $Psi(0)$ jedoch ermöglicht oft trotzdem die Identifizierung der richtigen Lösung.

Der R_α–Wert entspricht von der Größe her etwa dem konventionellen Zuverlässigkeitsfaktor, wie er am Ende von Verfeinerungen berechnet wird (siehe Kap. 9.3), jedoch werden hier statt der Strukturfaktoren die Differenzen zwischen den tatsächlich ermittelten Wahrscheinlichkeiten für die Phasenbestimmung aus den aktuellen Triplettbeziehungen und theoretischen Erwartungswerten verwendet. Er sollte unter ca. 0.3 liegen. Aus allen drei Werten zusammengesetzt ist schließlich der „Combined Figure of Merit" CFOM, der wieder möglichst groß sein sollte.

Im *SHELXS-97*–Programm entspricht dabei der *FOM*-Wert M_{abs} dem *ABSFOM*–Wert aus dem *MULTAN*–Programm, während der *NQUAL*-Wert schwache E–Werte benutzt, also mit dem $Psi(0)$-Wert korreliert ist. Er sollte möglichst negative Werte annehmen. Die Verwendung von Beziehungen in 'negativen Quartetts' macht diesen *FOM* besonders unanfällig für Pseudolösungen. Auch im *SHELXS-97*–Programm wird der R_α–Wert verwendet. Der aus diesem und dem *NQUAL*-Wert kombinierte *CFOM*-Wert sollte für die richtige Lösung möglichst klein sein.

In Fällen, in denen reine Pattersonmethoden nicht mehr zum Erfolg führen und reine direkte Methoden nicht greifen, können eventuell kombinierte Me-

8.3 Direkte Methoden

thoden helfen: Das Programm *DIRDIF* [65] benutzt z.B. direkte Methoden zur Lösung von „Differenzstrukturen". Wenn man aus einer Pattersonsynthese eine Schweratomlage entnehmen kann, die noch nicht ausreicht, um mit Fouriermethoden weiterzukommen, oder wenn man mit den direkten Methoden alleine nur ein unzureichendes Strukturfragment erkennen kann, so kann man die mit dieser Teilstruktur berechneten F_c–Werte von den gemessenen F_o–Daten subtrahieren:

$$F_{rest} = F_o - F_{c(Teil)} \tag{62}$$

Die F–Werte der Reststruktur werden nun normalisiert und über Triplett–Beziehungen bzw. die Tangensformel eine Bestimmung und Verfeinerung der Phasen versucht. Bei Erfolg wird damit auch die Reststruktur durch Fouriersynthese zugänglich.

Eine andere, im Programm *PATSEE* [59] realisierte Methode verknüpft Patterson–Fragment–Suchverfahren und direkte Methoden.

Problemstrukturen. Die erwähnten Programmsysteme sind inzwischen so leistungsfähig und komfortabel, die Schnelligkeit der modernen Rechner so groß, daß die meisten Molekülstrukturen fast zur Enttäuschung des Kristallographen ohne sein großes Zutun automatisch gelöst werden. Geschieht dies nicht auf Anhieb, so doch oft nach Erweiterung des Startsatzes und/oder nach Vergrößerung der verwendeten Liste von starken E–Werten. Die direkten Methoden greifen am besten, wenn viele translationshaltige Symmetrieelemente vorhanden sind. Gelegentlich treten Nullpunkts–Probleme in Raumgruppe $P\bar{1}$ auf, die eine Lösung mit direkten Methoden verhindern können (s. Kap. 11.5). Ein vor allem beim Arbeiten mit kleinem Startsatz bewährter Trick bei auftretenden Problemen ist das Weglassen von aus $\sum_1$–Beziehungen stammenden Reflexen oder das vorübergehende Eliminieren des stärksten E–Werts. Erfahrungsgemäß liegt in Fällen, wo trotzdem keine Lösung gefunden wird, der Grund meist nicht in den angewandten Methoden, sondern im gemessenen Datensatz, in der Wahl einer falschen Raumgruppe und/oder Elementarzelle (siehe Kap. 11).

9 Strukturverfeinerung

Mit den im Kapitel 8 beschriebenen Methoden gelingt es normalerweise, ein *Strukturmodell* zu erhalten, das durch einen Satz von Atomkoordinaten x_i, y_i, z_i für jedes der i Atome der asymmetrischen Einheit die Struktur im Wesentlichen richtig beschreibt. Es enthält jedoch noch mehr oder weniger große Fehler in diesen Parametern, die in Unzulänglichkeiten der Lösungsmethoden, der Bestimmung von Elektronendichtemaxima aus Fouriersynthesen und natürlich Fehlern im Datensatz begründet sind. Dies führt dazu, daß die mit diesem Modell für die einzelnen Reflexe hkl berechneten Strukturfaktoren F_c bzw. die Intensitäten F_c^2 mit den beobachteten Werten nicht genau übereinstimmen, sondern daß für jeden Reflex ein Fehler Δ_1 bzw. Δ_2 auftritt:

$$\begin{aligned}\Delta_1 &= ||F_o| - |F_c|| \\ \Delta_2 &= |F_o^2 - F_c^2|\end{aligned} \qquad (63)$$

Darin sind Fehler im Modell *und* im Datensatz enthalten. Man führt deshalb nun Optimierungsschritte ein, durch die die Parameter des Strukturmodells so variiert werden, daß diese Differenzen möglichst klein werden. Dieses so gut wie möglich optimierte Strukturmodell ist dann das, was man als Ergebnis der Röntgenstrukturanalyse betrachtet, ist „die Kristallstruktur".

9.1 Methode der kleinsten Fehlerquadrate

Die mathematische Methode, derer man sich dabei meist bedient, ist als Methode der kleinsten Fehlerquadrate („*least squares*"–Methode) wohlbekannt. Sie läßt sich immer anwenden, wenn eine physikalische Größe (z.B. Q), die der Messung zugänglich ist, linear von den interessierenden Variablen (z.B. x, y, z) abhängt wie in Gl.64

$$Q_N = A_N x + B_N y + C_N z \qquad (64)$$

und durch Variation von bekannten Parametern A, B, C eine Reihe von N Messungen möglich wird, deren theoretische Resultate sich alle durch diese Gleichung beschreiben lassen. Ist die Zahl N der Messungen größer als die Zahl der zu bestimmenden Variablen, sind diese „überbestimmt" und lassen sich aufgrund der Meßwerte berechnen. Der „richtige" Wert $Q_{N(c)}$, wie er bei optimalen Variablen x, y, z zu berechnen wäre, wird bei jedem Messwert $Q_{N(o)}$ durch einen Meßfehler Δ_N verfälscht, aber auch durch noch nicht optimale Variablen x, y, z:

$$\begin{aligned}Q_{N(c)} &= Q_{N(o)} + \Delta_N = A_N x + B_N y + C_N z \\ \Delta_N &= A_N x + B_N y + C_N z - Q_{N(o)}\end{aligned} \qquad (65)$$

9.1 Methode der kleinsten Fehlerquadrate

Die besten Variablen x, y, z erhält man nun dadurch, daß man sie so korrigiert, daß die Summe der Fehlerquadrate Δ_N^2 über alle N Messungen ein Minimum ergibt, also nach der „Methode der kleinsten Fehlerquadrate". Ein Minimum von $\sum \Delta^2$ wird erreicht, wenn bei einer kleinen Änderung einer Variablen sich die Q–Werte nicht mehr ändern, mathematisch ausgedrückt, wenn ihre partiellen Ableitungen nach den Variablen Null ergeben:

$$\sum_N \Delta_N \frac{\partial Q_{N(c)}}{\partial x} = \sum_N \Delta_N \frac{\partial Q_{N(c)}}{\partial y} = \sum_N \Delta_N \frac{\partial Q_{N(c)}}{\partial z} = 0 \qquad (66)$$

Bei einer Strukturbestimmung sind die zu minimalisierenden Fehlerquadratsummen aus den in Gl.63 formulierten Unterschieden Δ_1 bzw. Δ_2 zwischen beobachteten und mit dem Strukturmodell berechneten Strukturfaktoren F_o bzw. F_c, oder den (korrigierten) Intensitäten F_o^2 bzw. F_c^2 für alle Reflexe zu erhalten:

$$\begin{aligned}\sum_{hkl} w \Delta_1^2 &= \sum_{hkl} w(|F_o| - |F_c|)^2 = Min. \\ \sum_{hkl} w' \Delta_2^2 &= \sum_{hkl} w'(F_o^2 - F_c^2)^2 = Min.\end{aligned} \qquad (67)$$

Verwendet man Δ_1–Werte, so sagt man auch, man verfeinert „gegen F_o–Daten", benutzt man Δ_2–Werte, verfeinert man „gegen F_o^2–Daten". Auf die Unterschiede beider Methoden wird weiter unten eingegangen, das Symbol Δ soll beide Möglichkeiten einschließen. Der Faktor w in Gl.67 gibt den einzelnen Differenzen *Gewichte*, die dafür sorgen sollen, daß Fehler bei weniger gut bestimmten Reflexen weniger stark „zählen" als solche bei genau vermessenen Größen (siehe unten Kap. 9.2). Damit beobachtete und berechnete Größen direkt vergleichbar sind, werden sie nach jeder Veränderung mit einem *Skalierungsfaktor k* aufeinander skaliert:

$$k_1 = \frac{\sum |F_o|}{\sum |F_c|} \qquad k_2 = \frac{\sum F_o^2}{\sum F_c^2} \qquad (68)$$

Er wird in den folgenden Gleichungen nicht extra mitgeführt.

Zur Minimalisierung der Fehlerquadratsummen müssen wir nun die partiellen Ableitungen nach allen zu bestimmenden Variablen, den Atomparametern p_i bilden und deren Summe = Null setzen. Die Atomparameter umfassen die Ortskoordinaten und Auslenkungsfaktorkoeffizienten für jedes Atom der Elementarzelle und evtl. weitere Parameter: $p_i = x_1, y_1, z_1, U^{11(1)}, U^{22(1)}, U^{33(1)}, U^{23(1)}, U^{13(1)}, U^{12(1)}, x_2, y_2, z_2, U^{11(2)}, U^{22(2)} \ldots$,

$$\sum_{hkl} w(|F_o| - |F_c|) \frac{\partial F_c}{\partial p_i} = 0 \qquad (69)$$

Pro Atom sind also normalerweise 9, wird ein isotroper Auslenkungsfaktor verfeinert, nur 4 Parameter zu optimieren.

Da die Variable F_c nicht linear von den zu optimierenden n Parametern p_i abhängt, zerlegt man sie in einen konstanten Startwert $F_{c(0)}$, der durch das Strukturmodell vorgegeben ist, und in die kleinen (!) Änderungen

$$\Delta F_c = \frac{\partial F_c}{\partial p_i} \Delta p_i \tag{70}$$

mit den Atomparametern p_i. Damit ergibt sich der Ausdruck

$$F_c = F_{c(0)} + \frac{\partial F_c}{\partial p_1}\Delta p_1 + \frac{\partial F_c}{\partial p_2}\Delta p_2 + \cdots \frac{\partial F_c}{\partial p_n}\Delta p_n \tag{71}$$

Sind die Verschiebungen Δp_i der Parameter p_i klein gegen die Startwerte $p_{i(0)}$ des Strukturmodells (das ist nur dann der Fall, wenn es weitgehend richtig ist!), so kann man, von diesen ausgehend, die Strukturfaktorbeiträge dieser kleinen Verschiebungen in eine *Taylorreihe* entwickeln, z.B. für den ersten Parameter x_1:

$$\begin{aligned}
F_c(x_1) &= f \cdot e^{i2\pi h x_1} \\
&= f \cdot e^{i2\pi h(x_{1(0)} + \Delta x_1)} \\
&= f \cdot e^{i2\pi h x_{1(0)}} \cdot e^{i2\pi h \Delta x_1} \\
&= f \cdot e^{i2\pi h x_{1(0)}} \cdot [1 + \frac{i2\pi h \Delta x_1}{1!} + \frac{i2\pi h \Delta x_1^2}{2!} \cdots]
\end{aligned} \tag{72}$$

Bricht man die Taylor-Reihe nach dem zweiten linearen Glied ab, so bleibt

$$F_c(x_1) = f \cdot e^{i2\pi h x_{1(0)}} + f \cdot i2\pi h \Delta x_1 \cdot e^{i2\pi h x_{1(0)}} \tag{73}$$

Damit kann man leicht die partielle Ableitung bilden, da die e–Funktionen nun Konstanten sind.

$$\frac{\partial F_c}{\partial x_1} = f \cdot i2\pi h \cdot e^{i2\pi h x_{1(0)}} \tag{74}$$

Setzt man die nach Gl.71 zerlegten F_c-Werte in die ursprüngliche Minimalisierungsbedingung der Gl.69 ein, so erhält man

$$\sum_{hkl} w\{F_o - F_{c(0)} - \frac{\partial F_c}{\partial p_1}\Delta p_1 - \frac{\partial F_c}{\partial p_2}\Delta p_2 - \cdots \frac{\partial F_c}{\partial p_n}\Delta p_n\}\frac{\partial F_c}{\partial p_i} = 0 \tag{75}$$

Umordnung und Vorzeichenwechsel ergibt die *Normalgleichungen* (für jeden Parameter eine):

9.1 Methode der kleinsten Fehlerquadrate

$$\begin{aligned}
\sum_{hkl} w(\frac{\partial F_c}{\partial p_1})^2 \Delta p_1 &+ \sum_{hkl} w \frac{\partial F_c}{\partial p_1}\frac{\partial F_c}{\partial p_2} \Delta p_2 &\cdots +& \sum_{hkl} w \frac{\partial F_c}{\partial p_1}\frac{\partial F_c}{\partial p_n} \Delta p_n &=& \sum_{hkl} w \Delta_1 \frac{\partial F_c}{\partial p_1}\\
\sum_{hkl} w(\frac{\partial F_c}{\partial p_2}\frac{\partial F_c}{\partial p_1}) \Delta p_1 &+ \sum_{hkl} w(\frac{\partial F_c}{\partial p_2})^2 \Delta p_2 &\cdots +& \sum_{hkl} w \frac{\partial F_c}{\partial p_2}\frac{\partial F_c}{\partial p_n} \Delta p_n &=& \sum_{hkl} w \Delta_1 \frac{\partial F_c}{\partial p_2}\\
\cdots\cdots\cdots &+ \cdots\cdots\cdots &\cdots +& \cdots\cdots\cdots &=& \cdots\cdots\cdots\\
\sum_{hkl} w(\frac{\partial F_c}{\partial p_n}\frac{\partial F_c}{\partial p_1}) \Delta p_1 &+ \sum_{hkl} w(\frac{\partial F_c}{\partial p_n}\frac{\partial F_c}{\partial p_2}) \Delta p_2 &\cdots +& \sum_{hkl} w(\frac{\partial F_c}{\partial p_n})^2 &=& \sum_{hkl} w \Delta_1 \frac{\partial F_c}{\partial p_n}
\end{aligned}$$

Schreibt man für $\sum_{hkl} w \frac{\partial F_c}{\partial p_i}\frac{\partial F_c}{\partial p_j} = a_{ij}$ und für $\sum_{hkl} w \Delta_1 \frac{\partial F_c}{\partial p_i} = v_i$, so bekommen die Normalgleichungen die Form

$$\begin{aligned}
a_{11}\Delta p_1 + a_{12}\Delta p_2 &\ldots + a_{1n}\Delta p_n &= v_1\\
a_{21}\Delta p_1 + a_{22}\Delta p_2 &\cdots + a_{2n}\Delta p_n &= v_2\\
\cdots\cdots \quad \cdots\cdots &\cdots \quad \cdots\cdots &\cdots\\
a_{n1}\Delta p_1 + a_{n2}\Delta p_2 &\cdots + a_{nn}\Delta p_n &= v_n
\end{aligned} \qquad (76)$$

Ein solches Gleichungssystem läßt sich in Matrixform schreiben und mit Hilfe der Matrizenrechnung auswerten.

$$\begin{pmatrix} a_{11} & a_{12} & \ldots & a_{1n} \\ a_{21} & a_{22} & \ldots & a_{2n} \\ \ldots & \ldots & \ldots & \ldots \\ a_{n1} & a_{n2} & \ldots & a_{nn} \end{pmatrix} \begin{pmatrix} \Delta p_1 \\ \Delta p_2 \\ \ldots \\ \Delta p_n \end{pmatrix} = \begin{pmatrix} v_1 \\ v_2 \\ \ldots \\ v_n \end{pmatrix} \qquad (77)$$

abgekürzt: $\boldsymbol{A}\,\Delta \boldsymbol{p} = \boldsymbol{v}$

Führt man die zu $\boldsymbol{A}$ inverse Matrix $\boldsymbol{A}^{-1}$ mit den Elementen b_{ij} ein, so gilt wegen

$$\begin{aligned}
\boldsymbol{A}^{-1}\boldsymbol{A}\Delta \boldsymbol{p} &= \boldsymbol{A}^{-1}\boldsymbol{v}\\
\Delta \boldsymbol{p} &= \boldsymbol{A}^{-1}\boldsymbol{v}
\end{aligned} \qquad (78)$$

Daraus lassen sich nun die Parameterverschiebungen berechnen, die das Strukturmodell verbessern. Gleichzeitig kann man aus den Diagonalelementen b_{ii} der inversen Matrix $\boldsymbol{A}^{-1}$ die Standardabweichungen dieser Parameter berechnen:

$$\sigma(p_i) = \sqrt{\frac{b_{ii}(\sum w\Delta^2)}{m-n}} \qquad (79)$$

(m = Zahl der Reflexe, n = Zahl der verfeinerten Parameter)

Wegen der groben Vereinfachung auf eine lineare Abhängigkeit in Gl. 70 entspricht das Resultat jedoch nicht einer mathematisch exakten Lösung. Man wiederholt deshalb den Vorgang in mehreren *Zyklen* so oft, bis die Veränderungen der Atomparameter Δp_i klein sind gegenüber ihren Standardabweichungen (normal weniger als 1%), bis die Verfeinerung „konvergiert".

Korrelationen. Dies ist gelegentlich schwierig oder gar nicht zu erreichen, manchmal oszilliert eine Verfeinerung, d.h. positive und negative Parameterverschiebungen ('shifts') wechseln von Zyklus zu Zyklus ab, ohne daß deren Beträge kleiner werden. Manchmal „explodiert" eine Verfeinerung, die Parameterverschiebungen wachsen exponentiell, bis das Programm z.B. mit der Fehlermeldung „arithmetic overflow" abgebrochen wird. Dies hat meist seinen Grund darin, daß Paare von Parametern nicht unabhängig voneinander bestimmt werden können, sondern miteinander *korreliert* sind. Das bedeutet anschaulich, daß die physikalische Auswirkung einer Veränderung des ersten Parameters auf das berechnete Beugungsbild ähnlich auch mit einer Änderung des zweiten Parameters bewirkt werden könnte. Ein Maß dafür ist der Korrelationskoeffizient, der Werte von 0 (keine Korrelation) bis 1 (vollständige Korrelation) annehmen kann. Die Korrelationskoeffizienten lassen sich aus den Nichtdiagonalgliedern der inversen Matrix $\boldsymbol{A}^{-1}$ berechnen:

$$\kappa_{ij} = \frac{b_{ij}}{\sqrt{b_{ii}}\sqrt{b_{jj}}} \tag{80}$$

Normalerweise liegen sie unter 0.5, ab 0.7–0.8 machen sie sich störend bemerkbar, indem sie die Konvergenz der Verfeinerung verringern und die Standardabweichungen der beteiligten Parameter vergrößern. Oft liegt der Grund für hohe Korrelationen in fehlerhafter Behandlung der Symmetrie begründet, z.B. darin, daß man in einer zu niedrigen Raumgruppe rechnet (siehe Kap. 11.4).

Als Beispiel sei eine Struktur richtig in der Raumgruppe $C2/c$ beschrieben, jedoch in Cc verfeinert. Ein solcher Fehler findet sich in der Literatur häufig [34]. Für ein Atompaar, das in $C2/c$ durch die 2–zählige Achse erzeugt wird, genügt die Verfeinerung eines Parametersatzes x, y, z, denn die Koordinaten des zweiten Atoms werden durch die Symmetrieoperation $\bar{x}, y, \frac{1}{2} - z$ daraus generiert. In Cc müssen dafür zwei unabhängige Atomlagen $x_1 y_1 z_1$ und $x_2 y_2 z_2$ verfeinert werden. Da sie in Wirklichkeit jedoch über die Symmetrieoperation miteinander zusammenhängen, findet man Korrelationskoeffizienten nahe 1 für die Parameterpaare $x_1/x_2, y_1/y_2, z_1/z_2$ und natürlich auch für die Auslenkungsfaktoren.

Die Ordnung der quadratischen Matrizen entspricht der Zahl der zu bestimmenden Parameter: bei einer größeren Struktur mit z.B. 80 Nicht–H–Atomen in der asymmetrischen Einheit, die alle mit anisotropen Auslenkungsfaktoren verfeinert werden sollen, ist diese Ordnung z.B. 80 x 9 = 720. Das Aufstellen,

9.1 Methode der kleinsten Fehlerquadrate

Invertieren und Ausmultiplizieren solch großer Matrizen stieß bei früheren Computern schnell an Grenzen sowohl beim Speicherplatz als auch bei der Rechenzeit. Deshalb wurden bei größeren Strukturen nicht alle Parameter gleichzeitig in einem Zyklus verfeinert, sondern im *Block–Diagonalmatrix–*Verfahren Teile der Struktur abwechselnd. Bei modernen Rechnern und Programmen ist dies kaum mehr nötig, so daß auf eine weitere Behandlung dieser Methode verzichtet wird (siehe dazu z.B. [9,10]).

9.1.1 Verfeinerung gegen F_o– oder F_o^2–Daten.

Wie eingangs erwähnt, kann man sowohl die Fehler in den Beträgen der Strukturfaktoren $\Delta_1 = ||\,F_o\,| - |\,F_c\,||$ als auch die in den Intensitäten $\Delta_2 = |\,F_o^2 - F_c^2\,|$ zur Grundlage der Verfeinerung machen, bei der dann $\sum w\Delta^2$ minimalisiert wird. In der Vergangenheit wurde ganz überwiegend „gegen F_o–Daten verfeinert", also Δ_1 verwendet. Bei dieser Methode tritt bei sehr schwachen Reflexen das Problem auf, daß auf Grund der Zählstatistik gelegentlich auch negative F_o^2–Werte erhalten werden, wenn zufällig der Untergrund etwas höher gemessen wird als der Reflexbereich. Bei der Umrechnung auf F_o–Werte können diese Daten nicht direkt verwendet werden, da man aus einer negativen Zahl nicht die Wurzel ziehen kann. Man behilft sich dann dadurch, daß man z.B. bei allen F_o^2–Werten, die „nicht beobachtbar", z.B. kleiner als ihr $\sigma(F_o^2)$ sind, einen kleinen positiven F_o–Wert (z.B. $\sigma(F_o)/4$) zuordnet, um sie bei den direkten Methoden verwenden zu können. Damit bringt man jedoch einen systematischen Fehler in den Datensatz. Bei den Verfeinerungen werden die schwachen Reflexe deshalb meist unterdrückt, indem man ein sogenanntes σ–Limit einführt, also nur Reflexe benützt, die größer als z.B. 2–4 $\sigma(F_o)$ sind. Dabei verliert man jedoch Information, denn in der Tatsache, daß ein Reflex schwach ist, sich also die Streuamplituden aller Atome der Zelle vektoriell etwa zu 0 addieren, ist prinzipiell ähnlich signifikante Information enthalten wie in der Tatsache, daß sie sich zu einem großen Wert addieren.

Dieses Problem taucht nicht auf, wenn die F_o^2–Daten direkt verwendet werden, wenn man also $\sum w\Delta^2 = \sum w(F_o^2 - F_c^2)^2$ minimalisiert. Hier können alle gemessenen Daten, einschließlich negativer F_o^2–Werte zur Verfeinerung herangezogen werden. Die Erfahrung zeigt, daß bei guten Datensätzen mit wenig schwachen Reflexen die Ergebnisse nach beiden Verfeinerungsmethoden sehr ähnlich sind. Bei schwachen Datensätzen und in Problemfällen wie z.B. bei Überstrukturen (siehe Kap. 11) ist die Verfeinerung gegen F_o^2–Daten deutlich überlegen, die erzielten Standardabweichungen der verfeinerten Atomparameter liegen meist 10–50% unter denen bei Verfeinerung gegen F_o–Daten, die

Auslenkungsfaktoren nehmen physikalisch sinnvollere Werte an, die abgeleiteten Bindungslängen werden chemisch plausibler. Deshalb ist diese Verfeinerungstechnik generell vorzuziehen. Nachdem seit 1993 das bei Strukturbestimmungen am meisten benutzte SHELX-Programmsystem im Verfeinerungs-Programm SHELXL [68] gegen F_o^2–Daten verfeinert, hat diese Methode große Verbreitung gefunden. Bei dem in Kap. 15 aufgeführten praktischen Beispiel einer Strukturbestimmung wird sie deshalb auch benutzt.

Außer den geschilderten üblichen linearen Kleinste–Fehlerquadrate–Methoden gibt es auch verschiedene Algorithmen für nicht–lineare „least squares"–Verfeinerungen. Außerdem werden z.T. ganz andere Wege zur Strukturverfeinerung beschritten wie die der „Entropie–Maximierung". Hier sei z.B. auf eine Übersicht in den Intern. Tables C, Kap. 8.2 verwiesen.

9.2 Gewichte

In Gl.67 wurden für die Δ_1– bzw. Δ_2–Werte Gewichtungsfaktoren w eingeführt, die bei der Verfeinerung berücksichtigen sollen, daß die Reflexe eines Datensatzes mit unterschiedlicher Genauigkeit gemessen wurden. Der wichtigste Beitrag zum Fehler einer gemessenen Intensität F_o^2 bzw. des daraus abgeleiteten Strukturfaktors F_o ist die Standardabweichung σ aus der Zählstatistik der Diffraktometermessung (siehe Kap. 7.5). Sie ist bei schwachen Reflexen höher als bei starken. In vielen Fällen, vor allem wenn man gegen F_o–Daten verfeinert, genügt es, nur diesen Fehler in das Gewichtsschema aufzunehmen und für jeden Reflex das Gewicht nach

$$w = 1/\sigma^2 \tag{81}$$

zu berechnen. Verfeinert man gegen F_o–Daten, wird $\sigma(F_o)$ eingesetzt, bei Verwendung von F_o^2–Daten entsprechend $\sigma(F_o^2)$. Bei Intensitätsdaten, die auf Flächendetektorsystemen vermessen wurden, ist die Berechnung von Standardabweichungen offenbar ein kritischer Punkt. Im Vergleich mit denen von Vierkreisdiffraktometern erscheinen sie deutlich unterschätzt und variieren von Gerät zu Gerät. Einen gewissen Ausgleich schafft hier die unten erwähnte Optimierung des Gewichtsschemas.

Leider enthalten die Meßdaten jedoch nicht nur die statistischen Fehler sondern auch meist mehr oder weniger deutliche systematische Fehler. Sie sind hauptsächlich auf unzureichend oder nicht korrigierte *Absorptions–* (Kap. 7.4.3) und/oder in Kap. 10.5 behandelte *Extinktionseffekte* zurückzuführen und betreffen, hauptsächlich bei letzteren, besonders die starken Reflexe bei niedrigen Beugungswinkeln. Es ist natürlich stets besser, solche Fehler sorgfältig zu korrigieren. Da dies jedoch nur selten optimal gelingt, pflegt man dies

9.2 Gewichte

durch eine Absenkung der — von der Zählstatistik her besonders hohen — Gewichte der starken Reflexe zu berücksichtigen. Dies hat sich besonders bei der Verfeinerung gegen F_o^2–Werte als wichtig erwiesen, da sie wegen der doppelten Quadrierung (Gl.67) auf hohe Einzelfehler $\mid F_o \mid - \mid F_c \mid$ sehr empfindlich reagiert.

Eine einfache Gewichtsfunktion, die dies bewirkt, ist

$$w = 1/(\sigma^2 + kF_o^2) \tag{82}$$

Dabei wird der Faktor k (meist bei 0.001–0.2) empirisch ermittelt, indem man ihn als zusätzlichen Parameter verfeinert oder, da dies oft zu Instabilitäten führt, durch Variation optimiert.

Es wurden auch kompliziertere Gewichtsschemata vorgeschlagen, die noch weitere Parameter enthalten. Dadurch soll erreicht werden, daß die gewogenen Fehlerquadrate (Varianzen) in allen Reflexklassen, den schwachen, mittleren und starken, möglichst gleichverteilt sind. Im erwähnten Programm SHELXL kann dies z.B. durch die Funktion

$$w = 1/(\sigma^2(F_o^2) + (a \cdot P)^2 + b \cdot P) \qquad (P = \frac{1}{3}max(0, F_o^2) + \frac{2}{3}F_c^2) \tag{83}$$

bewerkstelligt werden, in der die Parameter a und b durch automatische Optimierung so angepaßt werden, daß möglichst eine Gleichverteilung der Varianzen über die verschiedenen Beugungswinkel und Intensitäts–Bereiche erreicht wird.

Besondere Vorsicht ist geboten, wenn Strukturen in hochsymmetrischen Raumgruppen verfeinert werden. Da z.B. in kubischen Systemen mit der hohen Lauegruppe m$\bar{3}$m meist viele symmetrieäquivalente Reflexe pro „unabhängigen" gemessen werden ($N = 2, 4, 6, 8..48$ sind möglich), werden bei der anfänglichen Mittelung die Standardabweichungen mathematisch korrekt gemittelt und durch N dividiert. Dadurch können sie sehr klein werden, so daß der statistische Fehler gegenüber dem systematischen praktisch verschwindet. Vor allem aber werden sie je nach Reflexklasse verschieden groß. Ein Reflex h00 hat nämlich z.B. maximal 6 symmetrieäquivalente Reflexe: $\pm h00, 0 \pm k0, 00 \pm l$, während ein „allgemeiner" Reflex hkl in Lauegruppe m$\bar{3}$m maximal 48 äquivalente besitzt: $\pm h \pm k \pm l, \pm h \pm l \pm k, \pm k \pm h \pm l, \pm k \pm l \pm h, \pm l \pm h \pm k, \pm l \pm k \pm h$. Rechnet man in einem solchen Fall mit Gewichten $w = 1/\sigma^2$, so erhält man Bevorzugung der letzteren Reflexklasse, obwohl die tatsächlichen Fehler bei ähnlich starken Reflexen sicher annähernd gleichverteilt sind. Hier kann man Abhilfe schaffen, *indem man entweder die Gewichte nach den Standardabweichungen der Einzelreflexe berechnet, oder indem man mit Einheitsgewichten (w = 1) arbeitet.*

9.3 Kristallographische R–Werte

Um beurteilen zu können, wie gut ein Strukturmodell mit der „Wirklichkeit" übereinstimmt, berechnet man sogenannte *Zuverlässigkeitsfaktoren* ('residuals') oder R–Werte. Der *„konventionelle R–Wert"*

$$R = \frac{\sum_{hkl} \Delta_1}{\sum_{hkl} |F_o|} = \frac{\sum_{hkl} ||F_o| - |F_c||}{\sum_{hkl} |F_o|} \qquad (84)$$

gibt, mit 100 multipliziert, die mittlere prozentuale Abweichung zwischen beobachteten und berechneten Strukturamplituden an. Er wird in der Literatur stets angegeben, auch wenn die Verfeinerung gar nicht mit F_o–Daten vorgenommen wurde. Man sollte beim konventionellen R–Wert stets vermerken, mit welchen Reflexen er berechnet wurde (z.B. denen mit $F_o > 3\sigma(F_o)$). Er ist zwar allgemein üblich, man darf jedoch nicht übersehen, daß bei diesem Wert die Gewichte nicht eingehen, die bei der Verfeinerung des Strukturmodells verwendet wurden. Deshalb kann beispielsweise der konventionelle R–Wert durchaus schlechter (größer) werden, wenn man Gewichte (siehe unten) einführt und dadurch das Ergebnis der Verfeinerung verbessert.

Die Gewichte sind enthalten im *gewogenen R–Wert* wR, bei dem direkt die bei der Verfeinerung minimalisierten Fehlerquadratsummen eingehen. Er ist deshalb — bei vernünftiger Verwendung von Gewichten — der wichtigere. Seine Bewegung zeigt an, ob eine Änderung im Strukturmodell sinnvoll ist oder nicht. Er unterscheidet sich je nachdem, ob gegen F_o– oder gegen F_o^2–Daten verfeinert wird.

$$wR = \sqrt{\frac{\sum_{hkl} w\Delta_1^2}{\sum_{hkl} wF_o^2}} \qquad (85)$$

$$wR_2 = \sqrt{\frac{\sum_{hkl} w\Delta_2^2}{\sum_{hkl} w(F_o^2)^2}} = \sqrt{\frac{\sum_{hkl} w(F_o^2 - F_c^2)^2}{\sum_{hkl} w(F_o^2)^2}} \qquad (86)$$

Die Nomenklatur ist leider bei den R–Werten nicht einheitlich. Im vorliegenden Buch werden unter R bzw. wR ohne Index die mit F_o–Werten berechneten Werte verstanden, ein tiefgestellter Index 2 gibt an, daß mit F_o^2–Werten gerechnet wurde.

9.4 Verfeinerungstechniken

Wegen der Quadrierung der Fehler in Gl.86 sind die wR_2–Werte bei vergleichbarer Qualität des Strukturmodells normalerweise zwei bis drei mal so hoch wie wR bei Verfeinerung gegen F_o–Daten. Sie reagieren wesentlich empfindlicher auf kleine Fehler im Strukturmodell, z.B. auf fehlerhafte oder fehlende H–Atome. Ein anderes Qualitätsmerkmal ist der „*Gütefaktor*" oder „*Goodness of fit*"

$$S = \sqrt{\frac{\sum\limits_{hkl} w\Delta^2}{m-n}} \qquad \text{m = Zahl der Reflexe, n = Zahl der Parameter} \qquad (87)$$

Hier geht in der Differenz $m - n$ auch der Grad der Überbestimmung der Strukturparameter ein. S sollte bei richtiger Struktur und korrekter Gewichtung Werte um 1 annehmen. Man muß auch hier angeben, ob man mit F_o– oder mit F_o^2–Daten verfeinert hat.

Bei einem guten Datensatz und einer unproblematischen Struktur sollten wR_2–Werte von unter 0.15, wR–Werte und R–Werte von unter 0.05 erreicht werden (siehe Kap. 9.4). Eine falsche Struktur mit völlig statistischer Verteilung der Atome in der Elementarzelle liefert theoretisch $R = 0.59$ in Raumgruppen ohne, bzw. $R = 0.83$ in Raumgruppen mit Symmetriezentrum. Wie tief man bei einer richtigen Struktur kommen kann, hängt einerseits von der Qualität der Messung ab, andererseits von Einschränkungen im Strukturmodell. Da die Atomformfaktoren für kugelsymmetrische Elektronenverteilung berechnet sind, werden Bindungselektronen, freie Elektronenpaare etc. im Modell nicht richtig einberechnet. Außerdem ist die Annahme harmonischer Schwingungen, die durch den anisotropen Auslenkungsfaktor beschrieben werden, nicht immer ausreichend. Bei H–Atomen kommen beide Probleme zusammen: Das einzige Elektron ist teilweise in die Bindung verschoben (siehe Kap. 9.4). Außerdem kann man die Auslenkungsfaktoren der H–Atome nur mit isotropen Auslenkungsfaktoren verfeinern, ebenfalls eine schlechte Näherung, vor allem bei stark schwingenden peripheren Methylgruppen. Mäßige R–Werte trotz guter Datensätze muß man also bei Strukturen erwarten, bei denen ein merklicher Anteil der Gesamt–Elektronenzahl in Bindungen, H–Atomen oder freien Elektronenpaaren lokalisiert ist.

9.4 Verfeinerungstechniken

Anfängliche Verfeinerungsstrategien. Hat man mit Patterson– oder Direkten Methoden ein plausibles Strukturmodell gefunden, so pflegt man bereits in diesem Stadium, *vor* einer Differenz–Fouriersynthese, das Modell durch einige

Verfeinerungszyklen zu verbessern und durch Beurteilung der resultierenden R–Werte zu entscheiden, ob seine Weiterverfolgung überhaupt sinnvoll ist. Normalerweise ist eine Fouriersynthese erst aussagekräftig, wenn das Modell einen konventionellen R-Wert von ca. 0.4 oder besser liefert. Der wR_2–Wert kann dabei durchaus noch bei 0.5–0.7 liegen. Ist die Zuordnung der Atomtypen noch unsicher, oder ist gar die Zusammensetzung unbekannt, so empfiehlt es sich, zuerst in einem Zyklus nur den Skalierungsfaktor (siehe Gl.68) zu verfeinern. Bei den anschließenden Zyklen kann man, wenn die Struktur nicht zu groß ist, mit den Atomlagen bereits auch isotrope Auslenkungsfaktoren von einem geschätzten Startwert aus (z.B. $U = 0.01$ für Schweratome bis 0.05 für C–Atome) mitverfeinern. Aus deren Bewegung im Verlauf mehrerer Verfeinerungszyklen kann man oft besser entscheiden, ob die Lage des Atoms „echt" und die Atomzuordnung richtig ist, als aus frühen Differenz–Fouriersynthesen. Ist an der angegebenen Stelle in Wirklichkeit gar kein Atom, so steigt meist der Auslenkungsfaktor und seine Standardabweichung von Zyklus zu Zyklus stark an, um so die Elektronendichte an dieser Stelle durch scheinbare extreme Schwingung stark zu verdünnen. Kommt der Auslenkungsfaktor bei einem unnormal hohen Wert zur Ruhe, so ist das eingesetzte Atom in der Position zwar richtig aber vermutlich zu schwer. Umgekehrt zeigt ein sehr kleiner oder gar negativer Auslenkungsfaktor meist an, daß in Wirklichkeit mehr Elektronendichte auf der fraglichen Lage sitzt, also z.B. ein O–Atom statt eines C–Atoms.

Es kann allerdings auch sein, daß in einem Modell mit mehreren falschen Atomen die richtigen (und richtig zugeordneten) sehr niedrige oder negative U–Werte bekommen, da sie dadurch gegenüber den falschen mehr Gewicht bekommen.

Komplettierung des Strukturmodells. Eine Differenz–Fouriersynthese mit dem verbesserten Modell sollte nun zu einem weitgehend kompletten Strukturmodell führen, das auf wR_2–Werte von unter 0.3 bzw. R–Werte unter 0.15 zu verfeinern ist. Nun werden, bei größeren Strukturen in Raten, anisotrope Auslenkungsfaktoren für alle schwereren Atome (außer H, vielleicht auch Li, B) zur Verfeinerung freigegeben, wobei man als Startwerte $U^{11} = U^{22} = U^{33} = U_{isotrop}$ und die gemischten U^{ij}–Glieder $= 0$ setzt (im trigonalen und hexagonalen System $U^{12} = U/2$). In diesem Stadium sollte man auch Gewichte einführen. Auf der Basis dieses verfeinerten Modells sollten sich, wenn vorhanden, die H–Atome in der Differenz–Fouriersynthese lokalisieren lassen (s.unten). Ein komplettes Strukturmodell sollte sich schließlich (evtl. nach den in Kap. 10 behandelten Korrekturen) auf R–Werte von unter 0.05 bzw wR_2–Werte unter 0.15 verfeinern lassen. Schlechtere Werte sind nur akzeptabel, wenn man einen guten Grund dafür angeben kann. Es gibt gelegentlich

9.4 Verfeinerungstechniken

fehlerhafte Strukturmodelle, deren Verfeinerung trotzdem in einem *„Pseudominimum"* konvergiert. Man sollte deshalb jedes Ergebnis kritisch überprüfen, ob es strukturchemisch vernünftig und mit den physikalischen Eigenschaften vereinbar ist (siehe auch Kap. 11).

9.4.1 Lokalisierung und Behandlung von H–Atomen

Je nach Qualität des Datensatzes, dem Vorhandensein von Schweratomen und der thermischen Beweglichkeit der H–Atome lassen sich diese gut lokalisieren und frei mit isotropen Auslenkungsfaktoren verfeinern oder, im anderen Extrem, überhaupt nicht finden. Die einzelnen H–Atome tragen zwar nur sehr wenig zum Streuvermögen bei, in vielen Fällen, z.B. bei Verwendung von sperrigen Gruppen wie *tert*-Butyl– oder Trimethylsilylresten zur sterischen Abschirmung, stellen sie jedoch durch ihre hohe Anzahl einen deutlichen Anteil (10–20%) der Elektronendichte. Sie müssen deshalb im Modell möglichst gut berücksichtigt werden, damit nicht die Qualität der Strukturbestimmung insgesamt leidet.

Um eine möglichst gute Basis für die Phasenberechnung bei der Differenz-Fouriersynthese zu gewährleisten, sollte einerseits das vorläufige Modell optimal verfeinert sein, andererseits sollte man vorher alle notwendigen Korrekturen, insbesondere Absorptions– und Extinktionskorrektur (siehe Kap. 7.4.3 und 10.5) anbringen. Gerade die beiden letzteren sind wichtig, da sie vor allem die bei niedrigen Beugungswinkeln liegenden Reflexe betreffen, in denen die Information über die H–Atome enthalten ist. Es kann von Vorteil sein, das vorläufige Strukturmodell nur mit „Hochwinkel–Reflexen" (z.B bei Cu–Strahlung Reflexen mit $\theta > 25°$) zu verfeinern. Zu diesen Reflexen tragen überwiegend die Core–Elektronen der schwereren Atome bei, Absorptions– und Extinktionseffekte stören wenig. Überträgt man die mit diesem Modell berechneten Phasen auf den kompletten Datensatz, so heben sich die H–Atome in der Differenz–Fouriersynthese meist besser ab. Ein Beispiel, wie sich H–Atome als Maxima einer Differenz–Fouriersynthese abzeichnen, gab bereits Abb.70 (Kap.8.1).

Es gibt häufig Fälle, in denen man die H–Atome trotzdem nicht oder schlecht lokalisieren kann, oder in denen man sie zwar findet, aber schlecht verfeinern kann. Oft will man sie auch nicht frei verfeinern, da das Reflex/Parameterzahl–Verhältnis zu ungünstig würde. In diesen Fällen pflegt man die H–Atomlagen, wenn möglich, aus der Geometrie der Umgebung zu berechnen und entweder mit dem Bindungspartner zusammen als „starre Gruppe" (s.unten) zu behandeln oder auf ihm „reiten" zu lassen. Letzteres bedeutet, daß man z.B. den Bindungsvektor C–H parallel mitverschiebt, wenn sich das

C–Atom beim Verfeinern bewegt.

Die röntgenographisch bestimmten Bindungslängen zu H–Atomen sind stets deutlich kürzer als die mit anderen Methoden wie der Neutronenbeugung gemessenen Kern–Kern–Abstände. Für eine C–H–Bindung findet man z.B im Mittel 96 pm statt 108 pm, für N–H 90 pm, für O–H in komplex gebundenen H_2O–Molekülen nur ca. 80–85 pm. Dies liegt daran, daß durch Röntgenbeugung das Elektronendichtemaximum bestimmt wird, das beim einzigen Elektron eines H–Atoms natürlich in Richtung der Bindung verschoben ist. Dieser Effekt muß bei der Diskussion der Bindungslängen berücksichtigt werden, die sich allerdings wegen der geringen Genauigkeit der Lagebestimmung meist nur auf die Richtung der Bindung, z.B. in H–Brückenbindungen beschränken muß.

Generell verwendet man bei H–Atomen nur isotrope Auslenkungsfaktoren. Ist der Datensatz gut, das Reflex/Parameter–Verhältnis groß genug, und sind keine zu schweren Atome vorhanden, so können sie individuell frei verfeinert werden. Muß man „Parameter sparen" oder ergeben sich Schwierigkeiten bei der freien Verfeinerung, so kann man gruppenweise gemeinsame Auslenkungsfaktoren verfeinern, z.B. für die 3 H–Atome einer Methylgruppe oder die 5 H–Atome eines Phenylrests je einen gemeinsamen Wert. Schließlich kann man den Auslenkungsfaktoren auch feste Werte zuordnen, die man aus den entsprechenden äquivalenten isotropen Größen ihrer Bindungspartner abschätzt. Erfahrungsgemäß sind die U–Werte der H–Atome 1.2 bis 1.5–fach größer als diese. Auch wenn man am Ende mit solchen fixierten Werten arbeiten will, ist es — vor allem wenn man von theoretisch berechneten H–Lagen ausgeht — nützlich, zumindest gruppenweise die Auslenkungsfaktoren einmal zur Verfeinerung freizugeben. Dabei erkennt man nämlich am schnellsten, wenn die berechneten Lagen falsch sind, denn dann resultieren unnatürlich hohe Werte (U z.B. doppelt so groß oder mehr als beim Bindungspartner) und Standardabweichungen. Solche Fehler treten häufig auf, z.B. bei Methylgruppen an aromatischen Ringen, für die es zwei alternative Orientierungen gibt.

9.4.2 Verfeinerung mit Einschränkungen

Es gibt manchmal Strukturen, bei denen die Verschiebung einer Atomlage sich kaum auf die berechneten Strukturfaktoren, also auch kaum auf den zu minimalisierenden R–Wert auswirkt. Das kann bei der Verfeinerung dazu führen, daß die betroffenen Atomparameter nicht nach wenigen Zyklen „einrasten", sondern weiter konstante oder oszillierende Verschiebungen erfahren,

9.4 Verfeinerungstechniken

die zu chemisch unsinnigen Abständen und Winkeln führen können. Dies geschieht vor allem häufig bei den schwach streuenden H–Atomen, wenn sie in stark schwingenden Gruppen liegen wie z.B. in Kristallwasser– oder Solvensmolekülen, oder wenn sie neben Schweratomen in der Struktur vorkommen, so daß ihr relativer Streubeitrag nur sehr gering ist. Ein anderer Anlaß für instabile Verfeinerungen kann in fehlgeordneten Baugruppen (vgl. Kap. 10.1) wie z.B. Lösungsmittelmolekülen begründet liegen. Kommen sich Atomlagen zweier sich statistisch überlagernder Moleküle räumlich nahe, so kann man ihre Parameter nicht unabhängig voneinander verfeinern, sondern erhält hohe Korrelationen, hohe Standardabweichungen und schlechte Konvergenz der Verfeinerung. In solchen Fällen kann man versuchen, die Verfeinerung durch geometrische Vorgaben zu stabilisieren.

Verfeinerung mit starren Gruppen ('constraints'). Besitzt eine Struktur Baugruppen, deren Geometrie sehr genau vorherzusagen ist, wie z.B. Phenylreste, so kann man diese Einheiten als „starre Gruppen" mit idealisierten Bindungslängen und Winkeln verfeinern. Statt für jedes Atom der Gruppe drei Lageparameter und einen oder 6 Auslenkungsparameter zu bestimmen, braucht man dann nur noch die Lageparameter x, y, z eines „Leitatoms" und zusätzlich drei Winkelparameter ϕ_x, ϕ_y, ϕ_z zu verfeinern, die die Rotationskomponenten um die drei Gitterkonstantenrichtungen definieren. Dadurch spart man vor allem bei größeren Gruppen viele Parameter, insbesonders wenn man für alle Atome der Gruppe nur einen gemeinsamen isotropen Auslenkungsfaktor verwendet. Dieses Verfahren ist deshalb vor allem interessant, wenn man einen schwachen Datensatz hat, also wenige Reflexe und/oder eine große Struktur, so daß das Reflex/Parameter–Verhältnis bei der Verfeinerung zu niedrig würde. Man sollte möglichst ein Verhältnis von über 10:1 anstreben, mindestens jedoch 7:1.

Verfeinerung mit geometrischen Einschränkungen ('restraints'). Bei einer anderen Methode wird zwar jedes Atom individuell verfeinert, jedoch gibt man — wenn hinreichend genau abschätzbar — zu erwartende Bindungslängen vor. Technisch geht man so vor, daß zusätzlich zu den Quadraten der Strukturfaktor–Differenzen die der Differenzen in erwarteten und verfeinerten interatomaren Abständen zu der zu minimalisierenden Summe (Gl.67) addiert werden. Dabei spart man natürlich keine Parameter, benötigt also eine genügende Anzahl von Reflexen. Im Gegensatz zu denen in den oben erwähnten „starren Gruppen" kann man diese geometrischen Bedingungen (restraints) jedoch „weich" anwenden: gewisse Abweichungen sind innerhalb einer vorgegebenen Standardabweichung zulässig.

Verfeinerung von makromolekularen Strukturen. In makromolekularen (vorwiegend Protein–) Strukturen ist das Reflex/Parameter–Verhältnis normalerweise viel zu niedrig für die Verfeinerung der individuellen Atomparameter aller Atome. Da man jedoch die Gestalt der beteiligten Aminosäuren gut kennt, ist hier die Anwendung von "constraints" und "restraints" übliches Vorgehen. Auch andere Verfeinerungstechniken außer der Kleinste–Fehlerquadrate–Methode werden eingesetzt (z.B. "maximum likelihood", "molecular dynamics", "simulated annealing", siehe [54,55]).

9.4.3 Dämpfung

Bei schwierig zu verfeinernden Strukturen, insbesonders wenn man noch weit vom optimalen Strukturmodell entfernt ist, kann man Oszillationen oder Instabilitäten oft auch dadurch vermindern, daß man mit „Dämpfung" verfeinert. Je nach Programm werden dabei die aus den Normalgleichungen der Kleinsten–Fehlerquadrate–Methode berechneten Parameterverschiebungen einfach mit einem Faktor (z.B. 0.5) multipliziert, um anfängliche unsinnig große Änderungen zu verhindern, oder es wird durch andere mathematische Eingriffe das Verfeinerungsverhalten gedämpft. Dies kann allerdings zu Verfälschung der Standardabweichungen führen. Zumindest in den letzten Zyklen der Verfeinerung sollte man deshalb ohne Dämpfung arbeiten, um ein realistisches Ergebnis zu bekommen. Ist dies nicht möglich, so ist die Wahrscheinlichkeit einer fehlerhaften Raumgruppe oder anderer Fehler hoch (s. Kap. 11).

9.4.4 Restriktionen durch Symmetrie

Die Symmetrieelemente in der Elementarzelle reduzieren die Zahl der zu verfeinernden Atome auf die der „asymmetrischen Einheit". Zusätzlich können darin Atome auf speziellen Lagen sitzen (s. Kap.6.4), z.B. auf $x, \frac{1}{4}, z$ (m senkrecht b). Die *speziellen Parameter* wie hier $y = \frac{1}{4}$ dürfen dann natürlich nicht verfeinert werden. In höhersymmetrischen Raumgruppen können auch Lageparameter miteinander gekoppelt sein. Die spezielle Lage auf der 3–zähligen Achse entlang der Raumdiagonale einer kubischen Elementarzelle (z.B. Lage 32f, x, x, x in $Fm\bar{3}m$, Nr. 225) bedingt, daß $x = y = z$ sein muß, man darf also nur einen gemeinsamen Parameter verfeinern. Da ein Atom mit einer speziellen Lage auf einem Symmetrieelement sitzt, muß natürlich auch sein Auslenkungsellipsoid der Punktsymmetrie dieser speziellen Lage gehorchen, d.h. man bekommt *Restriktionen* in den Gliedern des anisotropen Auslenkungsfaktors. Liegt z.B. ein Atom in der monoklinen Raumgruppe $C2/c$ auf der Lage 4e $(0, y, \frac{1}{4})$, also auf einer 2–zähligen Achse in b –Richtung, so muß eine Hauptachse des Ellipsoids (U_2) mit dieser zusammenfallen, die beiden

9.4 Verfeinerungstechniken

anderen folglich senkrecht dazu stehen. Dies hat zur Folge, daß die gemischten Glieder, die eine y–Komponente enthalten, U^{12} und U^{23}, Null sein müssen und nicht verfeinert werden dürfen. Eine Übersicht über die Restriktionen der speziellen Lagen aller Raumgruppen findet sich in [35] oder in den Int.Tables C, Table 8.3.1.1. Dabei muß jedoch darauf geachtet werden, daß sich die angegebene Atomlage immer nur auf das erste Symmetriesymbol für eine Punktlage in der Raumgruppentafel bezieht. Wie man in Abb.73 am Beispiel einer Spiegelebene erkennt, kann sich die Orientierung eines Auslenkungsellipsoids bei der Anwendung einer Symmetrieoperation ändern, was sich meist in Vorzeichenwechseln der gemischten U^{ij}–Glieder äußert. Deshalb ist es evtl. notwendig, die U^{ij}–Werte zu ändern, wenn man nachträglich eine Atomlage in eine andere, symmetrieäquivalente transformiert.

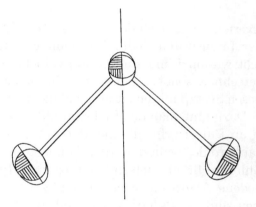

Abb. 73: Restriktionen in der Orientierung der Auslenkungsellipsoide durch Symmetrie am Beispiel einer Spiegelebene

Die modernen Programme berücksichtigen Restriktionen in den Lageparametern und Auslenkungsfaktoren automatisch.

9.4.5 Restelektronendichte

Am Ende einer erfolgreichen Strukturverfeinerung pflegt man eine abschliessende Differenz–Fouriersynthese zu rechnen. Sie sollte keine signifikanten Elektronendichtemaxima mehr zeigen. Bei Leichtatomstrukturen betragen Maxima und Minima dann höchstens noch 0.1–0.3 bzw. -0.1–0.3 e/Å^3. Bei schweren Atomen findet man erfahrungsgemäß stets noch Restmaxima bis ca. 5% ihrer Elektronenzahl im Abstand von 60–120 pm.

9.5 Verfeinerung mit der Rietveld–Methode

Bei manchen Verbindungen gelingt es nicht, geeignete Einkristalle für eine Strukturbestimmung zu züchten, während es fast immer und ohne großen Zeitaufwand möglich ist, eine gute Röntgen–Pulveraufnahme zu erhalten. In solchen Fällen kann man u.U. die Struktur mit den Pulverdaten verfeinern, wenn es gelingt, ein gutes Strukturmodell aufzustellen.

In einer Pulveraufnahme ist die räumliche Information bei der Entstehung der Reflexe verloren gegangen. Durch die eindimensionale Auftragung der Reflexe nur gegen den Beugungswinkel treten häufig Überlagerungen von Reflexen auf, die deren *Indizierung*, die Zuordnung zu bestimmten Netzebenen hkl, und die individuelle Intensitätsmessung beeinträchtigen oder ganz unmöglich machen.

Bei der Strukturverfeinerung nach der *Rietveld–Methode* wird das Problem der Separierung der Intensitäten dadurch elegant gelöst, daß man für das Strukturmodell nicht wie im Einkristallfall individuelle Strukturfaktoren F_c für jeden Reflex berechnet, sondern punktweise in kleinen Beugungswinkel–Schritten alle an diesen Stützpunkten zusammenfallenden Reflex–Beiträge gemeinsam ermittelt. Dazu muß man das Reflexprofil kennen. Während bei der Neutronenbeugung an Pulvern, für die die Methode ursprünglich entwickelt wurde, einfache Gaußprofile benützt werden können, entstehen in Röntgenaufnahmen von Zählrohrdiffraktometern kompliziertere Profile, zu deren Beschreibung verschiedene Algorithmen entwickelt wurden. Die gebräuchlichsten Profilfunktionen sind die Pseudo-Voigt- und die Pearson VII-Funktion. Bei der Verfeinerung werden deshalb zusätzlich zu den Gitterkonstanten, den Atomparametern und den normalerweise nur isotropen Auslenkungsfaktoren noch mehrere Profilparameter verfeinert. Ein anderer Ansatz versucht, die "Abbildungsfunktion" des Diffraktometers analytisch zu beschreiben. Eine wichtige Rolle bei Strukturverfeinerungen mit Pulverdaten spielen oft die in Kap. 9.4.2 beschriebenen "constraints" und "restraints". Ein bei Pulveraufnahmen mit Flachpräparaten häufig auftretendes Problem ist der "Textureffekt". Haben die Kristallite im Pulver stark anisotrope Form, z.B. von Nadeln oder Plättchen, so legen diese sich bevorzugt parallel zur Fläche, so daß Reflexe von Netzebenen, die etwa parallel dazu liegen, zu starke Intensitäten bekommen. Dies kann durch einen mit zu verfeinernden Orientierungsparameter korrigiert werden.

Die Qualität einer Rietveld-Verfeinerung wird wie bei den Einkristallmethoden durch "R-Werte" belegt. Der wichtigste ist der gewogene Profil-R-Wert R_{wp}.

9.5 Verfeinerung mit der Rietveld–Methode

$$R_{wp} = \sqrt{\frac{\sum w_i (y_{i(o)} - y_{i(c)})^2}{\sum w_i (y_{i(o)})^2}} \qquad (88)$$

Hier geht die Summe der Fehlerquadrate zwischen beobachtetem Meßwert an jedem Stützpunkt des Diagramms $y_{i(o)}$ und dem dort berechneten Wert $y_{i(c)}$ ein, die beim Kleinste-Fehlerquadrate-Verfahren minimalisiert wird. Dagegen wird der "Bragg-R-Wert" R_B aus den Intensitäten der einzelnen n Reflexe berechnet.

$$R_B = \frac{\sum |I_{n(o)} - I_{n(c)}|}{\sum I_{n(o)}} \qquad (89)$$

Die Aufteilung bei überlappenden Reflexen ist dabei etwas kritisch, da dazu Information aus dem verfeinerten Modell benutzt werden muß. Am besten erkennt man die Qualität einer Anpassung, wenn man in einem Diagramm die experimentellen Meßwerte, das mit dem Strukturmodell berechnete Pulverdiagramm und den "Differenzplot" darstellt (Abb.74).

Die Rietveld–Methode eignet sich vor allem zur Verfeinerung kleiner Strukturen bekannten Strukturtyps, z.B. wenn für eine ähnliche isotype Verbindung eine Einkristall–Strukturbestimmung bereits vorliegt und man von den Atomlagen dieses Modells ausgehen kann. Die Bestimmung einer unbekannten Struktur allein aus einer Pulveraufnahme „ab initio" ist schwierig und bisher nur in wenigen tausend Fällen durchgeführt worden. Dazu sind folgende Schritte notwendig:

- Die Elementarzelle muß durch Indizierung der Pulveraufnahme bestimmt werden, was bei schiefwinkligen Systemen oft schwierig ist.

- Durch „Dekonvolution" müssen genügend viele Intensitäten von Einzelreflexen ermittelt werden, so daß direkte oder Patterson–Methoden zur Strukturlösung eingesetzt werden können. Dies ist ein kritischer Punkt, da in Pulveraufnahmen mit konventioneller Röntgenstrahlung meist nur ca. 50–200 Reflexe zu sehen sind. Hier liegt ein weiterer wichtiger Einsatzbereich der Synchrotronstrahlung, da man damit, abgesehen von den besseren Intensitäten, um bis zu fünf mal schmalere Halbwertsbreiten für die Reflexe erzielen kann, so dass das Problem der Reflexüberlappung stark reduziert wird.

- Ebenso muß die Raumgruppe aus diesen Daten abgeleitet werden. Dabei kommt erschwerend hinzu, daß verschiedene Lauegruppen innerhalb eines Kristallsystems wie $4/m$ und $4/mmm$ wegen Überlagerung nicht unterschieden werden können.

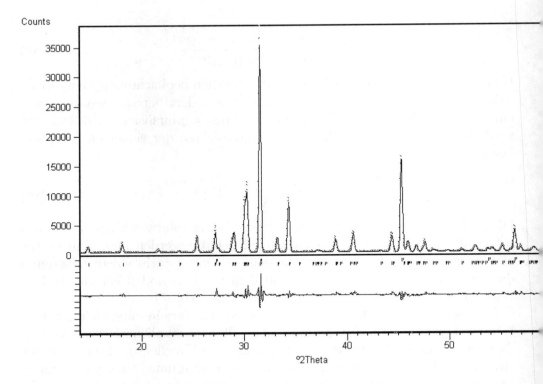

Abb. 74: Beispiel einer Rietveld–Verfeinerung. Punkte: Experimentelle Daten, durchgezogene Linie: berechnetes Diagramm, darunter: Differenz-Diagramm

Da die Pulvermethoden jedoch nicht Gegenstand dieses Buches sind, sei auf einschlägige Literatur verwiesen, z.B. [24].

10 Spezielle Effekte

10.1 Fehlordnung

Der Übergang zwischen einem Kristall mit vollständiger dreidimensionaler Fernordnung zu einem amorphen Festkörper ohne jede Fernordnung ist fließend. Dominiert jedoch noch die Fernordnung und ist sie nur in Teilbereichen gestört, so ist dies im Beugungsbild oft nicht zu erkennen, und die Struktur läßt sich meist auf konventionelle Weise lösen und verfeinern. Nur durch ungewöhnlich große, stark anisotrope Auslenkungsfaktoren und evtl. durch chemisch unsinnige Atomanordnungen gibt sich eine solche *Fehlordnung* zu erkennen. Man muß dann im Strukturmodell die von einer Störung der dreidimensionalen Ordnung betroffenen, fehlgeordneten Bereiche angemessen beschreiben. Die wichtigsten Varianten von *Fehlordnung* seien im Folgenden beschrieben.

10.1.1 Besetzungs–Fehlordnung

Eine Struktur kann zwar wie üblich durch einen Satz von Punktlagen mit Atompositionen für die asymmetrische Einheit korrekt beschrieben sein, aber die Besetzung mancher dieser Lagen kann statistisch durch *verschiedene* Atome erfolgen. Vor allem bei Mineralen findet man häufig, daß eine kristallographische Lage durch zwei oder mehr verschiedene Atome oder Ionen ähnlicher Größe statistisch besetzt wird. In Zeolithen sind z.B. die Si– und Al–Atome oft fehlgeordnet in den Tetraederzentren des dreidimensionalen Alumosilikat–Gerüsts verteilt. Weit verbreitet ist dieser Fehlordnungstyp vor allem auch in den Legierungen und anderen Mischkristallsystemen.

Im Strukturmodell wird ein solcher Fall dadurch beschrieben, daß man für beide Atome nur einen gemeinsamen Satz von Atomparametern x, y, z und Auslenkungsparametern U^{ij} verfeinert und zusätzlich einen Besetzungsfaktor k für das erste Atom, wobei das zweite dann die Besetzung $1-k$ erhält. Häufig treten hierbei starke Korrelationen zwischen Besetzungsfaktor und Auslenkungsfaktor auf. Dann verfeinert man besser alternierend nur die Besetzung oder nur den Auslenkungsfaktor, bis keine Änderung mehr eintritt.

Ein ebenfalls weitverbreiteter Spezialfall einer Besetzungsfehlordnung ist die statistische Unterbesetzung, die man einfach durch Freigabe des Besetzungsfaktors, — eventuell wieder bei festgehaltenem Auslenkungsfaktor, — bestimmt. Typische Beispiele findet man bei den hexagonalen oder tetragonalen Wolframbronzen A_xWO_3 (A = Alkalimetall), in denen Kanäle einer dreidimensionalen Oktaeder–Gerüststruktur statistisch mit mehr oder weniger Alkaliatomen unvollständig besetzt sind. Bei Zeolithen und vielen anderen Verbindungen, auch in Strukturen von Molekülverbindungen, findet man häufig statistische Unterbesetzung bei Kristallwasser– oder anderen Solvensmolekülen.

Es gibt aber auch Verbindungen, die trotz exakt stöchiometrischer Zusammensetzung Besetzungs-Fehlordnung zeigen. Dies ist z.B. in fast allen Verbindungen $A^I M^{II} M^{III} F_6$ (A = Alkalimetall) der pyrochlorverwandten Familie vom kubischen $RbNiCrF_6$–Typ [48] der Fall, in denen auch bei großen Radienunterschieden die 2– und 3–wertigen Metallatome statistisch verteilt auf *einer* Punktlage sitzen.

10.1.2 Lagefehlordnung und Orientierungsfehlordnung

Als *Lagefehlordnung* bezeichnet man, wenn ein Atom, eine Atomgruppe oder ein ganzes Molekül statistisch zwei oder mehr verschiedene kristallographische Lagen einnimmt. Nimmt ein Molekül — meist bei unveränderter Schwerpunktslage — statistisch verschiedene Orientierungen ein, die man durch eine Rotation oder Spiegelung erreichen kann, spricht man von *Orientierungsfehlordnung*. Häufig beobachtet man solche Phänomene bei Strukturen, die annähernd kugelförmige Baugruppen enthalten, wie z.B. NH_4^+– Kationen, ClO_4^-–, BF_4^-–, PF_6^-–Anionen oder CCl_4 (Abb.75).

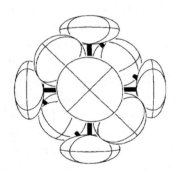

Abb. 75: Beschreibung eines fehlgeordneten BF_4–Anions mit 10 Fluor-Splitlagen

Oft findet man solche Moleküle auf speziellen Lagen mit höherer Symmetrie als ihrer Punktgruppe entspricht, z.B. ein tetraedrisches Molekül auf einem Symmetriezentrum, so daß die alternative Orientierung durch eine Symmetrieoperation erzeugt wird. In solchen Fällen muß man jedoch sorgfältig prüfen, ob die Fehlordnung nicht nur durch die Wahl einer zu hochsymmetrischen Raumgruppe vorgetäuscht wurde.

10.1 Fehlordnung

Lassen sich verschiedene energetisch ähnliche Konformationen eines Moleküls mit der Packung im Kristall gut vereinen, so kann dies ebenfalls zu Lagefehlordnung führen. Beispiele dafür sind die beiden alternativen Orientierungen eines Methylrests an einem aromatischen Ring oder die verbreiteten Fehlordnungserscheinungen in konformativ beweglichen großen Ringen wie in Kronenethern. Bei π–gebundenen Cyclopentadienyl–Ringen in Metallkomplexen tritt oft eine Fehlordnung auf, bei der die alternativen Lagen durch eine Rotation um die Ringachse ineinander überführt werden können.

Splitatom–Modelle. Sind in den beiden alternativen Orientierungen bzw. Lagen die Atome genügend voneinander separiert, mehr als etwa 80 pm, so findet man in Differenz–Fouriersynthesen meist getrennte Maxima und kann die Fehlordnung durch ein *Splitatom–Modell* beschreiben. Darin werden für jedes fehlgeordnete Atom zwei Lagen verfeinert sowie deren sich zu 1 addierende Besetzungsfaktoren. Kommen sich beide so nahe, daß eine Überlappung der Elektronendichten resultiert, so lassen sich die Lagen und vor allem die Auslenkungsfaktoren schlecht gleichzeitig verfeinern. Hier empfiehlt es sich, zuerst einen geschätzten gemeinsamen Auslenkungsfaktor festzuhalten und nur die Lagen zu verfeinern. Bei Erfolg hält man anschließend die Lagen fest und verfeinert einen gemeinsamen Auslenkungsfaktor und wiederholt die Prozedur, bis keine wesentliche Änderung mehr eintritt. Umgekehrt entdeckt man das Auftreten einer solchen Fehlordnung meist auch nur daran, daß man in Differenz–Fouriersynthesen nur *ein* Maximum in der Mittellage beobachtet und bei der Verfeinerung mit anisotropem Auslenkungsfaktor sehr große "zigarrenförmige" Auslenkungsellipsoide findet. Immer wenn eine Hauptachse des Ellipsoids größer als 0.2–0.3 Å^2 wird, sollte man überlegen, ob man die Lage nicht in zwei Positionen „splittet". Es ist meist eine zeitraubende, viel Fingerspitzengefühl erfordernde Arbeit, das optimale Modell für solche fehlgeordneten Gruppen zu verfeinern. Einerseits ist die Verwendung anisotroper Auslenkungsfaktoren wichtig, da zumindest die peripheren Atome tatsächlich meist auch stark anisotrope Schwingungen vollführen (siehe unten). Andererseits sind die Auslenkungsfaktorkomponenten am ehesten durch starke Korrelationen betroffen und daher schlecht zu verfeinern. Kennt man die Geometrie der Gruppe gut, so kann man vielleicht durch Anwendung von geometrischen Einschränkungen ('restraints') oder Benutzung starrer Gruppen ('constraints') die Verfeinerung erleichtern (s. Kap. 9.4). Eine möglichst gute Behandlung solcher fehlgeordneter Bereiche der Struktur ist wichtig, auch wenn dieser Strukturteil überhaupt nicht interessiert, da durch jede Schwäche im Strukturmodell die Qualität der Verfeinerungs–Resultate insgesamt, also auch die der "interessanten" Teile der Struktur, betroffen ist. Eine elegante Lösung des Problems bietet seit kurzem das Programsystem

CRYSTALS [57], wo Fehlordnung eines Atoms z.B. entlang einer Linie oder auf einem Kreis auf der Ebene des Atomformfaktors einberechnet wird.

Dynamik oder Fehlordnung? Bisher wurde davon ausgegangen, daß eine fehlgeordnete Gruppe statistisch zwei oder mehr alternative „Ruhelagen" einnimmt, auf denen sie dann auch thermische Schwingungsbewegungen ausführt. Man kann sich nun leicht vorstellen, daß bei ausreichender thermischer Energie auch ein dynamischer Übergang zwischen den beiden Lagen stattfinden kann. Im Beispiel eines Cyclopentadienyl–Komplexes würde das zur freien Rotation des Cp–Ringes um die Metall–Ring–Achse führen. Eine dadurch bedingte ringförmige Verschmierung der Elektronendichte wird durch ein Splitatom–Modell mit hoher Anisotropie des Auslenkungsfaktors in der Ringebene ähnlich gut beschrieben wie eine echte Lagefehlordnung. Röntgenographisch kann man also zwischen Dynamik und Fehlordnung nicht unterscheiden. Hinweise auf die zu treffende Alternative kann man eventuell erhalten, wenn man Einkristalluntersuchungen bei verschiedenen, insbesondere bei sehr tiefen Temperaturen durchführt und die Änderungen in den Auslenkungsfaktoren interpretiert. Auf diesem Wege würde man erkennen, wenn eine rotierende Gruppe auf einer geordneten Lage einfriert. Es kann jedoch auch sein, daß sie von einer dynamischen Situation in eine fehlgeordnete Struktur übergeht, so daß sich röntgenographisch scheinbar kaum etwas ändert. Hier müssen dann andere physikalische Methoden wie die thermische Analyse zu Hilfe genommen werden. Eine dritte Möglichkeit ist die, daß zwar ein Übergang von einer dynamischen in eine geordnete Phase erfolgt, daß aber zwei äquivalente alternative Orientierungen der geordneten Struktur existieren. Sind die einzelnen geordneten Bereiche, die sog. *Domänen*, größer als die Kohärenzlänge der Röntgenstrahlung (ca. 10–20 nm) so handelt es sich um *Verzwillingung*, die im folgenden Kapitel näher behandelt wird. Werden die geordneten Bereiche immer kleiner, so erfolgt nahtloser Übergang zur Fehlordnung, bei der idealerweise die Orientierung statistisch von Elementarzelle zu Elementarzelle wechselt.

Die bei Festkörperstrukturen unvermeidliche Eigenschaft, daß ein mit zunehmender Temperatur wachsender Anteil der Gitterplätze statistisch unbesetzt ist und das fehlende Atom entweder an die Oberfläche diffundiert (Schottky–Fehlordnung) oder einen Zwischengitterplatz besetzt (Frenkel–Fehlordnung), spielen für Strukturrechnungen keine Rolle. Die Konzentrationen der Fehlstellen (unter ca. 10^{-2} % bei RT) sind zu gering, um bei der F_c–Berechnung eine Rolle zu spielen.

10.1 Fehlordnung

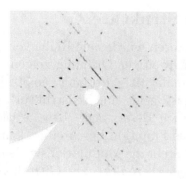

Abb. 76: Ausschnitt aus einer reziproken Ebene (berechnet aus einer Flächendetektormessung) eines Kristalls mit eindimensionaler Fehlordnung

10.1.3 1– und 2–Dimensionale Fehlordnung

Es gibt *Schichtstrukturen*, bei denen in zwei Dimensionen gute Fernordnung gefunden wird, — die Schichten sind wohlgeordnet, — wo aber die Ordnung in der 3. Raumrichtung, der Stapelrichtung, gestört ist. Eine solche *eindimensionale Fehlordnung* äußert sich im Beugungsbild, z.B. auf Filmaufnahmen des reziproken Gitters in Form diffuser Stäbe, die in der Richtung der Schichtnormale statt scharfer Reflexe zu beobachten sind (Beispiel Abb. 76).

Je nach dem Grad der Fehlordnung in dieser Richtung zeichnen sich die bei vollständiger Ordnung zu erwartenden Reflexe noch als Maxima auf den Streifen ab. Es kann deshalb leicht geschehen, daß auf dem Diffraktometer solche Maxima als Reflexe — vielleicht mit etwas erhöhtem Untergrund — registriert werden, so daß man ohne Inspektion der betroffenen reziproken Gitterebenen die Fehlordnung gar nicht erkennt. Dies führt dazu, daß man bei der Strukturlösung eine falsche Struktur der Schichten erhält, die sich durch Überlagerung der verschiedenen Orientierungen der Schichten ergibt. Solche Strukturen lassen sich nur richtig bestimmen, wenn man die Intensitätsverteilung entlang der Streifen vermißt und entsprechend mathematisch auswertet (als Beispiel sei auf die Strukturbestimmung von $MoCl_4$ verwiesen [49]).

Seltener tritt, z.B. bei Kettenstrukturen, nur in *einer* Dimension Ordnung auf. Sind intakte Ketten in den beiden anderen Richtungen ungeordnet gepackt, so spricht man von *zweidimensionaler Fehlordnung*. Sie zeigt sich auf Filmen darin, daß die reziproken Ebenen senkrecht zur realen Kettenachse diffuse Schwärzung zeigen.

10.2 Modulierte Strukturen

In den letzten zwanzig Jahren wurde eine Reihe von Strukturen entdeckt, die einen neuen Typ fernreichweitiger Ordnung zeigen: Während der Hauptteil der Struktur durch "normale" 3D–Ordnung gemäß einem üblichen Translationsgitter zu beschreiben ist, zeigt eine Teilstruktur periodische Variation von Atomparametern oder auch Besetzungs- bzw. Auslenkungsparametern, die man meist mit einer sinus-Funktion beschreiben kann. Hier spricht man von modulierten Strukturen. Steht die Modulationswellenlänge der Teilstruktur in einem kleinen *ganzzahligen Verhältnis* zur Gitterkonstante der Grundstruktur, so spricht man von einer kommensurablen Modulation. Man kann dann die Struktur meist als *Überstruktur* mit einer vervielfachten Gitterkonstante beschreiben. Im Datensatz findet man neben starken Reflexen der Grundstruktur, die sich auch mit deren kleiner Elementarzelle indizieren lassen, zusätzlich schwache *Überstrukturreflexe* (Abb. 77 links). Es ist sehr wichtig, daß man bei den Strukturrechnungen gerade diese Reflexe nicht verliert, darf sie also keinesfalls durch ein zu hohes σ–Limit unterdrücken. Gerade hier ist die Verfeinerung gegen F^2–Daten (Kap. 9.1.1) besonders vorteilhaft.

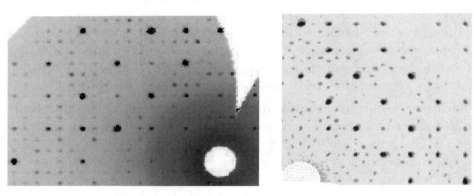

Abb. 77: Ausschnitt aus einer reziproken Ebene (aus Flächendetektoraufnahmen) **links** mit 3 x 3 Überstruktur; **rechts** mit Satellitenreflexen bei einer nicht kommensurabel modulierten Struktur

Ist das Verhältnis von Translationsperiode der Grundstruktur und Modulationsperiode der Teilstruktur jedoch nicht rational, so hat man es mit einer sogenannten *nicht kommensurablen* Phase zu tun. Sie äußert sich im Beugungsbild darin, daß neben den Hauptreflexen der Grundstruktur Satellitenreflexe beobachtet werden (Abb. 77 rechts), deren Zustandekommen man ähnlich wie das von Schwebungen in der Akustik verstehen kann. Eine solche Modulation kann in 1, 2 oder 3 Dimensionen auftreten, entsprechend braucht man zur Indizierung der Satellitenreflexe 1,2 oder 3 sog. q–Vektoren, die an den Hauptreflexen ansetzen. Insgesamt benutzt man dann also 4-6 Indices. Zur Beschreibung inkommensurabel modulierter Strukturen verwendet man dann 4–, 5– bzw. 6–dimensionale Raumgruppen (Näheres z.B. in [5] und in den Int.Tab. C, Kap. 9.8). Modulierte Strukturen kann man z.B. mit dem Programmsystem JANA [79] verfeinern.

10.3 Quasikristalle

Eine andere Art der Durchbrechung „normaler" dreidimensionaler Translationssymmetrie findet sich in den erst seit 1984 bekannten *Quasikristallen*, die in gewissen Legierungen wie dem Al/Mn–System oder in Tantaltelluriden auftreten können. In ihnen beobachtet man sonst „kristallographisch verbotene" 5,8,10,12–zählige Symmetrieachsen. Das Beugungsbild zeigt ein einheitliches Muster scharfer Reflexe, das jedoch ebenfalls „verbotene" 5– und höherzählige Drehachsen zeigt. Solche Strukturen kann man deshalb nicht mit einem einheitlichen Translationsgitter beschreiben, sondern man braucht zwei verschiedene Zellen, z.B. zwei verschiedene Rhomboeder, die eine lückenlose Raumerfüllung *ohne* 3–dimensionale Periodizität, jedoch beispielsweise mit der Punktsymmetrie der Ikosaedergruppe $m35$ erlauben. In jüngster Zeit ist es so zwar gelungen, die Entstehung der ungewöhnlichen Beugungsmuster zu verstehen, eine vollständige Strukturbestimmung, d.h. die Lokalisierung aller Atome wurde jedoch noch nicht erreicht. Zweidimensionale Analoga für Quasikristalle finden sich in den bekannten *Penrose–Mustern* (Abb.78) für aperiodische Parkettierungen aus zwei verschiedenen Rautenelementen.

10.4 Anomale Dispersion und „absolute Struktur"

Bisher wurde die Berechnung der Strukturfaktoren F_c für das Strukturmodell unter der Annahme klassischer elastischer Streuung der Röntgenstrahlung vorgenommen, also einer Wechselwirkung, bei der die Strahlung am Ort des Atoms weder ihre Energie noch ihre Phase ändert (abgesehen von einer prinzipiell beim Streuvorgang elektromagnetischer Wellen auftretenden π–Verschiebung). Sie wird durch die Atomformfaktoren f_i beschrieben (s. Kap. 5). Deren vektorielle Addition unter Berücksichtigung der durch die räumliche Verschiebung der Atome vom Nullpunkt bedingten Phasenwinkel ergibt den Strukturfaktor eines Reflexes. Bei zentrosymmetrischen Strukturen gilt das *Friedelsche Gesetz*, die Reflexe hkl und $\bar{h}\bar{k}\bar{l}$ zeigen dieselbe Intensität (Kap. 6.5).

Dies gilt nicht mehr streng, wenn die Energie der verwendeten Röntgenstrahlung etwas größer als eine Anregungsenergie einer beteiligten Atomsorte

172   10 **SPEZIELLE EFFEKTE**

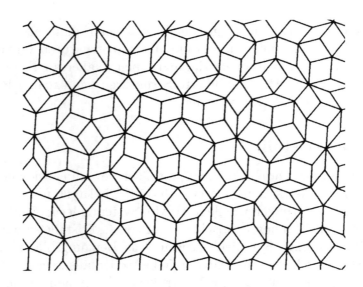

Abb. 78: Fünfzählige 'Penrose'-Parkettierung

ist, z.B. die für die Ionisation durch Entfernung eines Elektrons der K–Schale. Dann löst ein Teil der auftreffenden Röntgenquanten, — wie der Elektronenstrahl in der Röntgenröhre, — diese Ionisation aus, was zu ungerichteter Emission von K_α–Strahlung des angeregten Elements führt. Solche Substanzen verursachen daher eine erhöhte Untergrundstrahlung. Der restliche gestreute Anteil der Röntgenstrahlung erfährt infolge der stärkeren Wechselwirkung an dieser Atomsorte eine kleine Änderung in Amplitude und Phase, ein Vorgang den man *anomale Streuung* oder *anomale Dispersion* nennt. Diese zusätzlichen Streubeiträge werden wegen ihres Phasenanteils durch einen Realteil $\Delta f'$ und einen Imaginärteil $\Delta f''$ beschrieben. Der Realteil kann positives oder negatives Vorzeichen haben, der Imaginärteil ist immer positiv, d.h. die anomale Streuung *addiert* immer einen kleinen Phasenwinkel. Die Beträge lassen sich anschaulich machen, wenn man die Atomformfaktordarstellung in der Gaußschen Zahlenebene benützt (wie in Abb. 34). Da der Streuvorgang am jeweils betrachteten Atom erfolgt, definiert dieses den Nullpunkt für die anomalen Streubeiträge. Die reale Komponente dafür weist deshalb in Verlängerung des betreffenden Atomformfaktor–Vektors f_i, die imaginäre steht senkrecht dazu, so daß der Phasenwinkel gegen den Uhrzeigersinn addiert wird.

Wegen der Parallelität von „normalem" und anomalem realem Streubeitrag f und $\Delta f'$ kann man sie bei der Strukturfaktorrechnung zu

$$f' = f + \Delta f' \tag{90}$$

10.4 Anomale Dispersion und „absolute Struktur"

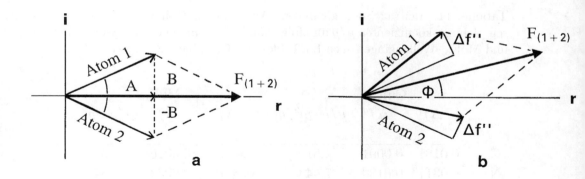

Abb. 79: Strukturfaktoren für ein über ein Inversionszentrum verbundenes Atompaar (Atom 1: x, y, z; Atom 2: $\bar{x}, \bar{y}, \bar{z}$) **a** ohne, **b** mit anomaler Dispersion

zusammenfassen. Die Größe der Beiträge läßt sich an den Beispielen der Tab.11 ersehen. Hier sieht man auch den Einfluß der Absorptionskante, die für Co oberhalb und für Ni unterhalb der Wellenlänge der CuK$_\alpha$–Strahlung liegt. Wegen des physikalischen Zusammenhangs bedeutet hohe anomale Streuung auch einen hohen atomaren Absorptionskoeffizienten (s. Kap.7.4.3).

Man erkennt, daß man, außer bei den leichtesten Atomen bis ca. C bei Cu–Strahlung oder Na bei Mo–Strahlung, den Effekt bei der Strukturfaktorberechnung stets berücksichtigen muß. Die anomalen Streubeiträge sind im Gegensatz zu den „normalen" *nicht Beugungswinkel–abhängig*. Sie treten deshalb bei höheren Beugungswinkeln relativ deutlicher zutage. Ihre Auswirkung auf die Intensitätsverteilung im Beugungsbild bzw. im gemessenen Datensatz eines Kristalls hängt von der Raumgruppe ab.

Zentrosymmetrische Raumgruppen. Ohne anomale Streuung sind die imaginären Anteile der Streubeiträge eines über das Symmetriezentrum verbundenen Atompaars *entgegengesetzt* gleich, der resultierende Phasenwinkel Φ ist stets 0 oder 180° (Abb. 79a, s. Kap. 6.4). Dadurch daß die imaginären Beiträge zur anomalen Streuung bei beiden Atomen gleichsinnig addiert werden, bleibt nun trotz Zentrosymmetrie ein Phasenwinkel Φ übrig (Abb.79 b). Die resultierenden Amplituden–Beiträge beider Atome bleiben jedoch gleich groß.

Gilt nun das *Friedelsche Gesetz*

$|F_c(hkl)| = |F_c(\bar{h}\bar{k}\bar{l})|$ immer noch? Diese Frage kann man leicht beantworten, wenn man berücksichtigt, daß es in der Strukturfaktorgleichung

$$F_c = \sum f_i \{\cos[2\pi(hx_i + ky_i + lz_i)] + i\sin[2\pi(hx_i + ky_i + lz_i)]\}$$

zum selben Resultat, nämlich zum Vorzeichenwechsel in cos- und sin-Glied

Tabelle 11: Beiträge der anomalen Dispersion $\Delta f'$ und $\Delta f''$ sowie Massenschwächungskoeffizienten μ/ρ für einige häufig vorkommende Atomsorten bei CuK$_\alpha$ und MoK$_\alpha$–Wellenlänge (nach Int.Tables [12] C, Table 4.2.6.8 bzw. 4.2.4.3)

	CuK$_\alpha$			MoK$_\alpha$		
	$\Delta f'$	$\Delta f''$	$\mu/\rho[cm^2/g]$	$\Delta f'$	$\Delta f''$	$\mu/\rho[cm^2/g]$
C	0.0181	0.0091	4.51	0.0033	0.0016	0.576
N	0.0311	0.0180	7.44	0.0061	0.0033	0.845
O	0.0492	0.0322	11.5	0.0106	0.0060	1.22
F	0.0727	0.0534	15.8	0.0171	0.0103	1.63
Na	0.1353	0.1239	29.7	0.0362	0.0249	3.03
Si	0.2541	0.3302	63.7	0.0817	0.0704	6.64
P	0.2955	0.4335	75.5	0.1023	0.0942	7.97
S	0.3331	0.5567	93.3	0.1246	0.1234	9.99
Cl	0.3639	0.7018	106.	0.1484	0.1585	11.5
Cr	-0.1635	2.4439	247.	0.3209	0.6236	29.9
Mn	-0.5299	2.8052	270.	0.3368	0.7283	33.1
Fe	-1.1336	3.1974	302.	0.3463	0.8444	37.6
Co	-2.3653	3.6143	321.	0.3494	0.9721	41.0
Ni	-3.0029	0.5091	48.8	0.3393	1.1124	46.9
Cu	-1.9646	0.5888	51.8	0.3201	1.2651	49.1
As	-0.9300	1.0051	74.7	0.0499	2.0058	66.1
Br	-0.6763	1.2805	89.0	-0.2901	2.4595	75.6
Mo	-0.0483	2.7339	154.	-1.6832	0.6857	18.8
Sn	0.0259	5.4591	247.	-0.6537	1.4246	31.0
Sb	-0.0562	5.8946	259.	-0.5866	1.5461	32.7
I	-0.3257	6.8362	288.	-0.4742	1.8119	36.7
W	-5.4734	5.5774	168.	-0.8490	6.8722	93.8
Pt	-4.5932	6.9264	188.	-1.7033	8.3905	107.
Bi	-4.0111	8.9310	244.	-4.1077	10.2566	126.

führt, wenn man eine Atomlage (1) xyz nach (2) $\bar{x}\bar{y}\bar{z}$ invertiert oder wenn man die Indices hkl nach $\bar{h}\bar{k}\bar{l}$ invertiert. Also sind die Beiträge der Atome (1)

10.4 Anomale Dispersion und „absolute Struktur"

und (2) zum Strukturfaktor

$$F_{hkl}(1) = F_{\bar{h}\bar{k}\bar{l}}(2)$$
$$\text{und } F_{\bar{h}\bar{k}\bar{l}}(1) = F_{hkl}(2) \tag{91}$$

(Für das Atom i sei $F_{hkl}(i) = f_i(\cos\Phi_i + i\sin\Phi_i)$)

Dies gilt auch bei Hinzunahme der anomalen Streubeiträge, da sie sich nach Abb.79 bei beiden identischen Atomen gleich addieren und nur eine konstante Phasenverschiebung $\Delta\Phi$ verursachen. Berechnet man für diese 2–Atom–Struktur die Strukturfaktoren der „Friedel–Paare" F_{hkl} und $F_{\bar{h}\bar{k}\bar{l}}$,

$$F_c(hkl) = F_{hkl}(1) + F_{hkl}(2)$$
$$F_c(\bar{h}\bar{k}\bar{l}) = F_{\bar{h}\bar{k}\bar{l}}(1) + F_{\bar{h}\bar{k}\bar{l}}(2) \tag{92}$$

so sieht man, daß wegen Gl.91 und, da bei Vektoradditionen die Reihenfolge keine Rolle spielt, das Friedelsche Gesetz

$$|F_c(hkl)| = \left|F_c(\bar{h}\bar{k}\bar{l})\right|$$

im zentrosymmetrischen Fall immer noch gültig ist. Bei zentrosymmetrischen Strukturen muß man also lediglich bei allen schwereren Atomen die anomalen Streubeiträge $\Delta f'$ und $\Delta f''$ zusammen mit den Atomformfaktoren f bei der Berechnung der Strukturfaktoren miteinbeziehen. Dies wird in den modernen Programmsystemen automatisch vorgenommen.

Nicht zentrosymmetrische Raumgruppen. Die Gültigkeit des Friedelschen Gesetzes ist jedoch nicht mehr gegeben, wenn kein Symmetriezentrum vorhanden ist (Abb.80). Invertiert man die Indices, so ändert man nur die Vorzeichen der „normalen" imaginären Streubeiträge, nicht aber die der anomalen, so daß bei der vektoriellen Addition für F_{hkl} und $F_{\bar{h}\bar{k}\bar{l}}$ sowohl verschiedene Strukturamplituden als auch verschiedene Beträge des Phasenwinkels resultieren.

Dadurch entstehen Intensitätsunterschiede zwischen den Friedel-Reflexen, die *Bijvoet-Differenzen*, die man folgendermaßen ableiten kann[3]:

Zerlegt man die Beiträge zum Strukturfaktor F in einen Realteil A und einen Imaginärteil B, die aus der Summe der Beiträge der einzelnen Atomformfaktoren f_i zusammengesetzt sind, sowie den Realteil a bzw. Imaginärteil b aus der Summe der Beiträge der anomalen Dispersion $\Delta f'_i$ und $\Delta f''_i$, so kann man für den Strukturfaktor kurz schreiben

$$F(hkl) = (A + iB) + i(a + ib) = (A - b) + i(B + a)$$

---
[3] nach H.Bärnighausen, Viellingskurs Hünfeld 1995

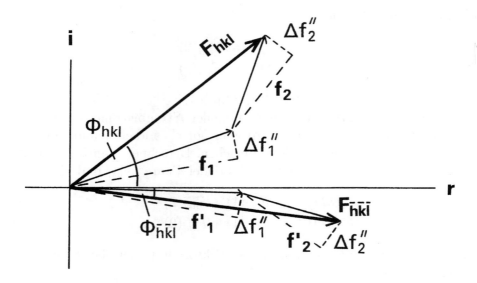

Abb. 80: Zum Einfluß der anomalen Dispersion in nicht zentrosymmetrischen Raumgruppen

Für den Friedel-Reflex $\overline{h}\overline{k}\overline{l}$ gilt dann

$$F(\overline{h}\overline{k}\overline{l}) = (A - iB) + i(a - ib) = (A + b) - i(B - a)$$

Die Quadrate der Strukturfaktoren sind dann

$$\begin{aligned} F^2(hkl) &= F(hkl) * F^*(hkl) = A^2 - 2*A*b + b^2 + B^2 + 2*a*B + a^2 \\ F^2(\overline{h}\overline{k}\overline{l}) &= F(\overline{h}\overline{k}\overline{l}) * F^*(\overline{h}\overline{k}\overline{l}) = A^2 + 2*A*b + b^2 + B^2 - 2*a*B + a^2 \end{aligned}$$

Die *Bijvoet-Differenzen* ergeben sich dann zu

$$F^2(hkl) - F^2(\overline{h}\overline{k}\overline{l}) = 4(a*B - A*b)$$

Diese Beziehung hat eine auf den ersten Blick unerwartete und wenig bekannte Konsequenz: Deutliche Bijvoet-Differenzen können auch in solchen nichtzentrosymmetrischen Strukturen auftreten, in denen die anomal streuenden Schweratome selbst zentrosymmetrisch angeordnet sind. In diesen Fällen geht zwar der Imaginärteil der Atomformfaktorbeiträge B in der Summe gegen Null, das Produkt $A*b$ – aus dem Realteil der Atomformfaktorsumme und dem Imaginärteil der summierten anomalen Dispersions-Anteile – kann jedoch erhebliche Beiträge liefern.

Das bedeutet, daß man in nicht zentrosymmetrischen Raumgruppen Friedel–Paare I_{hkl} und $I_{\overline{h}\overline{k}\overline{l}}$ *nicht mitteln* darf, wenn die anomale Streuung eine Rolle spielt. Die Lauesymmetrie (Kap. 6.5.4) gilt nicht mehr streng.

10.4 Anomale Dispersion und „absolute Struktur"

> *Trotzdem bleiben noch (außer in Raumgruppe P1 Symmetrieäquivalenzen bestehen, die die Mittelung bestimmter Reflexklassen notwendig machen. Eine umfassende Überscht ist in den Int.Tables B, Tab. 1.4.4 zu finden.*

Die feinen Intensitätsunterschiede auf Grund der anomalen Streuung kann man in Filmaufnahmen und im Datensatz einer Diffraktometer–Messung normalerweise wegen der geringen Effekte kaum erkennen. Erst am Ende einer Strukturbestimmung, wenn man ein komplettes Strukturmodell optimal verfeinert hat, kann — *und muß* — man die Beiträge der anomalen Streuung korrekt mit einbeziehen. Dies sei an einem vereinfachten Beispiel in Raumgruppe $P2_1$ erläutert:

Da die Raumgruppe $P2_1$ weder eine Spiegelebene noch ein Symmetriezentrum enthält, kann man in ihr die Struktur einer chiralen Molekülverbindung beschreiben, die nur in *einer* enantiomeren Form auskristallisiert. Diese Raumgrupppe tritt häufig bei optisch aktiven Naturstoffen auf. Ohne anomale Streueffekte hat das Beugungsbild die Symmetrie der Lauegruppe $2/m$. Hat man das Strukturmodell eines Enantiomeren, z.B. einer R–Form, aufgestellt und verfeinert, so könnte man daraus die enantiomorphe Struktur, also hier das S–Enantiomere, erzeugen, indem man die Struktur am Ursprung invertiert, also alle xyz- Parameter der Atome der asymmetrischen Einheit in die $-x, -y, -z$-Werte umrechnet. Im monoklinen Kristallsystem wäre dasselbe Ergebnis auch durch Spiegelung an der $\boldsymbol{a,c}$ –Ebene zu erreichen, also durch Inversion nur der y–Parameter.

Diese Symmetrieoperationen: $\bar{1}$ oder $.m.$ sind jedoch bereits in der Lauesymmetrie enthalten, d.h. das Beugungsbild unterscheidet sich nicht für die beiden enantiomorphen Strukturen. Man kann sie umgekehrt röntgenographisch deshalb nicht unterscheiden. Der Grund dafür ist die Gültigkeit des Friedelschen Gesetzes, die Addition des Symmetriezentrums im Beugungsbild.

Wird dieses Gesetz jedoch durch die anomalen Streubeiträge deutlich durchbrochen, so hat man mit den experimentell messbaren Abweichungen von der Lauesymmetrie ein Mittel in der Hand, zwischen den möglichen enantiomorphen Strukturen zu unterscheiden. Um dies optimal tun zu können, sollte man, wenn möglich, die Strahlung so wählen, daß die anomale Streuung stark genug ist. Bei Leichtatomstrukturen bedeutet dies, daß man nur mit Cu– oder noch weicherer Strahlung arbeiten darf. Außerdem sollte man jeweils „Friedel–Paare" hkl und $\bar{h}\bar{k}\bar{l}$ mit möglichst guter Genauigkeit und bis zu möglichst hohen Beugungswinkeln messen. Das richtige Enantiomorphe erkennt man dann z.B., indem man für beide Modelle die Strukturfaktoren berechnet und schaut, bei welchem die experimentell gefundenen Bijvoet-Differenzen in den Friedelpaaren in Vorzeichen und Größe richtig wiedergegeben werden. Sind die anomalen Streubeiträge stark genug, kann es genügen, beide Modelle zu verfeinern. Das richtige Enantiomorphe sollte sich dabei durch einen signifikant besseren gewogenen R–Wert auszeichnen. Im Beispiel der Raumgruppe $P2_1$ heißt dies dann z.B., daß man die absolute Konfiguration des Moleküls bestimmt hat.

10.4.1 Chiralität und "absolute Struktur"

Strukturen enantiomerenreiner chiraler Moleküle kann man nur in solchen nicht–zentrosymmetrischen Raumgruppen beschreiben, die weder ein Inversionszentrum noch ein Spiegel–Symmetrieelement enthalten. Diese 65 Raumgruppen nennt man nach einem Vorschlag von Flack [37] *"Sohncke-Raumgruppen"*. Häufig findet man in der Literatur dafür auch den Begriff "chirale Raumgruppen". Diese Bezeichnung gilt jedoch im engeren Sinn nur für die 11 enantiomorphen Raumgruppenpaare, z.B. $P4_1$ und $P4_3$, bei denen die Symmetrie der Raumgruppe selbst chiral ist. Man muss alo beim Begriff Chiralität klar unterscheiden, ob man ein Molekül meint, – darauf sollte man auch die Verwendung des Begriffs *"absolute Konfiguration"* beschränken, – eine chirale Kristallstruktur (die tatsächlich auch aus achiralen Molekülen aufgebaut sein kann), oder die Symmetrie einer Raumgruppe. Wie im behandelten Beispiel muß in allen diesen 65 Raumgruppen die richtige „Chiralität" der Kristallstruktur ermittelt werden. Dies ist meistens mit der geschilderten Methode der Überprüfung der Bijvoet-Differenzen oder des weiter unten beschriebenen *"Flack- Parameters"* möglich und erfordert ggf. die Inversion der Atomparameter. Die häufigsten Raumgruppen dieser Gruppe sind $P2_12_12_1, P2_1, C222_1$ und $C2$. Bei chiralen Raumgruppen, also z.B. beim Vorliegen von 3_1 oder 4_1–Schraubenachsen muß außer den Parametern auch der Drehsinn der Schraubenachse invertiert werden, indem man zu den *enantiomorphen Raumgruppen*, z.B von $P3_1$ nach $P3_2$ bzw. von $P4_1$ nach $P4_3$ übergeht.

Jedoch auch bei den anderen nicht–zentrosymmetrischen Raumgruppen, die Spiegelsymmetrien oder Inversionsdrehachsen enthalten, wie z.B. $Pna2_1, Imm2$ oder $I4c2$ führt die Inversion der Atomparameter (z.B. Invertieren aller z–Parameter in $Pna2_1$) zu einer unterscheidbaren Struktur, die im Beugungsbild umgekehrte Bijvoet-Differenzen zeigt, obwohl durch die vorhandenen Symmetrieelemente Bild und Spiegelbild von Molekülen bzw. Baugruppen erzeugt werden. Viele von diesen Raumgruppen enthalten sog. *polare Achsen*, bei denen Umkehr der Achsrichtung den Effekt der anomalen Dispersion beeinflusst. Da man bei der anfänglichen Bestimmung der Elementarzelle willkürlich eine der beiden Achsrichtungen festlegt, ist es

10.4 Anomale Dispersion und „absolute Struktur"

notwendig, durch Vergleich der Verfeinerung beider Alternativen die richtige Orientierung der Struktur zur polaren Achse zu ermitteln. Man hat also in allen nicht–zentrosymmetrischen Raumgruppen die „absolute Struktur" zu bestimmen (zu Nomenklaturfragen siehe [36,37]).

Erfahrungsgemäß ist es bei rein organischen Verbindungen, die keine schwereren Atome als Sauerstoff enthalten, auch bei Messungen mit Cu–Strahlung, sehr schwierig, die enantiomorphen Strukturen sicher zu unterscheiden. Die R–Wert–Differenzen liegen meist unter 0.001. Schon die Anwesenheit eines S–Atoms reicht jedoch normalerweise für eine Bestimmbarkeit aus. Bei Schweratom-Strukturen können die Unterschiede im R–Wert bis um die 0.03 betragen. Hier ist die Unterscheidung meist auch ohne die Vermessung von Friedel–Paaren möglich.

> *Die Signifikanz von R–Wert–Unterschieden sollte stets an den gewogenen wR–Werten geprüft werden. Hamilton [38] schlug einen Test vor, bei dem für bestimmte Wahrscheinlichkeiten, z.B. 95%, aus der Zahl der Reflexe und der Parameter beider Modelle das mindestens zu erreichende R–Wert–Verhältnis $wR(1)/wR(2)$ berechnet wird, um das Modell (1) gegenüber (2) als wahrscheinlich „richtig" annehmen zu können. Diese mathematische Methode setzt statistische Fehlerverteilung im Datensatz voraus. Die Erfahrung zeigt jedoch, daß bei den heute üblichen großen Datensätzen mit relativ geringen statistischen Fehlern der Test fast immer Signifikanz anzeigt, obwohl eine realistischere Fehlerabschätzung unter Berücksichtigung systematischer Fehler offensichtlich zu Vorsicht mahnt.*
>
> *In Fällen mit deutlichen anomalen Streueffekten führt die Verfeinerung des falschen Enantiomorphen auch zu Fehlern in den Atomparametern, die sich in fehlerhaften Bindungslängen und Winkeln und höheren Standardabweichungen äußern. Die Bestimmung des richtigen Enantiomorphen ist deshalb notwendig, um die Geometrie der Struktur optimal zu bestimmen, auch dann, wenn die absolute Struktur nicht von Interesse ist.*

Inversionszwillinge ('twins by inversion'). Gelegentlich findet man keine oder nur geringe Unterschiede in den wR–Werten beider alternativer Strukturmodelle, obwohl starke anomale Streuer in der Struktur vorhanden sind. Dies kann durch sogenannte Inversionszwillings–Bildung verursacht sein (zu Zwillingsproblemen allgemein siehe Kap. 11.2). Dabei sind Bereiche (Domänen) des Kristalls des einen Enantiomorphen und Bereiche des anderen Enantiomorphen gesetzmäßig so miteinander verwachsen, daß die kristallographischen Achsen zusammenfallen, jedoch teilweise mit umgekehrter Richtung. Typisches Beispiel ist ein monokliner Zwillingskristall z.B. in

Raumgruppe $P2_1$, bei dem an einer (010)–Ebene die b–Achse gespiegelt wird (Abb.81). Er enthält die beiden alternativen Enantiomorphen zugleich. Ein

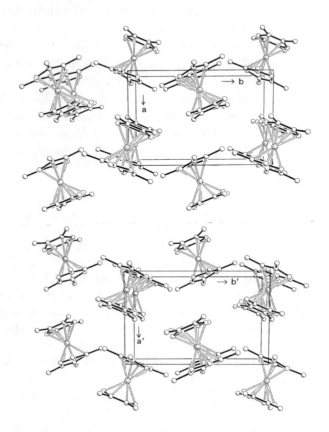

Abb. 81: „Bild" (oben) und „Spiegelbild" (unten) einer nicht zentrosymmetrischen Struktur (Raumgruppe $P2_1$) in der Anordnung einer möglichen Inversions–Verzwilligung

analoges Ergebnis hätte die Inversion aller Achsen am Ursprung.

Eine solche Verzwilligung ist im Beugungsbild nicht zu erkennen, da die (010) Spiegelebene wie das Inversionszentrum ohnehin bereits Bestandteil der Lauegruppe $2/m$ sind. Ohne anomale Streuung wäre sie deshalb also auch unschädlich. Sie verdeckt bzw. mittelt jedoch die Beiträge der anomalen Streuung, so daß die Bestimmung der absoluten Struktur unmöglich oder zweifelhaft wird.

Man kann die Inversions-Verzwilligung jedoch im Strukturmodell berücksichtigen.

10.5 Extinktion

Flack-Parameter. Eine elegante Methode dazu stammt von Flack [39]. Sie beruht darauf, daß bei der Verfeinerung die berechneten Intensitäten F_c^2 aus einem Anteil $1 - x$ des „Bildes" und einem Anteil x des „Spiegelbildes" zusammengesetzt werden, wie bei der Behandlung meroedrischer Zwillinge (siehe unten Gl.98, Kap. 11.2). Der „Flack-Parameter" x wird dann mit in die Verfeinerung einbezogen. Ist der Einfluß der anomalen Dispersion deutlich genug, so gibt er Auskunft über die "absolute Struktur". Ein Wert von $x = 0$ bedeutet, dass das verfeinerte Strukturmodell, das „Bild", richtig ist, ein Wert von $x = 1$ zeigt, daß das Spiegelbild vorliegt. Wird ein Wert dazwischen verfeinert, was natürlich nur bei entsprechend guter Standardabweichung ernst zu nehmen ist, so zeigt dies eine Verzwillingung an. Ein x-Parameter von 0.5 bedeutet z.B. ein Zwillings-Verhältnis von 1:1. Berücksichtigt man eine solche Inversionsverzwillingung nicht, kann das leichte Fehler in der Strukturgeometrie verursachen.

10.5 Extinktion

Ein weiterer wichtiger Effekt, den man im Endstadium einer Strukturverfeinerung berücksichtigen muß, äußert sich darin, daß nach optimaler Verfeinerung des kompletten Strukturmodells bei den besonders starken *und* bei niedrigen Beugungswinkeln erscheinenden Reflexen systematisch die beobachteten Strukturfaktoren F_o *niedriger* liegen als die berechneten F_c–Werte. Dies kann durch sogenannte Extinktionseffekte verursacht werden, die man in *Primär-* und *Sekundär–Extinktion* unterteilen kann. Sie treten dann auf, wenn die Kristallqualität sehr gut ist. Wie in Kap. 7.2 bereits angesprochen, haben reale Einkristalle eine Mosaikstruktur, die dazu führt, daß der reflektierte Strahl gegenüber dem einfallenden eine höhere Divergenz und reduzierte Kohärenz zeigt, so daß er den Kristall verläßt, ohne selbst nochmals Beugungseffekte zu verursachen. Die Mosaikstruktur ist der Idealfall eines „Realkristalls", für den die hier (s. Kap. 5) vorausgesetzte *kinematische Streutheorie* gilt. Danach sind die zu erwartenden Reflexintensitäten

$$I_{hkl} \sim F_{hkl}^2. \tag{93}$$

Je mehr sich ein Einkristall dem Idealkristall *ohne* Mosaikstruktur annähert, desto intensiver kann die gebeugte Strahlung werden und desto eher können reflektierte Strahlen selbst wieder als „Primärstrahl" für weitere Beugungseffekte fungieren.

Bei der *Primärextinktion* wird der an einer stark streuenden Netzebene reflektierte Strahl selbst zum „Primärstrahl" (Abb.82), der durch weitere Reflektion selbst geschwächt wird.

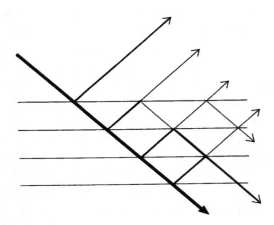

Abb. 82: Primär–Extinktion

Nähert man sich dem Idealkristall, so wird die Intensität eines Reflexes so geschwächt, daß im Grenzfall

$$I_{hkl} \sim |\ F_{hkl}\ | \qquad (94)$$

gilt. Zur theoretischen Beschreibung der Beugungsphänomene benötigt man dann eine andere, die *dynamische Streutheorie*. Solche annähernd idealen Einkristalle gibt es jedoch nur selten, z.B. bei den hochreinen Halbleiterkristallen von Si oder Ge. Bei den weitaus meisten aus chemischen Labors stammenden Einkristallen genügt es, mit der kinematischen Theorie zu rechnen und die Extinktionseffekte durch einen Korrekturfaktor zu berücksichtigen.

Unter *Sekundär-Extinktion* versteht man einen Vorgang, bei dem nach Abb.83 der Primärstrahl in den oberen Schichten des Kristall durch eine stark reflektierende Netzebene bereits so stark geschwächt wird, daß die tieferen Schichten nur noch schwächer „beleuchtet" werden, so daß insgesamt für den ganzen Kristall dieser Reflex geschwächt wird. Im „idealen Realkristall" ist der Intensitätsverlust des Primärstrahls durch den Streuvorgang so gering (unter 1%), daß er vernachlässigt werden kann.

Man nimmt an, daß die Sekundärextinktion eine größere Rolle spielt als die Primärextinktion und hat verschiedene Theorien zu ihrer Behandlung entwickelt ([40,41], Übersicht in [42]). Da man beide Effekte jedoch schlecht trennen kann, begnügt man sich in der Praxis „normaler" Strukturbestimmungen mit einem empirischen, an den F_c–Werten angebrachten Korrekturfaktor ϵ,

10.6 Renninger–Effekt

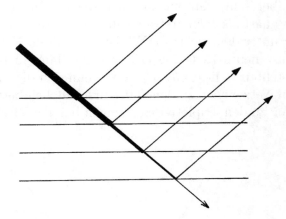

Abb. 83: Sekundär–Extinktion

der mitverfeinert wird. Im SHELXL Programm wird z.B. die Korrektur nach

$$F_c(korr) = \frac{F_c}{(1 + \epsilon \, F_c^2 \lambda^3 / \sin 2\theta)^{1/4}} \qquad (95)$$

vorgenommen (λ = Wellenlänge, θ = Beugungswinkel).

Bei Cu–Strahlung spielen Extinktionseffekte eine größere Rolle als bei Mo–Strahlung, da hier die Ausbeute an gestreuter Strahlung höher ist. Ist der Extinktions–Effekt sehr groß (Differenzen zwischen F_o und F_c größer als bis ca. 20%), so kann man ihn meist reduzieren, indem man den Kristall kurz in flüssige Luft eintaucht und so durch den Temperaturschock seine Mosaikstruktur nachträglich vergröbert.

10.6 Renninger–Effekt

Ein häufig vernachlässigter Effekt ist die von Renninger [43] gefundene und deshalb meist nach ihm als *Renninger–Effekt* benannte *Umweganregung*. Sie kommt folgendermaßen zustande: Betrachtet man eine bestimmte Netzebene ($h_1 k_1 l_1$), die unter dem richtigen Beugungswinkel θ_1 in Reflexionsstellung zum Röntgenstrahl steht, so daß ihr Reflex mit einem Detektor beim Winkel $2\theta_1$ vermessen werden kann, so sind bei dieser Kristallposition mit relativ großer Wahrscheinlichkeit gleichzeitig noch weitere Netzebenen zufällig auch in Reflexionsstellung (z.B. ein Reflex $h_2 k_2 l_2$). Deren Reflexe fallen jedoch in andere Raumrichtungen, die Beugungswinkel sind anders, so dass kein Problem auftritt.

Nun kann es aber sein, daß ein an einer solchen Netzebene $(h_2 k_2 l_2)$ reflektierter Strahl quasi als Primärstrahl auf eine weitere Netzebene $(h_3 k_3 l_3)$ trifft, die zufällig unter dem richtigen Winkel θ für ihren Netzebenenabstand steht. Dann kann erneute Reflexion erfolgen, die dann in Richtung des ursprünglich eingestellten Reflexes $h_1 k_1 l_1$ fällt, wenn sich die Miller-Indices der beiden beteiligten Netzebenen zu denen der ursprünglich betrachteten Ebene summieren (analog zu den Triplett-Beziehungen bei den Direkten Methoden) (Abb.84).

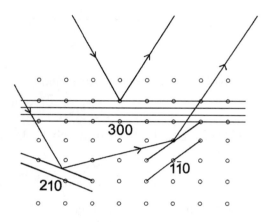

Abb. 84: Renninger–Effekt

Die Wahrscheinlichkeit, daß die geometrischen Beugungsbedingungen für eine solche Umweganregung erfüllt sind, ist erstaunlich hoch. Normalerweise gibt es für jeden Reflex gleichzeitig eine ganze Reihe möglicher Umweg–Pfade. Eine Rolle spielt der Effekt jedoch nur, wenn beide am „Umweg" beteiligten Reflexe gleichzeitig sehr stark sind, und der Kristall von sehr guter Qualität ist, denn nur dann bleibt nach doppelter Reflexion überhaupt noch meßbare Intensität übrig. Dies sind dann meist nur noch wenige Reflexe. Auch dann richtet der Effekt noch kaum Schaden an, wenn der an sich zu messende Reflex selbst deutliche Intensität hat. Denn dann verursacht die Umweganregung nur einen kleinen Intensitätsfehler. Störend macht sich der Renninger–Effekt jedoch dann bemerkbar, wenn der „Originalreflex", an dessen Stelle der Störreflex fällt, selbst systematisch ausgelöscht ist. Dann durchbricht der Renninger–Reflex die Auslöschungsregel und führt, wenn man dies nicht bemerkt, zur Zuordnung einer falschen Raumgruppe.

„Renninger–Reflexe" kann man daran erkennen, daß sie wegen der Doppelreflexion eine deutlich geringere Halbwertsbreite besitzen als die normalen Reflexe des Kristalls. Auf einem Vierkreis–Diffraktometer kann man sie — nachträglich — identifizieren, indem man eine Ψ–Rotation um die Normale der Netzebene des „Originalreflexes" ausführt. Ist der Reflex „echt", so bleibt er dabei unverändert, ist er durch Umweganregung entstanden, so verschwindet er schon nach 1–2° Drehung, da die geometrische Bedingung nach Abb.84 dann nicht mehr erfüllt ist. Will man für sehr exakte Messungen den Renninger–Effekt ausschließen, so kann man jeden Reflex bei zwei Azimut-Winkeln, z.B. $\Psi = 0°$ und 5° messen und bei der Datenauswertung auf Intensitätsgleichheit prüfen.

Man sollte auf möglichen Renninger–Effekt vor allem dann prüfen, wenn die Beschreibung der Struktur auch in einer höheren Raumgruppe möglich wäre, deren Auslöschungen nur schwach durchbrochen werden. Es wurden schon Fälle beobachtet, wo über 40 Renninger–Reflexe über ausgelöschten Reflexen lagen. Die jahrzehntelang offene Kontroverse über die „richtige" Raumgruppe der orthorhombischen Weberite ($Imma, Imm2$ oder $I2_12_12_1$) konnte z.B. dadurch zugunsten von $Imma$ entschieden werden, daß alle die Auslöschungsbedingung der a–Gleitspiegelebene in Raumgruppe $Imma$ durchbrechenden Reflexe auf den Renninger–Effekt zurückgeführt werden konnten [44], z.T aber auch auf den im Folgenden besprochenen $\lambda/2$–Effekt.

10.7 Der $\lambda/2$–Effekt

Bei großen, stark streuenden Kristallen kann der „$\lambda/2$–Effekt" sich störend bemerkbar machen. Er kommt dadurch zustande, daß in der monochromatisierten Strahlung noch kleine Anteile von Strahlung der halben Wellenlänge enthalten sind. Dies ist auch bei Verwendung der üblichen Graphitmonochromatoren der Fall, da nach der Braggschen Gleichung

$$2d \sin \theta = n\lambda$$

die n-te Beugungsordnung (z.B. $n = 1$) an der eingestellten Netzebene für die gewünschte K_α–Wellenlänge λ beim gleichen Beugungswinkel erscheint wie die $2n$-te Beugungsordnung (z.B. $n = 2$) des Reflexes bei der *halben* Wellenlänge $\lambda/2$.

Ob bzw. wie stark $\lambda/2$–Strahlung auftritt, hängt bei Vierkreis-Diffraktometern von der Art, Qualität und Einstellung des verwendeten Zählrohrs ab. Erfahrungsgemäß liegt der Anteil an $\lambda/2$–Strahlung bei graphitmonochromatisierter Strahlung hier bei bis zu 0.1–0.3 % (zum Einfluss bei CCD-Detektoren siehe [45]). Bei einer sehr stark in 2.Ordnung reflektierenden Netzebene (hkl), also bei starkem Reflex $2h, 2k, 2l$ (Beispiel 200) kann mit der $\lambda/2$–Strahlung ein Reflex entstehen, der wegen der Äquivalenz von

$$\sin\theta = \frac{\lambda/2}{d} = \frac{\lambda}{2d}$$

an der Stelle erscheint, wo sonst mit λ die erste Ordnung hkl (Beispiel 100) erwartet würde. Da häufig solche Reflexe mit ungeraden Indices wegen systematischer Auslöschungen keine Intensität zeigen, kann man, wie durch Renninger–Effekte, auch durch einen nicht erkannten $\lambda/2$–Effekt zu einer falschen Raumgruppen–Zuordnung verleitet werden. Diesen Effekt kann man jedoch einfach korrigieren, indem man mit einem Eichkristall (I–Zentrierung ist besonders geeignet) den $\lambda/2$–Anteil des Diffraktometers bestimmt und in einem kleinen Programm für alle starken Reflexe $2h, 2k, 2l$ die Intensitäten der zugehörigen Reflexe hkl um den danach berechneten Beitrag reduziert.

10.8 Thermisch Diffuse Streuung (TDS)

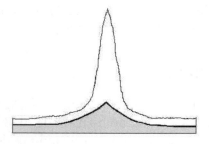

Abb. 85: Beitrag der thermisch diffusen Streuung zu einem Reflex

Die Streuung der Röntgenstrahlung am Kristall wird, wie schon im Kap. 5.2 angesprochen, durch die Temperaturbewegung der Atome beeinflußt. Der Beitrag der lokalen Schwingungen wurde dabei durch ein Korrekturglied am Atomformfaktor f, den Auslenkungsfaktor U, berücksichtigt. Es gibt jedoch einen weiteren Beitrag, der durch langreichweitig korrelierte Schwingungen, die Gitterschwingungen, verursacht wird. Sie führen zu einem im ganzen reziproken Raum verteilten diffusen Untergrund, der am Ort der Reflexe niedrige, breite, spitz zulaufende Maxima bildet (Abb.85). Bei der Subtraktion des Untergrundes im Verlauf der Datenreduktion (s. Kap. 7.4) wird wegen der Annahme linearen Untergrundverlaufs das Maximum nicht erfaßt. Da dieser

10.8 Thermisch Diffuse Streuung (TDS)

Fehler, der bei hohen Beugungswinkeln bis zu ca. 25 % der Nettointensität betragen kann, jedoch die Atomlagen normalerweise nicht verfälscht, sondern nur etwas die Auslenkungfaktoren beeinflußt, wird die TDS fast immer vernachlässigt. Bei der Ermittlung von Deformationsdichten ist eine Korrektur jedoch erforderlich, neuere Ansätze zu ihrer Erfassung finden sich z.B. in [46].

11 Fehler und Fallen

Die auf den geschilderten Wegen gewonnenen und optimierten Ergebnisse einer gelungenen Kristallstrukturbestimmung sind normalerweise von hoher Genauigkeit, wie sie durch andere, z.B. spektroskopische Methoden nur in Ausnahmefällen erreichbar ist. Der indirekte Charakter der Strukturbestimmung, der durch die Notwendigkeit der Aufstellung eines Struktur*modells* bedingt ist, kann jedoch manchmal zu schweren und gelegentlich zudem noch schwer erkennbaren Fehlern führen. Vor allem wenn man die Annehmlichkeiten moderner Programmsysteme zu weitgehend automatischer Sammlung von Diffraktometerdaten, zur Auffindung von Elementarzelle und Bestimmung der Raumgruppe nicht kritisch genug einsetzt, kann man in heimtückische Fallen geraten. Natürlich ist es so gut wie ausgeschlossen, daß ein kristallchemisch völlig unsinniges Strukturmodell zu berechneten F_c-Werten führt, die bei mehreren Tausend Reflexen mit den beobachteten F_o-Daten jeweils auf wenige Prozent genau übereinstimmen. Es gibt jedoch immer wieder Fälle, in denen ein Strukturmodell so viele Eigenschaften des Kristalls richtig beschreibt, daß gute R-Werte berechnet werden, daß aber trotzdem — vielleicht wesentliche — Details der Struktur falsch sind. Dies kann z.B. geschehen, wenn bei der Verfeinerung nicht das eigentlich richtige *Minimum* der Fehlerquadratsumme aufgefunden wurde, sondern nur ein *Pseudominimum*. Ein solches beschreibt eine Pseudo–Strukturlösung, die noch Fehler enthält, von der jedoch auf dem Wege der Verfeinerung kein Weg zur richtigen Lösung führt. Andere Fehlerquellen können darin liegen, daß überhaupt die Voraussetzungen für die Strukturrechnungen wie die Elementarzelle oder die Raumgruppe nicht richtig gewählt wurden. Einige solcher möglicher Fehler und Fallen sind in den folgenden Abschnitten mit konkreten Beispielen vorgestellt.

11.1 Falsche Atomsorten

Die in Kap. 5 behandelte Proportionalität der Atomformfaktoren zur Ordnungszahl der Elemente bedingt, daß im Periodensystem aufeinanderfolgende Elemente sich in ihrer Streukraft nur geringfügig unterscheiden. Meist ist dies kein Problem, da der Chemiker aus der Strukturgeometrie, den Bindungslängen und der Zahl der Bindungspartner eine eventuelle Streitfrage leicht entscheiden kann. Bei guten Datensätzen ist normalerweise eine solche Unterscheidung auch rein „technisch" möglich, wie das in Abb.86 aufgeführte Beispiel zeigt. Hier wurde eines der N-Atome im Komplex absichtlich nur als C-Atom verfeinert. Obwohl dabei nur ein einziges Elektron von insgesamt 171 Elektronen im Strukturmodell wegfällt, zeichnet sich die richtige Atom-

11.1 Falsche Atomsorten

zuordnung durch einen signifikant niedrigeren R–Wert und den sinnvolleren Auslenkungsfaktor aus.

Atom „N1"	= N	= C
wR_2 (alle Refl.)	0.0753	0.0875
R ($I > 2\sigma$)	0.0297	0.0340
GOF	1.048	1.218
U_{eq}(„N1")	0.0320(7)	0.0203(8)
U_{eq}(C2)	0.0292(7)	0.0300(9)

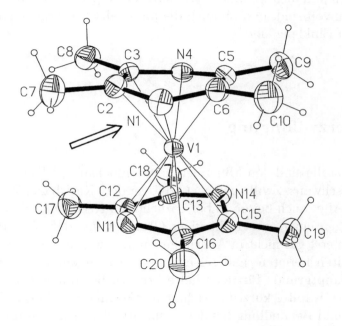

Abb. 86: Auswirkung der Verwendung einer falschen Atomsorte: „C" statt N1 (Pfeil) am Beispiel des Sandwich-Komplexes Bis(tetramethyl-η^6-pyrazin)vanadium

Schwierig zu unterscheiden sind solche alternativen Möglichkeiten, wenn der Datensatz schlecht ist, denn dadurch werden einerseits die R–Wert-Unterschiede verwischt und anderseits die Bindungslängen ungenauer, so daß kristallographische wie chemische Kriterien unscharf werden.

Es gibt auch immer wieder Fälle, in denen aus Syntheseansätzen völlig unvorhergesehene Verbindungen kristallisieren. Dann ist erhebliche Phantasie und Selbstüberwindung erforderlich, um die von der geplanten und erhofften Struktur her geprägten Vorstellungen für das Strukturmodell zu verlassen. Ein besonders einprägsames Beispiel dafür, wie "der Wunsch der Vater des Gedankens" sein und zu einer falsch publizierten Struktur führen kann, wurde durch *von Schnering und Vu* [47] aufgedeckt: Sie konnten zeigen, daß eine aufsehenerregende Publikation über die Struktur von "$[ClF_6]^+[CuF_4]^-$" ($R = 0.07$) in Wirklichkeit ein Hydrolyseprodukt $[Cu(H_2O)_4]^{2+}[SiF_6]^{2-}$ beschreibt. Die fälschliche Zuordnung von Cl statt Si und von F statt O macht sich hauptsächlich in 2–3–fach zu großen Auslenkungsfaktoren bemerkbar. Den Anstoß zur Entdeckung dieses Fehlers gaben die widersprüchlichen magnetischen Eigenschaften und die blaue Farbe. Es ist also immer gut, bei zweifelhaften und ungewöhnlichen Strukturen zu prüfen, ob alle Auslenkungsfaktoren sinnvoll sind, und ob auch die physikalischen Eigenschaften mit der Struktur im Einklang sind.

11.2 Verzwillingung

Zwillingskristalle sind von Mineralen her wohlbekannt, z.B. in Form der sog. „Schwalbenschwanz–Zwillinge" bei Gips oder der „Karlsbader Zwillinge" beim Orthoklas. Aber auch bei im Labor gezüchteten Kristallen ist die Ausbildung von Zwillingen einerseits ein häufiger Grund dafür, daß Kristallstrukturbestimmungen erst gar nicht in Angriff genommen werden, scheitern oder große Schwierigkeiten bereiten, andererseits sind nicht erkannte Verzwillingungen einer der Hauptgründe für fehlerhafte Strukturbestimmungen. Deshalb sollen in diesem Kapitel kurz die wichtigsten Formen von Verzwillingung, ihre Erkennung und Behandlung bei der Strukturverfeinerung besprochen werden (siehe auch *E.Koch*, Intern.Tables C, Kap.1.3).

Unter Verzwillingung versteht man die *gesetzmäßige Verwachsung* verschieden orientierter Domänen ein und derselben Struktur zu einem Zwillingskristall. Die beiden Domänentypen haben dabei entweder eine *reale* Achse gemeinsam (also auch eine reziproke Ebene!) oder eine *reale* Ebene (damit eine reziproke Gerade). Die Verzwillingung läßt sich durch ein Symmetrieelement, das „Zwillingselement" beschreiben, das nicht wie „normale" kristallographische Symmetrieelemente in jeder Elementarzelle vorkommt, sondern nur makroskopisch ein oder wenige mal im Kristall auftritt. Man kann Zwillingskristalle unter verschiedenen Gesichtspunkten beschreiben und einteilen.

11.2 Verzwillingung

11.2.1 Klassifizierung nach dem Zwillingselement

Ein wichtiger Aspekt ist die Art des Zwillingselements, durch dessen Anwendung, die *Zwillingsoperation*, das erste in das zweite Exemplar überführt wird:

Achsenzwillinge. Im ersten Fall einer gemeinsamen Achse kann es sich um eine 2–,3–,4– oder 6–zählige Drehachse handeln, wobei diese meistens, aber nicht immer, mit einer der drei Achsen der Elementarzelle zusammenfällt (Beispiel Abb.87b).

Ebenenzwillinge (Reflektionszwillinge). Am häufigsten sind Zwillinge, deren Domänen durch Spiegelung an einer Ebene (hkl) ineinander überführt werden (Beispiel Abb.87a). Man spricht dann z.B. von einem „Ebenenzwilling nach (110)".

Inversionszwillinge ('twins by inversion'). Zwillinge, bei denen „Bild" und „Spiegelbild" einer nicht zentrosymmetrischen Struktur miteinander verwachsen sind, sind häufig, aber harmlos. Wegen der annähernden Gültigkeit des Friedelschen Gesetzes (s. Kap. 6.5.4) besitzt das Beugungsbild ohnehin annähernd Zentrosymmetrie. Die reziproken Gitter beider Domänen sind also praktisch identisch, die Struktur läßt sich ebensogut als „Bild" wie als „Spiegelbild" lösen und verfeinern. Lediglich die Beiträge der anomalen Streuung (s. Kap. 10.4) unterscheiden sich. Durch die Verzwillingung können sie überdeckt werden. Bei der Bestimmung der absoluten Struktur muß deshalb auf Inversions–Verzwillingung geprüft werden.

11.2.2 Klassifizierung nach dem makroskopischen Erscheinungsbild

Zwillinge wurden schon lange vor dem Zeitalter der Röntgenstrukturanalyse makroskopisch bei Mineralien beobachtet und nach ihrer Wachstumsform klassifiziert. Man unterscheidet z.B. *Berührungszwillinge*, bei denen zwei getrennte Kristallexemplare von der gemeinsamen Zwillingsebene aus wachsen (Abb.87a) und *Durchwachsungs(Penetrations)–* Zwillinge, bei denen sich die beiden Exemplare scheinbar durchdringen (Abb.87b). Bei *polysynthetischen* oder *lamellaren Zwillingen* wechseln sich Schichten der verschiedenen Domänen vielfach ab (Abb.87c). Geschieht dies nach sehr kurzen Abständen (10–100 nm), so kann diese *mikroskopische Verzwillingung* optisch nicht erkannt werden.

Sind die Domänen groß genug, und ist die Struktur mindestens optisch einachsig, so kann man sie — geeignete Blickrichtung vorausgesetzt — im Polarisations–Mikroskop durch ihr unterschiedliches Hell–Dunkel–Verhalten erkennen. Sieht man also unter dem Mikroskop, daß ein Zwilling vorliegt,

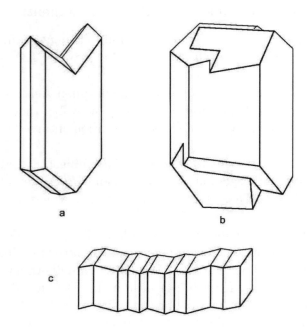

Abb. 87: Beispiele für Zwillingskristalle: a) Berührungszwilling; b) Durchwachsungszwilling und c) polysynthetischer Zwilling (übertrieben grob gezeichnet)

sollte man zuerst nach einem nicht verzwillingten Exemplar suchen. Manchmal gelingt es auch, mit einem feinen Skalpell oder einer Rasierklinge eines der Exemplare (unter inertem Öl, um Wegspringen der Kristalle zu vermeiden) abzutrennen. Sind alle Kristalle verzwillingt und nicht zu trennen, so kann man versuchen, das Zwillingsgesetz zu ermitteln, am besten durch Analysieren des Beugungsbildes auf einem Flächendetektorsystem oder mit Filmaufnahmen. In vielen Fällen ist es dann trotzdem möglich, einen Datensatz zu gewinnen und die Struktur zu lösen.

Mehrlinge. Es gibt natürlich auch Kristalle, bei denen mehr als zwei Sorten von Zwillingsdomänen vorkommen, z.B. Drillinge oder Vierlinge.

11.2.3 Klassifizierung nach der Entstehung

Zwillinge mit großen Domänen entstehen gerne, wenn Kristalle — von einem Keim aus in verschiedene Richtungen — aus Lösung oder aus Schmelzen wachsen. Man nennt sie *Wachstumszwillinge*. Dagegen entstehen meist mikroskopische polysynthetische Zwillinge, wenn ein Kristall bei hoher Temperatur

11.2 Verzwillingung

gezogen wurde und beim Abkühlen einen kristallographischen Phasenübergang von einer höheren zu einer niedrigeren Kristallklasse durchläuft. Man nennt sie *Transformationszwillinge*.

Verzwillingung bei Phasenübergängen. Kennt man die Raumgruppen der Hochtemperatur– und der Tieftemperaturphase, so kann man nach der Landau–Theorie auf Grund der Gruppe/Untergruppe–Beziehung zwischen den beiden Raumgruppen vorhersagen, welche Verzwillingung auftreten wird. Es gibt zwei Typen von Symmetrieabbau beim Phasenübergang: den translationengleichen und den klassengleichen (s. Kap. 6.4.5). Zum Beispiel fällt beim translationengleichen Abbau von $P4/nmm$ zur Untergruppe $P4/n$ die (100)– und damit auch die (010)– und (110)–Spiegelebene weg. Da die nun erlaubte Verzerrung der Struktur sich mit gleicher Wahrscheinlichkeit entlang der a – wie der b –Richtung ausrichten wird, tritt zwangsläufig Verzwillingung ein, bei der das verschwindende Symmetrieelement, z.B. hier die (110)–Spiegelebene zum *Zwillingselement* wird. Eine solche Verzwillingung ist also nicht zu vermeiden, es sei denn man führt den Übergang unter speziellen anisoptropen Bedingungen wie im elektrischen Feld durch, oder man züchtet die Kristalle unterhalb der Temperatur des Phasenübergangs, z.B. mit Hydrothermaltechnik. Allerdings kann man dabei natürlich auch Wachstumszwillinge erhalten.

Bei einem *klassengleichen Übergang* fällt Translationssymmetrie weg, z.B. eine Zentrierung, aber die Kristallklasse bleibt erhalten. Dabei können sogenannte Antiphasen–Domänen entstehen, die einer meist unschädlichen Inversions–Verzwillingung entsprechen.

11.2.4 Beugungsbilder von Zwillingskristallen und deren Interpretation

Im Beugungsbild, dem intensitätsgewichteten reziproken Gitter eines Zwillings, überlagern sich die reziproken Gitter der beiden Domänentypen. Man kann das Zwillingselement, die Drehachse oder Spiegelebene im realen Gitter direkt auf das reziproke Gitter anwenden und erhält das überlagernde rez. Gitter des zweiten Zwillingsexemplars. Im realen Kristall werden Zwillingsebenen bzw. –achsen nicht immer durch den Ursprung der Elementarzelle laufen. Sie liegen z.B. bevorzugt in Atomschichten einer dichtesten Kugelpackung bzw. senkrecht dazu. Da das Beugungsbild unabhängig von der Nullpunktswahl ist, kann man die Zwillings–Symmetrieelemente jedoch stets im Ursprung des reziproken Gitters anwenden. Man kann nun drei Fälle unterscheiden:

Nicht-meroedrische Zwillinge (Zwillinge ohne Koinzidenz der reziproken Gitter)

Fälle von Verzwillingung ohne gegenseitige vollständige Überlagerung der Reflexe beider Individuen (diese Koinzidenz tritt bei den unten behandelten meroedrischen Zwillingen ein) setzen voraus, daß das Zwillingselement *weder* in der Kristallklasse *noch* im Kristallsystem vorkommt. Deshalb fallen die Punkte der reziproken Gitter beider Domänentypen nicht oder nur gelegentlich zusammen, so daß man den Typ der Verzwillingung, das "Zwillingsgesetz" herausfinden kann. Dann ist es möglich, nur die Reflexe eines Exemplars zu vermessen, eventuell überlagerte Reflexe zu eliminieren oder zu korrigieren und die Struktur mit den üblichen Methoden zu lösen und zu verfeinern. Die meisten Verzwillingungen gehören zu diesem Typ, in Abb.88 ist als Beispiel die $h0l$-Schicht im reziproken Gitter eines monoklinen Ebenenzwillings nach (100) schematisch gezeigt.

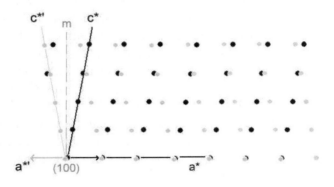

Abb. 88: Überlagerung der reziproken Gitter bei einem nicht meroedrischen monoklinen (100)-Zwilling in der $h0l$-Schicht

Solche Verzwillingungen sind leicht zu erkennen, wenn man das Beugungsbild im reziproken Raum betrachtet. Auf dem Vierkreis-Diffraktometer äußern sie sich meist dadurch, daß man bei der anfänglichen Bestimmung der Orientierungsmatrix Schiffbruch erleidet. Gelingt es, — oft erst nach vielen Versuchen — nur Reflexe *eines* Exemplars auszuwählen, so kann die Indizierung gelingen. Es ist jedoch immer besser, durch Inspektion des reziproken Gitters Klarheit über die richtige Zelle und das Zwillingsgesetz zu schaffen, um nicht Gefahr zu laufen, eine Pseudozelle zur Basis der Intensitätsmessung bzw. Integration zu machen. Wie im Beispiel der Abb.88 haben beide Exemplare meist eine 0. Schicht im reziproken Gitter, z.B. die $hk0$-Ebene gemeinsam. Sie enthält nur überlagerte Reflexe beider Exemplare. Ist die Lauesymmetrie wie hier $2/m$ oder höher, so fallen in dieser Schicht nur symmetrieäquivalente Reflexe zusammen. Kennt man aus nicht überlagerten äquivalenten Refle-

11.2 Verzwillingung

xen beider Exemplare das Zwillingsverhältnis, so kann man die Reflexe der 0.Schicht auf den Anteil des stärkeren Exemplars skalieren und sie zusammen mit den nicht überlagerten Reflexen der höheren Schichten für eine ganz normale Strukturbestimmung verwenden.

Partiell meroedrische Zwillinge Gelegentlich sind die Abmessungen der Elementarzelle so, daß sich bei diesem Typ von Verzwillingung zufällig jede dritte oder gar jede zweite Schicht (Abb.89) im reziproken Gitter überlagert. Man spricht dann von einem partiell meroedrischen Zwilling mit dem Index 3 bzw. 2.

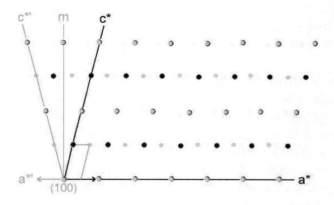

Abb. 89: Koinzidenz jeder zweiten Schicht entlang c^* in einem partiell meroedrischen Zwilling. Die scheinbare zu kleine reziproke Zelle ist eingezeichnet

Dies ist eine gefährliche Falle: Wenn man die Zwillingsbildung nicht erkennt, z.B. wenn man die Bestimmung der Elementarzelle automatisch mit dem Indizierungsprogramm des Diffraktometers durchführt, läuft man Gefahr, das überlagerte reziproke Gitter durch eine einzige, zu kleine reziproke (also zu große reale) Zelle zu beschreiben. Die damit bestimmte Struktur ist falsch, wobei die Fehler nicht immer ins Auge springen. Man erkennt solche Fälle, — am besten bei Betrachtung von reziproken Schichten am Bildschirm oder auf Filmaufnahmen, — daran, daß „falsche" Auslöschungen auftreten. Im Beispiel von Abb.89 würde man, bezogen auf die große Zelle, die "Auslöschung" $hkl : l \neq 2n$ für $h = 2n$ finden.

Will man überlagerte Reflexe höherer Schichten zur Strukturrechnung nutzen, muß man die — anfangs unbekannten — Anteile der beiden beteiligten Reflexe von 1. und 2. Exemplar ermitteln. Dazu muß man zuerst das Zwillingsverhältnis (Volumenanteil des 1. Exemplars) $x = V_1/(V_1 + V_2)$ ermitteln, was aus nicht überlagerten Reflexen geschehen kann. Liegt es weit genug von 0.5 entfernt, so ist eine mathematische Aufteilung der Gesamtintensität eines Reflexes auf den Beitrag des Reflexes hkl des 1. und des Reflexes $h'k'l'$ des 2. Exemplars möglich (Beispiel in [50]), und die Intensität der Reflexe für das 1. Exemplar ist zu berechnen:

$$I_{hkl} = I_1 \frac{x}{2x-1} - I_2 \frac{1-x}{2x-1} \tag{96}$$

(I_1 = beobachtete (überlagerte) Intensität für Reflex hkl bezogen auf die Achsen des 1. Exemplars, I_2 = Intensität des Reflexes mit denselben Indices hkl, bezogen auf die Achsen des 2. Exemplars)

Auch nach einer solchen Behandlung eines Zwillings kann die Strukturbestimmung mit konventionellen Mitteln weitergehen.

Meroedrische Zwillinge. Gehört das Zwillings–Symmetrieelement zwar nicht zur Kristallklasse, jedoch zur Symmetrie des Kristallsystems (des Translationsgitters), so bedeutet dies, daß die Translationsgitter der beiden Domänen und damit auch ihre reziproken Gitter genau übereinander fallen (Abb.90). Dies nennt man einen *meroedrischen Zwilling* oder, exakter ausgedrückt, einen Zwilling durch Meroedrie. Meroedrische Zwillinge treten gerne als Transformationszwillinge nach Phasenübergängen von einer Hochtemperatur– in eine niedriger symmetrische Tieftemperaturform auf.

> *Ein Beispiel dafür bietet die Struktur von $CsMnF_4$ in der tetragonalen Raumgruppe $P4/n$ [51]. Raumgruppe und Kristallklasse $4/m$ zeigen keine Symmetrieelemente in den Blickrichtungen der **a** – und **b** –Achse und der [110]–Diagonale. Das tetragonale Translationsgitter besitzt jedoch die Symmetrie $4/mmm$. Der untersuchte Kristall erwies sich nun als Ebenenzwilling nach (110) oder – äquivalent – nach (100). Diese beiden Spiegelebenen sind im Translationsgitter, nicht aber in der Kristallklasse enthalten. Durch sie wird das Translationsgitter auf sich selbst abgebildet, alle Punkte im reziproken Gitter fallen deshalb ebenfalls übereinander. Dabei fällt jedoch ein Reflex hkl des ersten Exemplars auf einen Reflex khl des zweiten und umgekehrt. In der niedrigen Lauegruppe $4/m$ sind hkl und khl jedoch nicht symmetrieäquivalent.*

Nun ist entscheidend, wie das Volumenverhältnis der beiden Zwillingsexemplare ist: ist es etwa 1:1, so entsteht durch die Spiegelebene im reziproken Gitter scheinbar die *höhere* Lauegruppe, hier $4/mmm$. Bei einem Transformationszwilling ist dies die Symmetrie der Hochtemperaturphase. Rechnet man

11.2 Verzwillingung

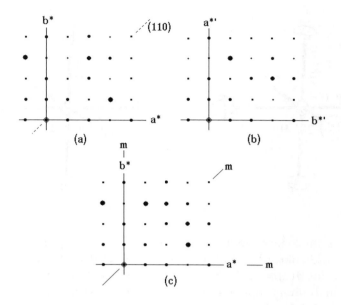

Abb. 90: Vollständige Koinzidenz der reziproken Gitter bei einem meroedrischen Zwilling am Beispiel eines tetragonalen (110)-Zwillings mit der Lauesymmetrie 4/m. (a) hk0-Schicht im reziproken Gitter des ersten Individuums mit eingezeichnetem Zwillingselement; (b) Die entsprechende Schicht im zweiten Individuum; (c) Überlagerung der reziproken Gitter beider Individuen im Verhältnis 1:1 täuscht Lauegruppe $4/mmm$ vor

nicht mit einer Verzwillingung, so gelangt man zu einer falschen, zu hohen Raumgruppe. In dieser kann man, wie im vorliegenden Beispiel, die Struktur oft lösen, erhält jedoch eine aus beiden Orientierungen der Domänen gemittelte *falsche* Struktur. Oft wird dabei eine Fehlordnung vorgetäuscht. Umgekehrt sollte man immer, wenn man "Fehlordnung" findet, prüfen, ob es sich nicht in Wirklichkeit um eine Verzwillingung handeln kann.

> Wie das Beispiel von $CsMnF_4$ (Abb.91) zeigt, kann bei der Verfeinerung einer vorgetäuschten „gemittelten" Struktur trotzdem ein guter R–Wert und eine nicht unvernünftige Atomanordnung (hier der vermutlichen Hochtemperaturform) resultieren, wenn große Teile der Struktur (vor allem die Schweratome) auf speziellen Lagen sitzen, die selbst der höheren Raumgruppensymmetrie (hier $P4/nmm$) gehorchen.

> Die Verzwillingung macht sich in diesem Fall nur durch etwas zu große Auslenkungsfaktorkomponenten in Bindungsrichtung bei den

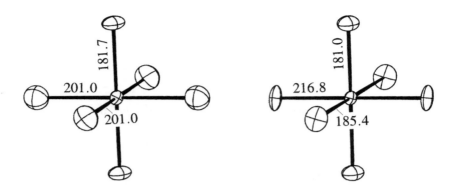

Abb. 91: Beispiel für Fehler durch nicht berücksichtigte meroedrische Verzwillingung (CsMnF$_4$): **a** Strukturdetail nach Verfeinerung in der vorgetäuschten höhersymmetrischen Raumgruppe $P4/nmm(wR = 4.85\%)$; **b** nach Verfeinerung als (110)- Zwilling in Raumgruppe $P4/n(wR = 4.39\%)$ (Auslenkungsellipsoide mit 50% Aufenthaltswahrscheinlichkeit, Bindungslängen in pm)

„äquatorialen" Fluorliganden bemerkbar (Abb.91). Außerdem wird eine für ein d^4-Jahn–Teller–Ion ungewöhnliche Stauchung des $[MnF_6]$-Oktaeders gefunden, die nicht mit den ferromagnetischen Eigenschaften im Einklang ist. Die Berücksichtigung der Verzwillingung bei der Verfeinerung führt tatsächlich nun zu den erwarteten gestreckten Oktaedern, plausibleren Auslenkungsellipsoiden und etwas besseren R–Werten.

Weicht bei einem meroedrischen Zwilling das Zwillingsverhältnis deutlich von 1:1 ab, so entnimmt man dem überlagerten Beugungsbild die *richtige* Lauesymmetrie und kommt zur richtigen Raumgruppe. Da der Datensatz jedoch durch die Zwillingsanteile verfälscht ist, läßt sich die Struktur nicht bestimmen, oder zumindest nicht zu guten R–Werten verfeinern. Ein solches Problem ist unlösbar, es sei denn, man kann sich aus Analogstrukturen oder mit anderen Methoden ein Strukturmodell ableiten, das man dann unter Berücksichtigung der Verzwillingung verfeinert (siehe unten).

In einigen wenigen Raumgruppen kann man meroedrische Zwillinge daran erkennen, daß — im Beugungsbild des Zwillings — Auslöschungen auftreten, die mit keiner der von der höheren Lauegruppe abzuleitenden Raumgruppen vereinbar sind ($Pa\bar{3}$, $Ia\bar{3}$, $P4_2/n$, $I4_1/a$).

Ein Spezialfall eines meroedrischen Zwillings ist der in Kap. 10.4 behandelte Inversionszwilling.

11.2 Verzwillingung

Holoedrische Zwillinge Ist das Zwillingselement selbst in der Kristallklasse der Struktur enthalten, so ist das Beugungsbild der beiden Zwillingsexemplare nicht zu unterscheiden. Es überlagern sich nur symmetrieäquivalente Reflexe, solche Zwillinge sind unschädlich und brauchen nicht weiter berücksichtigt zu werden.

Pseudomeroedrische Zwillinge. Es gibt manchmal Strukturen, deren Metrik dicht bei der einer höheren Kristallklasse liegt, z.B. monokline mit β–Winkel nahe $90°$. Hier führt z.B. eine Verzwillingung nach der (100)–Ebene ebenfalls zu einer Überlagerung aller Reflexe beider Exemplare oder sie fallen so dicht zusammen, daß sie nicht mehr getrennt gemessen werden können. Bei einem Zwillingsverhältnis von 1:1 wird hier die orthorhombische Lauegruppe mmm statt $2/m$ vorgetäuscht und die Struktur ist nicht zu lösen. Nur wenn man die Struktur weitgehend kennt, kann man sie als Zwilling verfeinern (s.u.). Wird bereits eine Aufspaltung der Reflexe beobachtet, so ist es bei der Messung des Datensatzes wichtig, so breite Scans zu wählen, daß stets die Reflexe beider Exemplare erfaßt werden. Dazu kann es nötig sein, die Orientierungsmatrix aus den Mittellagen der Reflex–Dubletts zu berechnen. Zur Bestimmung der exakten Elementarzelle dagegen darf man nur die Reflexlagen *eines* Exemplars benutzen.

Bei der Überlagerung der reziproken Gitter zweier Zwillingsexemplare können nicht ausgelöschte Reflexe des einen auf die Stelle von ausgelöschten Reflexen des anderen Exemplars fallen und auf diese Weise Auslöschungsregeln scheinbar aufheben. Bei nicht erkannter Verzwillingung wird man daher häufig zu Raumgruppen mit wenig translationshaltigen Symmetrieelementen fehlgeleitet (Beispiel $C222_1, Pmmm$). Umgekehrt sollte man bei Auftreten solcher Raumgruppen,– spätestens, wenn Probleme bei der Strukturlösung auftauchen,– an die Möglichkeit von Verzwillingung denken.

Strukturverfeinerung mit Zwillingsmodellen Die Voraussetzung dafür, daß die Struktur eines meroedrisch oder pseudomeroedrisch verzwillingten Kristalls verfeinert werden kann, ist natürlich, außer der Kenntnis des Zwillingsgesetzes, daß man ein weitgehend richtiges *Strukturmodell* aufstellen kann. Denn „richtige" Intensitäten für eine Strukturlösung mit Patterson– oder Direkten Methoden sind bei vollständiger Koinzidenz der reziproken Gitter prinzipiell nicht zu erhalten.

Es sind folgende Fälle zu unterscheiden: Ist der Anteil des zweiten Zwillingsexemplars nur klein, so wird man die Verzwillingung zuerst kaum bemerken, man findet die richtige Zelle und Raumgruppe und kann die Struktur lösen. Die Verzwillingung macht sich nur dadurch bemerkbar, daß die R–Werte nicht so niedrig sind wie erwartet, und daß kleine Ungereimtheiten in der Geometrie der Struktur und den Auslenkungsfaktoren auftreten. Man hat nun nach dem Zwillingsgesetz zu suchen und eine Matrix aufzustellen, die beschreibt, wie die Achsen der Elementarzelle des ersten Exemplars in die des zweiten transformiert werden können. Im gewählten tetragonalen Beispiel lautet sie

$$\begin{pmatrix} 0 & 1 & 0 \\ 1 & 0 & 0 \\ 0 & 0 & -1 \end{pmatrix} \quad (97)$$

Diese Matrix gilt zugleich auch für die Transformation der Indices hkl in die Indices $h'k'l'$ des zweiten Exemplars, die sich dem Reflex hkl überlagern. Kennt man das Zwillingsverhältnis, so kann man den Beitrag des zweiten Exemplars zum Strukturfaktor F_c (bzw. F_c^2) berechnen

$$F_c^2(hkl)_{Zwilling} = xF_c^2(hkl) + (1-x)F_c^2(h'k'l') \quad (98)$$

und damit eine Verfeinerung gegen die beobachteten F_o^2(Zwilling)–Werte durchführen, z.B. mit dem SHELXL–Programm [68]. Mit diesem kann man (mit der TWIN–Instruktion) meroedrische oder pseudomeroedrische Zwillinge verfeinern, Mehrlinge mit partieller Überlagerung der Reflexe nach Aufbereitung des Reflexfiles (z.B. mit dem Programm TWINXL [82]) mit der HKLF5–Option. Dazu muss man jeden Reflex kennzeichnen, ob er zur Zwillingsdomäne 1 oder 2 gehört und mit den auf die jeweilige Orientierungsmatrix bezogenen Indices hkl versehen. Überlappen sich zwei Reflexe an einem Ort, so muss der Reflex zweimal eingetragen werden, mit den jeweiligen Indices für das erste und das zweite Exemplar. Kritisch wird es, wenn sich Reflexe nur partiell überlappen. Je nach verfügbarer Software kann man auf Flächendetektorsystemen versuchen, die Gesamtintensität durch verbreiterte Integrationsflächen zu erfassen, oder man muss sie verwerfen. Zwillingsverfeinerungen sind ebenfalls möglich im CRYSTALS– (gegen die F_o–Werte [57]) und JANA–System (gegen die F_o– oder die F_o^2–Werte [79]).

Besonders heimtückisch sind meroedrische Zwillinge: Ist das Zwillingsverhältnis nahe 0.5, so wird man die falsche Lauesymmetrie und damit auch falsche Raumgruppe ermitteln und darin entweder die Struktur überhaupt nicht lösen können, oder man wird, wie im Beispiel von $CsMnF_4$, eine falsche gemittelte Struktur sehen. Gelingt es, davon die richtige niedrigere Raumgruppe und von der gemittelten Struktur das "richtige" Strukturmodell abzuleiten, so kann die Verfeinerung mit einem „Zwillingsprogramm" wie oben gelingen. Wichtig ist dabei, daß die durch den Symmetrieabbau gewonnene Freiheit im Strukturmodell in die richtige Richtung genutzt wird. Zum Beispiel muß eine vorher symmetrische Mn–F–Mn–Brücke wie die in $CsMnF_4$

11.2 Verzwillingung

(s.o.) nach links oder rechts asymmetrisch gemacht werden. Das Verfeinerungsprogramm ist normalerweise nicht in der Lage, vom höhersymmetrischen Modell aus selbst die richtige Richtung einzuschlagen. Bei komplexen Strukturen kann dies das Durchprobieren zahlreicher Kombinationen von Parameterverschiebungen bedeuten, bis man sicher sein kann, die richtige Struktur mit dem absoluten R–Wert–Minimum zu beschreiben und nicht eine Pseudolösung mit einem Nebenminimum zu verfeinern. Gerade in solchen Fällen ist es wichtig, daß möglichst viele andere Kriterien mit zur Beurteilung der Richtigkeit der Struktur herangezogen werden, wie die Auslenkungsfaktoren, die Plausibilität der Bindungsgeometrie und die Vereinbarkeit mit den physikalischen Eigenschaften.

11.2.5 Verzwillingung oder Fehlordnung?

Vielfach werden die angesprochenen Anomalitäten einer "gemittelten" Struktur wie hohe Auslenkungsfaktorkomponenten oder gesplittete Atomlagen auf Fehlordnung (s.o.) zurückgeführt, auch in Fällen, wo eine meroedrische Verzwillingung geometrisch möglich ist. Wegen des fließenden Übergangs sind die Unterschiede zwischen beiden Fällen nicht sehr groß: Bei einer echten Fehlordnung, also einer statistischen Verteilung der beiden alternativen Orientierungen in Bereichen unterhalb der Kohärenzlänge der Röntgenstrahlung, mitteln sich die Beiträge zu den Strukturamplituden F_o, bei einem Zwilling überlagern — und mitteln — sich die Intensitäten, also die F_o^2–Werte. Welcher Fall vorliegt, kann man nur entscheiden, wenn man beide Möglichkeiten durchrechnet. In der Praxis verfeinert man unter sonst gleichen Bedingungen (gleiche Reflexbehandlung) ein geordnetes Modell, ein fehlgeordnetes Modell und das geordnete Modell mit Verzwillingung. Das richtige Ergebnis sollte sich durch signifikant bessere R–Werte *und* sinnvollere Auslenkungsfaktoren auszeichnen. Es gibt sicher viele Beispiele in der Literatur, wo eine meroedrische Verzwillingung als Fehlordnung interpretiert wurde.

Es kommt vor, daß man wegen Unstimmigkeiten bei einer im Prinzip gelungenen Strukturbestimmung nachträglich den Verdacht auf Verzwillingung hat, aber vielleicht wegen Zersetzung des Kristalls keine Flächendetektoraufnahmen oder Filme mehr aufnehmen kann. Hier kann es nützlich sein, die Struktur auf eine wichtige Packungsebene projiziert abzubilden, auf eine Folie zu kopieren und durch Drehen oder Spiegeln der Folie Orientierungen mit hoher topologischer Übereinstimmung mit der Vorlage zu suchen und so mögliche Zwillingselemente zu ermitteln. Ob die Annahme richtig ist, muß dann natürlich durch sorgfältige Rechnung geprüft werden.

11.3 Fehlerhafte Elementarzellen

Wie schon in Kap. 7 erwähnt, ist ein besonders kritischer Schritt bei der Strukturbestimmung die Festlegung der „richtigen" Elementarzelle und ihrer Orientierung auf dem Diffraktometer vor der Intensitätsmessung bzw. Integration. Die größte Fehlerquelle ist dabei das mögliche Übersehen von schwachen Reflexen, die eine Verdopplung oder Verdreifachung einer oder mehrerer Gitterkonstanten bedingen würden. Dies kann vor allem bei Kristallen mit Überstrukturcharakter (s. Kap. 10.2) geschehen, wenn man auf einem Vierkreisdiffraktometer arbeitet und keine ausreichend lang belichteten Filme aufgenommen hat. Oft läßt sich die Struktur in der falschen Zelle und folglich auch der falschen Raumgruppe trotzdem lösen und verfeinern. Man findet jedoch nur eine "gemittelte" Struktur, in der z.B. die alternierenden Auslenkungen einer Baugruppe aus einer Ideallage nur überlagert zum Ausdruck kommen. Die resultierenden Effekte, hohe Auslenkungsfaktoren oder Aufspaltung von Atomlagen werden dann oft fälschlicherweise als Fehlordnung interpretiert.

Umgekehrt kann ein falscher Bravais-Typ vorgetäuscht werden, wenn durch den in Kap. 10.7 behandelten $\lambda/2$–Effekt eine Auslöschungsregel scheinbar durchbrochen wird und zum scheinbaren Verlust einer Zentrierungsoperation führt. In der Verfeinerung macht sich dies durch hohe Korrelationen zwischen den an sich durch eine Translation zusammenhängenden Atomen bemerkbar.

Ein weiterer verbreiteter Fehler ist der, daß man kleine Abweichungen in der Metrik zu ernst nimmt. Fehler bei der Kristallzentrierung oder der Goniometer–Justierung können z.B. die 90°–Winkel einer monoklinen Zelle um bis zu einigen Zehntel Grad verfälschen, so daß eine trikline Metrik vorgetäuscht wird. Man muß deshalb stets die Lauesymmetrie überprüfen, ehe man die Zuordnung zu einem Kristallsystem trifft.

Ein ähnlicher Fehler kann unterlaufen, wenn man eine trigonale oder hexagonale Struktur mit einer orthorhombisch C-zentrierten Zelle beschreibt. Dies ist durch eine Transformation mit einer Matrix

$$\begin{pmatrix} 2 & 1 & 0 \\ 0 & 1 & 0 \\ 0 & 0 & 1 \end{pmatrix} \tag{99}$$

immer möglich. Die entstehende „orthohexagonale" orthorhombische C-zentrierte Zelle ist durch ein Achsenverhältnis $a/b = \sqrt{3}$ zu erkennen.

Hat man den Verdacht, mit einer falschen Zelle zu arbeiten, so ist es am besten, wenn man mit einem geeigneten Programm den gemessenen Datensatz, in Schichten des reziproken Gitters gegliedert, graphisch auf dem Bildschirm darstellt, – oder natürlich Filme anzufertigen. Die dabei sichtbar werdende Lauesymmetrie und eventuelle Auslöschungen geben Hinweise auf die richtige Lage der Achsen, so daß man dann noch gezielt nach möglichen Vervielfachungen suchen kann.

11.4 Raumgruppenfehler

Ein relativ häufiger Fehler, der oft mit einem der oben behandelten Probleme einhergeht, ist die Zuweisung einer falschen Raumgruppe. Man kann zwei Fälle unterscheiden:

1. Die Elementarzelle ist richtig, aber von den auf Grund der systematischen Auslöschungen möglichen Raumgruppen wurde die falsche gewählt. Dies betrifft meistens Raumgruppenpaare, die sich nur im Fehlen oder Vorhandensein eines Symmetriezentrums unterscheiden (Tab. 12).

Jede zentrosymmetrische Struktur läßt sich natürlich auch in der entsprechenden nicht zentrosymmetrischen Raumgruppe beschreiben (z.B. statt in $C2/c$ in Cc), wenn man die Zahl der Atome in der asymmetrischen Einheit und damit auch die der zu verfeinernden Parameter entsprechend vergrößert. Da sich die Fehler im Datensatz bei der Verfeinerung in der niedrigen Raumgruppe auf mehr Parameter verteilen, resultiert stets ein etwas niedrigerer R–Wert. Durch die hohen Korrelationen zwischen den an sich durch Symmetrie verbundenen Parametern erhält man jedoch hohe Standardabweichungen (vgl. Kap. 9.1). Zudem können durch die mit zunehmenden Korrelationen wachsenden Instabilitäten beim Kleinste–Fehlerquadrate–Verfahren die Lageparameter der Atome Werte annehmen, die zu deutlich fehlerhaften Bindungslängen führen. Man muß also in jedem Fall einer solchen Raumgruppe prüfen, ob es sich wirklich um eine *signifikante* Verbesserung handelt, wenn man zur nicht zentrosymmetrischen Raumgruppe übergeht. Die häufigsten Fehlzuordnungen sind in Tab.13 zusammengestellt.

2. Ist die Elementarzelle bereits falsch (s. vorhergehenden Abschnitt), so muß natürlich auch die Raumgruppe falsch sein. Hat man z.B. eine Überstruktur übersehen, so wird man eine Raumgruppe zu hoher Symmetrie finden. Trotzdem kann eine Strukturbestimmung scheinbar erfolgreich verlaufen und eine gemittelte Grundstruktur liefern.

Rechnet man wegen eines Metrikfehlers (s.oben) in einer zu niedrigen Kristallklasse und Raumgruppe, so enthält das gefundene Strukturmodell zwei oder mehr scheinbar unabhängige Moleküle bzw. Baugruppen in der asymmetrischen Einheit. Durch Untersuchung ihrer relativen Lage zueinander, z.B. mit Hilfe von Programmen wie ADDSYM [59] kann man die fehlenden Symmetrieelemente ermitteln und zur richtigen höheren Raumgruppe finden. Die

Tabelle 12: Auswahl von Raumgruppenpaaren, die sich im Fehlen oder Vorhandensein eines Symmetriezentrums unterscheiden (gleiche Auslöschungsbedingungen)

triklin	$P1\,(1)$	$P\bar{1}\,(2)$
monoklin	$P2_1\,(4)$	$P2_1/m\,(11)$
	$C2\,(5)$	$C2/m\,(12)$
	$Pc\,(7)$	$P2/c\,(13)$
	$Cm\,(8)$	$C2/m\,(12)$
orthorhombisch	$P222\,(16)$	$Pmmm\,(47)$
	$C222\,(21)$	$Cmmm\,(65)$
	$Pcc2\,(27)$	$Pccm\,(49)$
	$Pca2_1\,(29)$	$Pcam\,(\rightarrow Pbcm)\,(57)$
	$Pba2\,(32)$	$Pbam\,(55)$
	$Pna2_1\,(33)$	$Pnam\,(\rightarrow Pnma)\,(62)$
	$Cmc2_1\,(36)$	$Cmcm\,(63)$
	$Ama2\,(40)$	$Amam\,(\rightarrow Cmcm)\,(63)$
tetragonal	$I4\,(79)$	$I4/m\,(87)$
	$I422\,(97)$	$I4/mmm\,(139)$
	$I4mm\,(107)$	$I4/mmm\,(139)$
trigonal	$R3\,(146)$	$R\bar{3}\,(148)$
	$P3m1\,(156)$	$P\bar{3}m1\,(162)$
hexagonal	$P622\,(177)$	$P6/mmm\,(191)$

nach *Baur* [34] häufigsten Fehlzuordnungen dieser Art findet man bei den Raumgruppen $C2/c$, $R\bar{3}m$ und $R\bar{3}c$ (Tab. 13).

11.5 Nullpunktsfehler

Raumgruppe $P1$ oder $P\bar{1}$? Die weitaus meisten triklinen Strukturen haben ein Symmetriezentrum, also die Raumgruppe $P\bar{1}$. Man versucht deshalb stets, eine trikline Struktur zuerst in Raumgruppe $P\bar{1}$ zu lösen. Es gibt jedoch gelegentlich Fälle, wo die direkten Methoden wegen Nullpunktsproblemen kei-

11.5 Nullpunktsfehler

Tabelle 13: Die häufigsten Fehlzuordnungen von Raumgruppen in der Literatur (nach [34])

Angegebene Raumgruppe	Richtige Raumgruppe
Cc (9)	$C2/c$ (15), $Fdd2$ (43), $R\bar{3}c$ (167)
$P\bar{1}$ (2)	$C2/c$ (15)
$P1$ (1)	$P\bar{1}$ (2)
$Pna2_1$ (33)	$Pnam(\to Pnma)$ (62)
$C2/m$ (12)	$R\bar{3}m$ (166)
$C2/c$ (15)	$R\bar{3}c$ (167)
Pc (7)	$P2_1/c$ (14)
$C2$ (5)	$C2/c$ (15), $Fdd2$ (43), $R\bar{3}c$ (167)
$P2_1$ (4)	$P2_1/c$ (14)

ne Lösung finden, obwohl die Raumgruppe richtig ist. Oft gelingt es dann aber, die Struktur in der alternativen nicht zentrosymmetrischen Raumgruppe $P1$ zu lösen, bei der der Nullpunkt dann jedoch beliebig liegt. Bei jeder in Raumgruppe $P1$ beschriebenen Struktur sollte man deshalb prüfen, ob nicht doch ein Inversionszentrum im gewonnenen Strukturmodell lokalisiert werden kann. Bei Verdacht, z.B. auf Grund einer Strukturzeichnung, prüft man, ob sich für alle Paare möglicherweise symmetrieäquivalenter Atome gleiche Mittelwerte der xyz–Parameter berechnen. Dieser Punkt gibt dann die Lage des Inversionszentrums an. In diesem Fall kann man die Struktur um den Abstandsvektor dieses Punktes verschieben (indem man bei allen Atomen dessen xyz–Parameter abzieht), so daß das Symmetriezentrum nun im Nullpunkt der Elementarzelle liegt. Dann löscht man diejenige Hälfte der Atome, die durch das Symmetriezentrum erzeugt wird, und rechnet in Raumgruppe $P\bar{1}$ weiter.

Nullpunktsprobleme in Raumgruppe $C2/c$ und $C2/m$. In diesen beiden relativ häufigen Raumgruppen gibt es alternative Sätze von speziellen Lagen, durch deren Besetzung man das gleiche Atommuster erzeugen kann. In $C2/c$ sind dies einerseits die Symmetriezentren der Lagen $4a$ ($0,0,0$; $0,0,\frac{1}{2}; \frac{1}{2},\frac{1}{2},0; \frac{1}{2},\frac{1}{2},\frac{1}{2}$) und $4b(0,\frac{1}{2},0; 0,\frac{1}{2},\frac{1}{2}; \frac{1}{2},0,0; \frac{1}{2},0,\frac{1}{2})$, andererseits die Symmetriezentren in $4c(\frac{1}{4},\frac{1}{4},0; \frac{3}{4},\frac{1}{4},\frac{1}{2}; \frac{3}{4},\frac{3}{4},0; \frac{1}{4},\frac{3}{4},\frac{1}{2})$ und $4d(\frac{1}{4},\frac{1}{4},\frac{1}{2}; \frac{3}{4},\frac{1}{4},0; \frac{3}{4},\frac{3}{4},\frac{1}{2}; \frac{1}{4},\frac{3}{4},0)$. Sind nur die jeweiligen Lagen–Paare besetzt, so sind die entstehenden Atommuster gleich, ergeben also dieselben R–Werte. Trotz gleicher Punktsymmetrie $\bar{1}$ sind die beiden Gruppen jedoch kristallographisch nicht gleich, denn sie unterscheiden sich in der Anordnung der restlichen Symmetrieelemente der Raumgruppe. Die Zentren $4a$ und $4b$ liegen z.B. auf einer a–Gleitspiegelebene, die Zentren $4c$ und $4d$ auf einer n–Gleitspiegelebene. Ein ähnlicher Fall tritt in Raumgruppe $C2/m$ auf, wo die Lagen $2a - d$ mit $2/m$-Symmetrie dasselbe Atommuster erzeugen wie die Lagen $4e$ und $4f$ mit $\bar{1}$-Symmetrie. Vorwiegend in anorganischen Festkörperstrukturen gibt es Fälle, in denen die Schweratome nur solche speziellen Lagen besetzen. Bei der anfänglichen Strukturlösung kann man dann leicht in den falschen Satz von Lagen geraten, so daß die Ligandenumgebung der Schweratome falsch beschrieben wird. Dies äußert sich meist nur darin, daß die Verfeinerung bei R–Werten von 0.2 – 0.3 stagniert und in Fouriersynthesen kein komplettes und sinnvolles Strukturbild erscheint. Hier sollte man durch Verschiebung des Nullpunkts um + oder - ($\frac{1}{4}\frac{1}{4}0$) die alternativen speziellen Lagen einsetzen und mit diesen versuchen weiterzurechnen.

11.6 Schlechte Auslenkungsfaktoren

Schon an mehreren Stellen wurde darauf hingewiesen, daß man Fehler im Strukturmodell an physikalisch nicht sinnvollen Auslenkungsfaktoren erkennen kann. Da tatsächlich die Form der Auslenkungsellipsoide ein sehr empfindliches Kriterium für die Richtigkeit und Qualität einer Strukturbestimmung darstellt, – oft besser als R-Werte oder sogar Standardabweichungen, – seien hier die wichtigsten daraus zu ziehenden Fehlerhinweise zusammengestellt.

- *Einseitige Orientierung der Anisotropie* ohne Korrelation mit den Bindungsverhältnissen gibt Hinweise auf schlechte oder fehlende Absorptionskorrektur bei anisotroper Kristallform (z.B. Nadel) und hohem Absorptionskoeffizienten (s.Kap. 7.4.3).

- *Einzelne Auslenkungsfaktoren sind zu klein oder gar negativ.* Dies kann bedeuten, daß in Wirklichkeit ein schwereres Atom an dieser Stelle sitzt (s. 11.1).

- *Einzelne Auslenkungsfaktoren sind zu groß.* Entweder sitzt an dieser Stelle ein leichteres oder gar überhaupt kein Atom oder die Lage ist, z.B. infolge Fehlordnung (Kap. 10.1) nur teilweise besetzt.

- *Ein Auslenkungsellipsoid hat eine physikalisch nicht sinnvolle Form.* Auslenkungsellipsoide, die ganz flach, stark „zigarrenförmig" sind oder gar kein positives Volumen besitzen ('non positive definite'), können auftreten, wenn ein schlechter Datensatz vorliegt, z.B. bei zu niedrigem

11.6 Schlechte Auslenkungsfaktoren

Reflex:Parameter–Verhältnis, so daß die Verfeinerung aller anisotroper Auslenkungsfaktorkomponenten nicht mehr sinnvoll möglich ist. Dann bleibt nur die Verwendung isotroper Auslenkungsfaktoren. Der Effekt tritt auch häufig auf, wenn man fehlgeordnete Bereiche einer Struktur durch ein Splitatom-Modell zu verfeinern versucht. Kommen sich dabei Atomlagen zu nahe, so treten hohe Korrelationen auf, die vor allem die empfindlichen Auslenkungsparameter beeinträchtigen. Hier hilft oft die Verwendung gemeinsamer Auslenkungsfaktoren für Atome in strukturell ähnlicher Situation oder der Einsatz isotroper Werte, ggf. sogar geschätzter und festgehaltener Parameter.

Oft ist jedoch das Auftreten anomaler Auslenkungsfaktoren ein Hinweis auf einen prinzipiellen Fehler bei der Strukturbestimmung, wie falsche Zelle, falsche Raumgruppe oder nicht erkannte Verzwillingung (s.o.), den man stets zuerst verfolgen sollte.

12 Interpretation der Ergebnisse

Ist man sich sicher, trotz all dieser vielen möglichen Fehler und Fallen ein korrektes Strukturmodell gefunden und verfeinert zu haben, so geht es nun daran, aus der Liste der Atomparameter die für den Chemiker interessanten Struktureigenschaften abzuleiten.

12.1 Bindungslängen und Winkel

Die wichtigste Information, der Abstand zwischen zwei Atomen, sei es eine Bindungslänge oder ein nicht bindender Kontakt, läßt sich leicht aus der Differenz der Atomkoordinaten errechnen.

$$\Delta x = x_2 - x_1 \quad \Delta y = y_2 - y_1 \quad \Delta z = z_2 - z_1$$

Um die Abstandsvektoren $\Delta x, \Delta y, \Delta z$ von relativen in absolute Längeneinheiten umzurechnen, muß mit den Gitterkonstanten multipliziert werden, um dann die Abstandsgleichung (im allgemeinen Fall für ein schiefwinkliges Koordinatensystem) anwenden zu können.

$$d = \sqrt{(\Delta x \cdot a)^2 + (\Delta y \cdot b)^2 + (\Delta z \cdot c)^2 + \cdots \atop \cdots 2\Delta x \Delta y ab \cos\gamma + 2\Delta x \Delta z ac \cos\beta + 2\Delta y \Delta z bc \cos\alpha} \qquad (100)$$

Bindungswinkel errechnen sich dann für ein Dreieck aus den Atomen At1, At2, At3 aus den interatomaren Abständen d nach dem Cosinus-Satz:

$$\cos\phi_{At2,At1,At3} = \frac{d_{12}^2 + d_{13}^2 - d_{23}^2}{2d_{12}d_{13}} \qquad (101)$$

Die Standardabweichungen der Bindungslängen, die wichtigste Fehlerangabe bei einer Strukturbestimmung, errechnen sich in komplizierter Weise aus den Standardabweichungen der Atomparameter beider Atome und der Orientierung des Abstandsvektors (siehe Lit. [5,10,12]). Eine meist ausreichende grobe Abschätzung unter der vereinfachenden Annahme isotroper Fehlerverteilung kann man leicht selbst vornehmen, indem man die Standardabweichungen der Atomparameter der Atome 1 und 2 durch Multiplikation mit den Gitterkonstanten in Å- bzw. pm–Einheiten umrechnet, mittelt und das geometrische Mittel für beide Atome bildet:

$$\sigma_d = \sqrt{(\sigma_1^2 + \sigma_2^2)} \qquad (102)$$

In den meisten modernen Programmen werden dabei auch die Standardabweichungen aus der Verfeinerung der Gitterkonstanten berücksichtigt. Sie spielen jedoch gegenüber den Fehlern aus der Strukturverfeinerung eine untergeordnete Rolle.

> *Ein Spezialfall sind Abstände zwischen Atomen auf speziellen Lagen ohne freie Parameter z.B. Atom 1 auf Lage $0, 0, 0$ und Atom 2 auf $\frac{1}{2}, 0, 0$: hier ist die Standardabweichung allein durch die der Gitterkonstanten gegeben.*

Bei einer guten Strukturbestimmung an einer Leichtatomstruktur erreicht man normalerweise Standardabweichungen für Bindungslängen zwischen C, N, O–Atomen von 0.002–0.004 Å bzw. 0.2–0.4 pm. Bei Abständen zwischen schweren Atomen kann sie bis in die 4. Nachkomma–Stelle absinken.

Nach der Wahrscheinlichkeitsrechnung liegt der richtige Wert mit 95% Wahrscheinlichkeit innerhalb eines Intervalls von 1.96σ bzw. mit 99% Wahrscheinlichkeit innerhalb von 2.58σ. Dies berücksichtigt nur statistische Fehler, keine systematischen. Diskutiert man also Bindungslängen, so sollte man Abweichungen erst als signifikant betrachten, wenn sie mehr als 3–4σ ausmachen.

Schwingungskorrektur. Bei Baugruppen, die starke anisotrope Schwingungen ausführen, insbesondere endständigen –CO – oder –CN – Gruppen, können die Bindungslängen z.T. erheblich (bis ca. 5 pm) verkürzt erscheinen. Dies kommt daher, daß z.B. bei einer vorwiegend senkrecht zur Bindungsrichtung erfolgenden pendelartigen Schwingung im Mittel die Elektronendichte „bananenartig" im Raum verteilt erscheint. Im Strukturmodell beschreibt man sie jedoch mit einem symmetrischen Auslenkungsellipsoid, dessen Mittelpunktslage dann in Richtung auf den Bindungspartner hin verschoben ist (Abstand d' in Abb.92). Lassen sich die gefundenen anisotropen Auslenkungsfaktoren der beteiligten Atome eines Moleküls oder einer Baugruppe mit einem einfachen theoretischen Schwingungsmodell beschreiben wie einer Pendelschwingung ('riding' Modell) oder der Schwingung einer starren Gruppe ('rigid body' Modell), so kann man den Fehler mathematisch korrigieren. Da bei publizierten Kristallstrukturen eine solche Schwingungskorrektur jedoch relativ selten zu finden ist, sollte man bei der Diskussion „anomal" kurzer Bindungslängen stets auch diesen Effekt im Auge behalten.

12.2 Beste Ebenen und Torsionswinkel

Häufig will man durch eine Kristallstrukturbestimmung feststellen, ob eine Koordination planar ist oder ein Ring eben oder gewellt. Dazu kann man sich nach dem Kleinste–Fehlerquadrate–Verfahren eine Ebene berechnen, für die

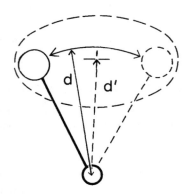

Abb. 92: Schema zur Verfälschung von Bindungslängen durch starke anisotrope Schwingung

die Summe der Quadrate der Abweichungen δ über alle i zu berücksichtigenden Atome ein Minimum bildet (mathematische Behandlung siehe z.B. in den Intern.Tables B, Kap. 3.2):

$$\sum_i \delta_i^2 = Min. \qquad (103)$$

Die mittlere Standardabweichung der Atome von dieser „besten" Ebene (auch „Kleinste–Fehlerquadrate–Ebene ", 'least squares plane') ist dann

$$\sigma_p = \sqrt{\sum_i \frac{\delta_i^2}{i-3}} \qquad (104)$$

und gibt an, wie genau die Ebenenbedingung erfüllt ist.

Bei der Diskussion von Strukturen sind oft *Interplanarwinkel* oder *Diederwinkel* interessant, die Winkel zwischen den Normalen benachbarter bester Ebenen. Als Beispiel seien die *Faltungswinkel* in einem Siebenring genannt (Abb.93), die man erhält, indem man eine beste Ebene (1) für die Atome 1,2,3,4 berechnet, eine Ebene (2) für die Atome 1,4,5,7 und eine dritte (3) mit den Atomen 5,6,7.

Die Faltungswinkel an den Achsen 1...4 bzw. 5...7 erhält man dann als Ergänzungswinkel der Interplanarwinkel ϕ zu 180°.

Als Spezialfall eines Diederwinkels ist der *Torsionswinkel* aufzufassen. In einer Anordnung von 4 Atomen errechnet er sich als Winkel zwischen den Ebenen der Atomgruppen 1,2,3 und 2,3,4 (Abb.94).

12.3 Strukturgeometrie und Symmetrie

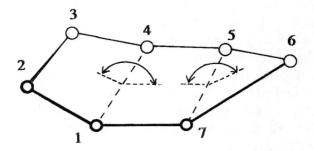

Abb. 93: Faltungswinkel in einem siebengliedrigen Ring

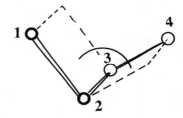

Abb. 94: Zur Definition des Torsionswinkels

Anders ausgedrückt entspricht er dem Winkel zwischen den Projektionen der Bindungen 1–2 und 3–4 auf die Ebene senkrecht zur Bindung 2–3. Blickt man in einer *Newman–Projektion* entlang dieser Bindung 2–3, so erhält der Torsionswinkel ein *positives* Vorzeichen, wenn man sich von Atom (1) nach Atom (4) *im Uhrzeigersinn* bewegt. Er ändert sich nicht, wenn man in umgekehrter Reihenfolge blickt. Bei Spiegelung des Moleküls ändert sich jedoch das Vorzeichen.

12.3 Strukturgeometrie und Symmetrie

Meistens genügt es nicht, nur die Atome der asymmetrischen Einheit des Strukturmodells bei der Diskussion der Strukturgeometrie zu berücksichtigen. Man muß vielmehr prüfen, ob nicht die Anwendung von Symmetrieelementen der Raumgruppe (einschließlich der Translationen) zur Erzeugung der kompletten Baugruppe überhaupt erst notwendig ist oder interessante intermolekulare Kontakte wie Wasserstoffbrückenbindungen aufdeckt. Schließlich ist es zur Diskussion der Packungsverhältnisse im Kristall erforderlich, alle benachbarten symmetrie– oder translationsäquivalenten Baugruppen zu erzeugen. Um Abstände zu solchen Atomen, die außerhalb der asymmetrischen Einheit liegen, eindeutig zu kennzeichnen, ist es üblich, die Operation, die aus den ursprünglichen Koordinaten das fragliche Atom erzeugt, anzugeben: im Beispiel von Abb.95 bedeutet die Angabe *x, y, z-1* für F1, daß das ursprüngliche Atom aus der Atomparameterliste der asymmetrischen Einheit entlang der **c**–Achse um 1 Gitterkonstanteneinheit in der negativen Richtung verschoben wurde. Aus dem F2-Atom entstehen durch verschiedene Symmetrieoperationen entsprechend drei weitere *symmetrieäquivalente* Atome, die insgesamt eine oktaedrische Koordination ausbilden.

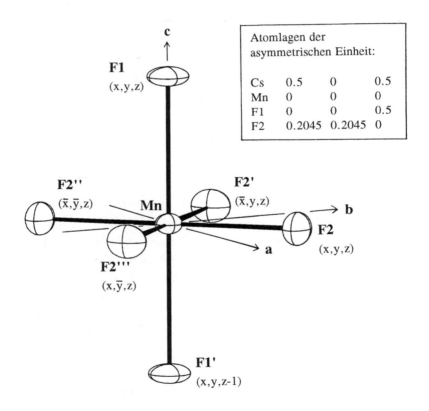

Abb. 95: Erzeugung symmetrieäquivalenter Lagen am Beispiel einer $[MnF_6]^{3-}$-Gruppe in Cs_2MnF_5, Raumgruppe $P4/mmm, a = 642.0, c = 422.9$ pm

Man bezeichnet solche symmetrieäquivalenten Lagen gerne mit einem Code, der ursprünglich aus dem Zeichenprogramm ORTEP [58] stammt, aber z.T. auch ähnlich in anderen Geometrieprogrammen verwendet wird. Dabei wird vor oder nach der laufenden Nummer der verwendeten Symmetrieoperation (in der Notation der Intern.Tables) ein 3–Ziffern–Code für die Translation in **a, b, c** –Richtung eingefügt: 555 bedeutet keine Translation, 4 heißt Translation um −1, 6 um +1, 7 um +2 u.s.w. Ein Code 75403 bedeutet also, daß auf eine Atomlage x,y,z die Symmetrieoperation Nr.3 angewandt und zusätzlich eine Translation um +2 Gitterkonstanten in **a** − und −1 in **c** − Richtung vorgenommen wurde.

Besonders wichtig ist bei der Untersuchung der Koordinationsgeometrie in Komplexen natürlich die Punktsymmetrie, wenn das Zentralatom auf einer speziellen Lage (s.Kap.6.4) sitzt. Liegt z.B. in einem 4–fach koordinierten Pd–Komplex das Zentralatom Pd auf einem Inversionszentrum der Raumgruppe, so weiß man bereits, daß der Komplex planar ist.

Programme. Die angesprochenen geometrischen Rechnungen sind meist in den großen Programmsystemen enthalten, ein eigenständiges universelles Geometrieprogramm, das auch Zeichnungen erstellen kann, findet sich z.B. im PLATON-Programmsystem [70].

12.4 Strukturzeichnungen

Dasselbe Problem wie im vorhergehenden Abschnitt, nämlich durch die Auswahl passender Symmetrieoperationen und Translationen den gewünschten charakteristischen Ausschnitt aus einer Kristallstruktur zu definieren, stellt sich beim Anfertigen von Strukturzeichnungen. Auch wenn es inzwischen eine gute Auswahl an Programmen zu diesem Zweck gibt, ist es zumindest für den Anfänger sehr nützlich, gelegentlich auch Handzeichnungen zu machen, um die Struktur und ihre Symmetrieeigenschaften näher kennenzulernen. Dabei wählt man am besten eine Projektion aus einer Achsenrichtung, die senkrecht auf den anderen Achsen steht, z.B. im monoklinen Kristallsystem die **b** –Achse und notiert die Höhe in dieser Richtung für das jeweilige Atom.

Zeichenprogramme. Die einzelnen Programme unterscheiden sich in der Strategie, wie die zu zeichnenden Strukturausschnitte erzeugt werden und in der Art, wie die Atome und Baugruppen gezeichnet werden. Im Folgenden sollen − ohne Anspruch auf Vollständigkeit − einige verbreitete Programme mit ihren wichtigsten Merkmalen besprochen und durch Zeichnungen, meist von dem in Kap.15 behandelten Kupferkomplex „CUHABS" als Strukturbeispiel vorgestellt werden.

Beim „klassischen" *ORTEP*–Programm [58] (in interaktiver Version auch im PLATON– [70] und Nonius–maXus–System [71] enthalten) können die Atome durch ihre Auslenkungsellipsoide (Abb.96) oder als Kreise dargestellt werden, Polyeder kann man als „Drahtmodelle" zeichnen. Das Generieren der auszugebenden Atomliste durch miteinander verkettbare „Kugel– oder Kasten–Suchläufe" ist sehr elegant und vor allem bei vernetzten Festkörperstrukturen sehr effektiv, die Erstellung der dazu notwendigen Befehlsdatei jedoch etwas aufwendig und gewöhnungsbedürftig.

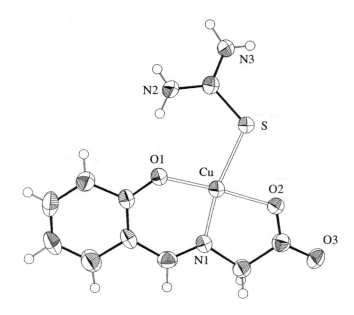

Abb. 96: ORTEP-Zeichnung [58] einer monomeren Einheit des Cu-Komplexes „CUHA", Auslenkungsellipsoide mit 50% Aufenthaltswahrscheinlichkeit, H-Atome mit willkürlichen Radien

PLUTO [72] ist besonders zum einfachen und schnellen Zeichnen von Molekülstrukturen geeignet. Die Atome werden als Kugeln mit Schattenzone dargestellt, durch Verwendung von Van–der–Waals–Radien entstehen Kalottenmodelle. Es ist auch im erwähnten *PLATON*–Programm enthalten, mit dem aber auch Auslenkungsellipsoide gezeichnet werden können.

STRUPLO [75] eignet sich schließlich besonders zur Darstellung anorganischer Festkörperstrukturen, wenn man „massive" schraffierte Koordinationspolyeder zeichnen möchte (Abb.97).

Über das Internet zugänglich sind verschiedene Programme, wie *RASMOL* [84], mit denen man auf einfache Weise vor allem Molekülstrukturen auf dem Bildschirm gut darstellen und drehen kann.

Die folgenden Programme erfordern Lizenzgebühren bzw. sind kommerziell

12.4 Strukturzeichnungen

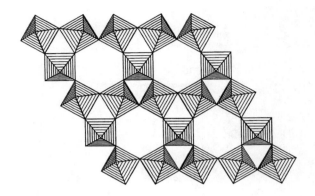

Abb. 97: Beipiel einer Schichtstruktur vom Kagoménetz-Typ aus eckenverknüpften okaedrischen Baueinheiten ($Cs_2LiMn_3F_{12}$) in Polyederdarstellung [75]

erhältlich:

DIAMOND [78] ist ein unter Windows arbeitendes PC-Programm, das Auslenkungsellipsoide, Kugel-Stab-Modelle (z.B. Abb. 98,99,101 und Polyederzeichnungen auf sehr vielseitige und meist intelligente Weise zu erzeugen und auszugeben erlaubt, und zudem gewisse Datenbankfunktion besitzt.

SCHAKAL (von „*Scha*ttierte *Ka*lotten") [73] kann keine Auslenkungsellipsoide oder Polyeder zeichnen, jedoch — vor allem auf einem hochauflösenden Farbgraphikschirm — ausgesprochen ästhetische Kugel–Stab– und Kalotten–Modelle in vielen Variationen (Abb.100).

XPW aus SHELXTL [74] bietet ebenfalls alle Darstellungsmöglichkeiten und gewinnt Attraktivität durch seine Anbindung an die SHELX-Programme und die Möglichkeit, Elektronendichte-Karten darzustellen.

ATOMS [80] ist ebenfalls ein vielseitiges und bedienungsfreundliches Plotprogramm.

Stereo–Zeichnungen. Mit fast allen Programmen kann man auch Stereozeichnungen anfertigen. Dazu muß ein perspektivisches Bild mit einem geeigneten Augenabstand (40–80 cm) zugrundegelegt werden. Für das linke Bild wird um eine vertikal in der Zeichenebene liegende Achse normal um 3° nach rechts, für das rechte Bild um 3° nach links gedreht. Liegt der Abstand der beiden Bilder bei Verkleinerung mit ca. 5–6 cm in der Nähe des Augenabstandes, so können Geübte ohne Hilfsmittel oder nur mit einer Karteikarte, die man zur Trennung senkrecht zwischen die Bilder hält, durch Übereinanderschielen räumlich sehen (Abb.100).

Packungsdiagramme. Zur Verdeutlichung der Packungsverhältnisse in der

12 INTERPRETATION DER ERGEBNISSE

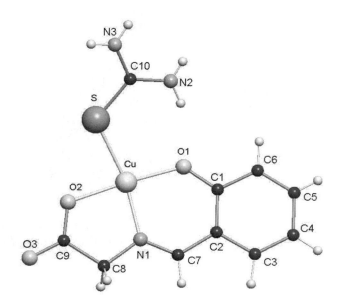

Abb. 98: Beispiel für eine DIAMOND-Zeichnung [78], Kugel–Stab–Modell des „CUHABS"–Monomeren (Kap.15)

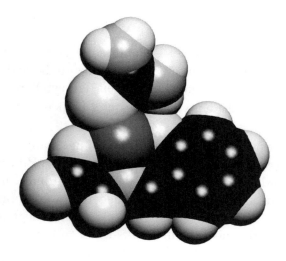

Abb. 99: Kalotten-Darstellung des „CUHABS"-Moleküls mit DIAMOND [78]

12.5 Elektronendichten

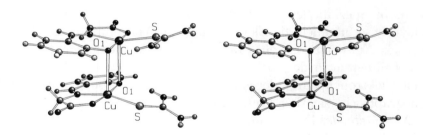

Abb. 100: Stereobild [73] eines aus den Einzelmolekülen von „CUHABS" durch eine 2-zählige Achse erzeugten Dimeren

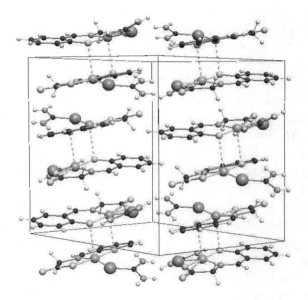

Abb. 101: Perspektivische Darstellung einer Elementarzelle von „CUHABS" [78]

Struktur pflegt man meist auch den Inhalt einer ganzen Elementarzelle oder mehr darzustellen (Abb.101).

12.5 Elektronendichten

Meistens gibt man sich mit den bislang erörterten Resultaten einer Strukturbestimmung, den genauen Atompositionen des verfeinerten Strukturmodells zufrieden. In Spezialfällen greift man jedoch auf das direkte Ergebnis der Fouriersynthese, nämlich die Elektronendichte–Verteilung in der Elementarzelle zurück: Auf der Basis sehr präziser Intensitätsmessungen ist es nämlich möglich, Feinheiten in der Elektronendichteverteilung wie Bindungselektronen, freie Elektronenpaare oder gar die Besetzung von bestimmten Orbitalen röntgenographisch „sichtbar" zu machen.

$X - X - Methode$. Dazu nimmt man zuerst bei möglichst tiefer Temperatur (um die thermische Schwingung und TDS–Beiträge zu minimalisieren) einen sorgfältig und zu möglichst hohen Beugungswinkeln gemessenen Datensatz auf. Um die Absorptionseffekte gering und berechenbar zu halten, schleift man den Kristall oft zur Kugel, alle störenden Effekte (siehe Kap.11) werden geprüft und ggf. korrigiert. Zuerst wird nun nur mit den Reflexen bei höheren Beugungswinkeln ein Strukturmodell verfeinert, das die Lagen der *Atomkerne* optimal beschreiben soll. Wegen der starken räumlichen „Verschmierung" der Valenzelektronen tragen diese nach dem in Kap. 5.1 gesagten nämlich nur bei niedrigen Beugungswinkeln zur Streuung bei. Eine *Hochwinkelverfeinerung* liefert also die Schwerpunktslage der Rumpf–Elektronen, die den Kernpositionen entspricht. Dann werden mit den Atomformfaktoren, die ja nur die kugelsymmetrische Elektronenverteilung um ein Atom erfassen, die F_c–Werte für dieses Modell berechnet (s. Kap. 5). Wird nun eine *Differenz–Fouriersynthese* mit *allen* Daten angeschlossen, so treten Abweichungen von einer solchen kugelsymmetrischen Elektronenverteilung in Form der sogenannten *Deformationsdichte* zu Tage, die z.B. im Bereich von Elektronenpaaren oder Doppelbindungen bis zu einigen zehntel Elektronen pro Å^3 ausmachen können. Das Problem ist dabei, einen hinreichend ruhigen und niedrigen Untergrund zu erhalten, auf dem sich solche Effekte noch signifikant abheben. Bei guten Datensätzen sind solche Effekte bereits bei „normalen" Strukturbestimmungen in Differenz-Fouriersynthesen zu beobachten, wie z.B. in Abb. 68 (Kap. 8) zu sehen ist.

$X - N - Methode$. Die genaue Bestimmung der Kernlagen gelingt besonders gut, wenn man eine erste Messung (an einem großen Kristall) mit Neutronen durchführt. Mit dem so verfeinerten Modell werden dann die F_c–Werte berechnet, während die F_o–Daten für die Differenz–Fouriersynthese wiederum aus einer Röntgenbeugungsmessung bei (gleicher!) tiefer Temperatur bezogen werden. Der Vorteil der „direkten" Kernlagen–Bestimmung durch Neutronenbeugung wird durch erhebliche Probleme wieder eingeschränkt, die aus der Vermessung zweier *verschiedener* Kristalle auf zwei unterschiedlichen Diffraktometern herrühren.

13 Kristallographische Datenbanken

Die Ergebnisse aller Einkristallstrukturbestimmungen sind in drei großen Datenbanken gesammelt.

13.1 Inorganic Crystal Structure Database ICSD

Diese Datenbank enthält alle Kristallstrukturen, die keine C–H-Bindungen enthalten und keine Metalle oder Legierungen betreffen, das sind derzeit über 76 000 anorganische (nicht metallorganische!) Strukturen. Sie wurde am Institut für anorganische Chemie der Universität Bonn (Prof.Bergerhoff) aufgebaut und gehört inzwischen zu den von *STN–International* im Fachinformationszentrum (FIZ) Karlsruhe gemeinsam mit dem NIST (National Institute of Standards and Technology) in den USA im Internet oder auf CD-ROM angebotenen Datenbanken (www.stn-international.de/stndatabases/databases/icsd.html). Eine Datenbanksuche verläuft normalerweise in zwei Stufen: Zuerst werden Einträge *gesucht* (Befehl 'Search'), die bestimmte Kriterien erfüllen, z.B. eine Kombination von chemischen Elementen, eine bestimmte Raumgruppe, ein gewisses Zellvolumen. Ein Beispiel für eine solche Recherche mit dem PC-Programmsystem FindIt ist in Abb. ?? angegeben. Als Bedingung für die Suche wurde das gleichzeitige Vorhandensein der Elemente Na, Mn und F bei insgesamt max. 4 Elementen gestellt. Als Ausgabe erhält man zunächst eine Liste der gefundenen Einträge, aus der man direkt das Literaturzitat, Elementarzelle, Raumgruppe und Atomparameter entnehmen kann. Über das Menu kann man dann zusätzliche Information abrufen, wie Bindungslängen und Winkel. Ein "Visualizer" liefert ein grobes Strukturbild, ein simuliertes Pulverdiagramm oder Ausgabe der Strukturdaten im cif-Format (s. Kap. 13.5).

13.2 Cambridge Structural Database CSD

Alle Kristallstrukturen von organischen und metallorganischen Verbindungen (mit C–H–Bindungen), — derzeit über 322000, einschließlich der Protein-Datenbank vom Brookhaven National Lab. — sind in der CSD–Datenbank enthalten, die vom Cambridge Crystallographic Data Centre (CCDC) unterhalten wird (www.ccdc.cam.ac.uk). In Deutschland kann sie über das "German Affiliated Centre" an der Universität Braunschweig (Prof.P.G.Jones) mietweise bezogen werden.

Recherchen darin sind mit der eigenen CSD-Software CCDC CONQUEST vorzunehmen, deren Hauptvorteil die Möglichkeit der Suche nach Struktur-

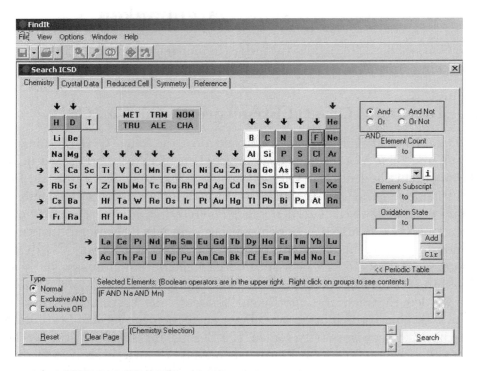

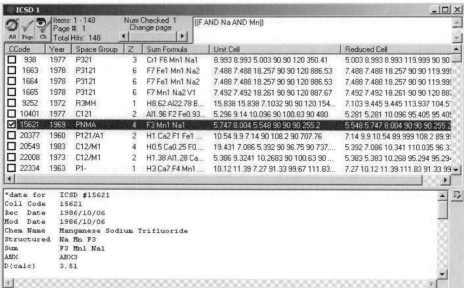

Abb. 102: "FindIt"–Suche in der ICSD–Datenbank mit den Elementen Na, Mn, F und ein Ausgabe–Ausschnitt

fragmenten ist ('connectivity search'). Bei einer CSD-Recherche definiert man zuerst eine Kombination von Bedingungen ('Queries') in bestimmten Feldern der Datenbank (z.B. Zusammensetzung, Elementauswahl,
Raumgruppe, Jahrgang der Zeitschrift, Autorennamen, oder insbesondere die erwähnte selbst am Bildschirm erstellte topologische Verknüpfung, die auch dreidimensional definiert werden kann). Nach dem Starten der Datenbanksuche erhält man für jeden "Treffer" als Ausgabe ein schematisiertes Strukturdiagramm, meist auch ein sog. 3D-Diagramm, in dem man das Struktur-Modell mit der Maus drehen kann und natürlich Literturzitat und die wichtigsten kristallographischen Daten in verschiedenen Formaten. Abb. ?? und ?? zeigen ein Beispiel für die Suche nach einem 2D Strukturfragment und eine Auswahl von Ausgaben für einen der gefundenen Einträge.

13.3 Metals Crystallographic Data File CRYSTMET

Die Information über die Strukturen aller Metalle und Legierungen, aber auch von Halbleiter-Systemen und Verbindungen im Grenzbereich wie Metallphosphiden und sogar –sulfiden findet man in der in Kanada von Toth Information Systems geführten CRYSTMET–Datenbank (www.TothCanada.com).

13.4 Andere Datensammlungen zu Kristallstrukturen

Neben den mehrmals jährlich aktualisierten elektronischen Datenbanken gibt es natürlich auch Datensammlungen in Buchform, insbesondere die in einer anorganischen und einer organischen Ausgabe erschienenen, seit 1990 eingestellten „Structure Reports" [13]. Sie geben nach Verbindungsklassen geordnete sehr schöne Übersichten über die Strukturbestimmungen eines Jahres. Speziell Molekülstrukturen werden in den aus dem CSD–System abgeleiteten Bänden von „Molecular Structures and Dimensions" [14] zusammengefaßt. Schließlich gibt es einige ältere z.T. immer noch wegen Ihrer Übersichtlichkeit und Systematik nützliche Zusammenstellungen [15-17].

13.5 Deponierung von Strukturdaten in den Datenbanken

Bei der Publikation einer Kristallstruktur werden die Autoren normalerweise gebeten, die kompletten kristallographischen Daten, insbesondere die nicht abgedruckten, bei einer Datenbank zu hinterlegen (anorganische Strukturen meist beim FIZ Karlsruhe, metallorganische und organische beim Cambridge

222   13 KRISTALLOGRAPHISCHE DATENBANKEN

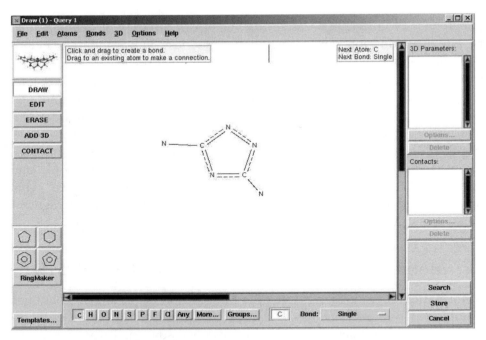

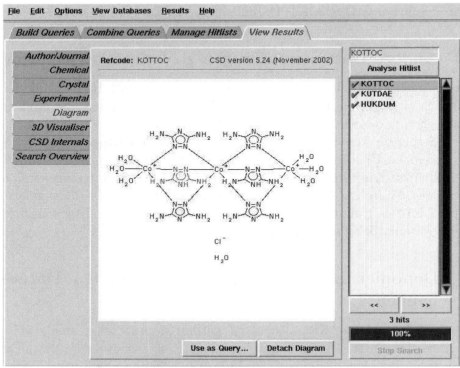

Abb. 103: "Conquest"–Suche in der CSD–Datenbank nach einem hetrocyclischen Fragment und Ausgabebeispiel für einen gefundenen Eintrag

13.5 Deponierung von Strukturdaten in den Datenbanken

Refcode: KOTTOC   CSD version 5.24 (November 2002)

Author(s): L.Antolini, A.C.Fabretti, D.Gatteschi, A.Giusti, R.Sessoli
Journal: Inorg.Chem.
Volume: 30
Page: 4858
Year: 1991
Notes:
Deposition Number:

Refcode: KOTTOC   CSD version 5.24 (November 2002)

Spacegroup
Name: R-3r   **Number:** 148

Cell Parameters
   a: 10.333(2)   **b:** 10.333(2)   **c:** 10.333(2)
   alpha: 98.33(1)   **beta:** 98.33(1)   **gamma:** 98.33(1)
Volume: 1064.494

Reduced Cell Parameters
   a: 10.333   **b:** 10.333   **c:** 10.333
   alpha: 98.33   **beta:** 98.33   **gamma:** 98.33
Volume: 1064.494

Other Parameters
Molecular Vol: 1064.494   **Residues:** 3
   Z: 1.0   **Z':** 0.17

Refcode: KOTTOC   CSD version 5.24 (November 2002)

Formula: $C_{12} H_{38} Co_3 N_{30} O_6^{3+}$, $3(Cl^-)$, $9(H_2 O)$

Name: bis((μ_2-3,5-Diamino-1,2,4-triazole)-bis(μ_2-3,5-diamino-1,2,4-triazolato)-tri-aqua-di-cobalt(ii,iii)) trichloride nonahydrate

Synonym:
Source:
Melting Point:
Colour:
Extra Information:

Abb. 104: Beispiele von weiteren Ausgaben für den gewählten Eintrag

Crystallographic Data Center). Von dort können sie einerseits durch interessierte Leser angefordert werden, andererseits werden sie von dort zur Aufnahme in die zuständige kristallographische Datenbank (ICSD, CSD, CRYSTMET) weitergegeben.

CIF–files. Zur internationalen Vereinheitlichung der Dokumentation kristallographischer Daten und Vermeidung von Übertragungsfehlern wurde von der *International Union of Crystallography* ein einheitlicher Standard für ein sog. *Crystallographic Information File (CIF)* aufgestellt. Moderne Programmsysteme wie [68,70,71,79] enthalten eine Ausgabemöglichkeit für ein solches CIF–file. Es kann, – nach eventueller Ergänzung – direkt durch E-mail an die Datenbank gesandt werden. Um ein eigenes cif-file vorher auf Fehler zu testen, kann es per E-Mail an checkcif@iucr.org gesandt werden, von wo automatisch ein Fehlerprotokoll zurückgesandt wird. Dasselbe leistet auch das PLATON-System [70].

Die Zeitschrift *Acta Crystallographica* akzeptiert ebenfalls nur noch durch Text ergänzte CIF–files zur elektronischen Erstellung von Strukturpublikationen in Reihe C.

13.6 Kristallographie im Internet

Eine inzwischen kaum zu überblickende Informationsfülle findet sich – auch zu kristallographischen Problemen – im Internet. Wichtige Zugangsseiten sind darunter z.B.

- www.iucr.org (International Union of Crystallography)

- www.iucr.ac.uk (Acta Crystallographica)

- www.unige.ch/crystal/stxnews/stx/welcome.htm (News group)

- www.unige.ch/crystal/stxnews/stx/discuss/index.htm (Discussionsforum)

- www.ccp14.ac.uk (Software etc.)

Inzwischen kann man Kristallstrukturen auch im Internet publizieren. Die neue Serie der Acta Crystallographica E ('Structure Reports online') erreicht dadurch auch bei Begutachtung der Artikel Publikationszeiten bis unter 2 Wochen.

14 Gang einer Kristallstrukturbestimmung

Im Folgenden wird eine stichwortartige Gesamtübersicht über die einzelnen Schritte einer Röntgenstrukturanalyse gegeben mit Verweisen auf die Kapitel, in denen detailliertere Angaben zu den einzelnen Punkten nachzulesen sind.

1. Züchtung von Einkristallen (7.1)
2. Ggf. Vorbereitung der Kristallkühleinheit (7.1)
3. Kristallauswahl auf einem Polarisationsmikroskop, bei empfindlichen Verbindungen unter inertem Öl (7.1)
4. Montage in bzw. auf Kapillare oder auf Glasfaden auf dem Goniometerkopf, Montieren und Zentrieren auf einem Diffraktometer(7.1)
5. (a) *Messung auf einem Flächendetektorsystem* (7.3): Registrierung einiger orientierender Aufnahmen, Peaksuche, Bestimmung der Orientierungsmatrix und damit der Elementarzelle mit einem Indizierungsprogramm. Darauf basierend Wahl der endgültigen Meßbedingungen: Detektorabstand, Winkelbereiche, Schrittweite, Belichtungszeit. Start der Messung (Dauer 4-48 h). Anschließend Untersuchung des Beugungsbildes auf Überstruktur, Verzwillingung, Satelliten, diffuse Streifen, Bestimmung des Reflexprofils. Integration und LP-Korrektur, genaue Gitterkonstantenbestimmung.

    (b) *Messung auf einem Vierkreis-Diffraktometer mit Zählrohr* (7.2.2): Reflexsuche, evtl. mit Hilfe von Polaroidfilmaufnahmen, Vermessung der genauen Goniometerwinkel eines Basissatzes von mindestens ca. 20 gut im Raum verteilten Reflexen. Festlegung der Orientierungsmatrix und damit auch der Elementarzelle durch ein Indizierungsprogramm, Untersuchung des Reflexprofils. Um sicher zu sein, daß man die richtige Elementarzelle zu Grunde legt, sind vor der Diffraktometermessung orientierende Filmaufnahmen sehr empfehlenswert (7.2.1). Festlegung von Scantyp und –breite, Wahl der Meßbedingungen wie Beugungswinkelbereich, *hkl*–Bereiche, Meßzeit pro Reflex (7.2.3). Auswahl und Definition von Kontrollreflexen für Intensitäts– und ggf. Orientierungskontrolle. Automatische Intensitätsmessung (1–14 Tage). Datenreduktion, LP-Korrektur (7.4.1).
6. Evtl. Kristallvermessung und Flächenindizierung für eine Absorptionskorrektur (7.4.3). An Vierkreis–Diffraktometern Aufnahme von Psi–Scans.
7. Vorläufige Raumgruppenfestlegung (6.6)

8. Strukturlösung mit Patterson– (8.2) oder direkten Methoden (8.3)

9. Verfeinerung des Strukturmodells (9.1) und Ergänzung durch Differenz–Fouriersynthesen (8.1). Bei Scheitern zurück zu 8., 7., 2. oder 1.

10. Einführung anisotroper Auslenkungsfaktoren (5.2) und Optimierung des Gewichtsschemas (9.2)

11. Ggf. Bestimmung oder Berechnung der H–Atomlagen (9.4.1)

12. Prüfung und ggf. Korrektur von Extinktions– (10.5), evtl. auch Renninger– (10.6) und $\lambda/2$–Effekten (10.7)

13. Test evtl. alternativer Raumgruppen, bei nicht zentrosymmetrischen Raumgruppen Bestimmung der „absoluten Struktur" (10.4)

14. Kritische Beurteilung des „besten" Strukturmodells z.B. anhand einer Prüfliste wie der folgenden:

    (a) Sind die „besten" Gitterkonstanten verwendet worden?
    Nach der Integration bzw. der Intensitätsmessung kann man aus dem Datensatz geeignete Reflexe aussuchen, deren 2θ–Winkel zur Grundlage einer abschließenden Gitterkonstanten-Verfeinerung dienen können. Auf Flächendetektorsystemen benutzt man sehr viele, z.B. alle beobachteten Reflexe, um systematische Fehler herauszumitteln. Auf einem Vierkreis-Diffraktometer wählt man starke Reflexe bei hohen Beugungswinkeln aus, an denen man die Beugungswinkel, am besten durch Messung im positiven und im negativen Winkelbereich des Diffraktometers – besonders gut bestimmen kann. Die Verfeinerung sollte die Restriktionen der endgültigen Kristallklasse berücksichtigen (z.B. keine Verfeinerung der $90°$–Winkel im orthorhombischen System).

    (b) Sind die verwendeten Reflexdaten korrekt behandelt?
    - Wurden bei Verfeinerung gegen F^2–Werte *alle* Daten verwendet?
    - Ist (bei Verfeinerung gegen F–Daten) das verwendete σ–Limit nicht zu hoch?
    - Wurden die Reflexe korrekt gemittelt (auch unter Berücksichtigung der anomalen Dispersion in nicht zentrosymmetrischen Raumgruppen)?
    - Ist der Anteil der schwachen Reflexe (z.B. mit $F_o < 4\sigma(F_o)$) nicht zu hoch? Wenn doch ($>$ ca. 30%), gibt es eine gute Erklärung dafür oder ist ein Fehler möglich (s. Kap. 11.3-5)?

- Ist die Verteilung der gewichteten Fehler gleichmäßig im Datensatz? Gibt es bei hohen Beugungswinkeln nur noch schwache Reflexe mit hohen Fehlern, so kann es in seltenen Fällen vorteilhaft sein, nachträglich alle Reflexe oberhalb eines bestimmten θ–Limits zu eliminieren, wenn dabei das Reflex/-Parameter–Verhältnis nicht zu schlecht wird (entscheiden sollten nicht bessere R-Werte sondern bessere Standardabweichungen). Evtl. muß das Gewichtsschema überprüft werden.
- Ist die Absorption optimal korrigiert? Wurde mit dem richtigen Absorptionskoeefizienten μ gerechnet (er hängt z.B. im SHELX-System von den richtigen Atomzahlen in der UNIT-Anweisung ab)?

(c) Ist das Reflex/Parameter–Verhältnis gut genug (> 10)?
(d) Sind die Auslenkungsfaktoren alle vernünftig oder wurde vielleicht eine Fehlordnung übersehen?
(e) Sind eventuelle H–Atomlagen geometrisch sinnvoll und optimal behandelt?
(f) Zeigt die Struktur keine unmöglichen interatomaren Kontakte?
(g) Ist die Restelektronendichte (aus einer abschließend gerechneten Differenz–Fouriersynthese) angemessen niedrig (stärkste Maxima dicht neben den schwersten Atomen)? Wurde kein fehlgeordnetes Lösungsmittelmolekül übersehen?
(h) Sind die Korrelationen bei der Verfeinerung nicht zu hoch und erklärbar?
(i) Ist die Strukturgeometrie chemisch vernünftig?
(j) Sind die R–Werte und Standardabweichungen gut genug?
(k) Ist die Struktur „ausverfeinert", d.h. sind die Parameterverschiebungen klein ($< 1\%$) gegen ihre Standardabweichung?

Bei Zweifeln Prüfung auf mögliche Fehler wie übersehene Fehlordnung (10.1), Verzwillingung (11.2), falsche Zelle (11.3) oder falsche Raumgruppe (11.4). Evtl. zurück zu 5.).

15. Berechnung der Bindungslängen und Winkel, ggf. intermolekularer Kontakte, evtl. Schwingungskorrektur an Bindungslängen (12.1); Berechnung ausgewählter Torsionswinkel, „bester" Ebenen (12.2); Erstellung von Tabellen für Publikation und Datenbanken
16. Untersuchung der Packung der Struktur (12.3) und Komposition von Strukturzeichnungen (12.4)
17. Verstehen der Struktur, Diskussion und kristallchemische Einordnung

15 Beispiel einer Strukturbestimmung

Am Beispiel eines Kristalls des Thioharnstoff-Addukts von N-Salicyliden-glycinato-kupfer(II) Cu(sg)SC(NH$_2$)$_2$, (Code „CUHABS", Summenformel C$_{10}$H$_{11}$N$_3$O$_3$SCu, C.Friebel, Marburg; siehe auch die Abb. in Kap. 12.4) sollen die wichtigsten Stationen bei einer Strukturbestimmung dokumentiert und stichwortartig kommentiert werden (kursiv):

1. *Auswahl eines Kristalls (ca. 0.3 x 0.2 x 0.1 mm) unter dem Polarisationsmikroskop, Aufnehmen mit etwas inertem Öl auf die Spitze einer Quarz-Kapillare, die auf einem Goniometerkopf vorzentriert wurde. Montieren auf einem Flächendetektorsystem (hier IPDS "Image plate Diffractometer System" mit graphit-monochromatisierter MoKα–Strahlung und Kristallkühleinheit bei 193 K), Zentrieren und Höhenjustierung. Registrieren von drei orientierenden Aufnahmen mit ϕ-Intervallen von $0 - 1.2°$ (Abb. 105), $1.2 - 2.4°$, $2.4 - 3.6°$.*

2. *Beurteilung der Reflexprofile und –intensitäten, Peaksuche und vorläufige Indizierung ergibt eine monokline innenzentrierte Elementarzelle mit $a = 13.64(2)$, $b = 12.37(1)$, $c = 14.21(1)$ Å, $\beta = 91.3(1)°$. (Die „Standardaufstellung" mit C-Zentrierung würde hier einen mit $\beta = 131.7°$ unannehmbar hohen Winkel ergeben). Basierend darauf Festlegung der endgültigen Meßbedingungen: Abstand Kristall zur Bildplatte: 60 mm (bei einem Plattendurchmesser von 180 mm ist dann ein θ-Bereich bis $28.2°$ zugänglich), Meßzeit 5 min pro Aufnahme, 167 Aufnahmen von $\phi = 0°$ bis $200°$ in Intervallen von $1.2°$.*

Abb. 105: Erste Flächendetektor–Aufnahme ($\phi = 0 - 1.2°$, Ausschnitt)

3. *Nach einer Meßzeit von 1 Tag wird die Orientierungsmatrix aus den Peaks von 40 Aufnahmen genauer bestimmt:*

```
Reciprocal axis matrix
                    0.017251    -0.030457     0.062903
                    0.047297     0.060659     0.009800
                   -0.053275     0.043998     0.030032
```

4. *Bestimmung des 3-dim. Reflexprofils (mit Hilfe eines Programms) und Integration aller Reflexe, d. h. Auswertung der Intensitäten, Subtraktion des Untergrunds und Anbringen von Lorentz- und Polarisationskorrektur. Die resultierende Datei CUHABS.RAW (Ausschnitt unten) enthält insgesamt 11554 Reflexe. Für jeden sind die hkl-Indices, der F_o^2 – Wert und seine Standardabweichung angegeben, sowie die sechs Richtungscosinus, die die Richtung von einfallendem und ausfallendem Strahl bezüglich der reziproken Achsen für diesen Reflex angeben.*

```
 -14    2    2     645.12   11.60   2-0.55864-0.24445-0.39613 0.49938-0.73713 0.82406
 -13    4    1     727.14   11.45   2-0.55864-0.18825-0.39613 0.59745-0.73713 0.77306
 -13    8   -3      86.41    8.48   2-0.55864-0.19349-0.39613 0.79796-0.73713 0.56373
 -12   10   -6       8.80    9.22   2-0.55864-0.14021-0.39613 0.89949-0.73713 0.40748
 -10  -11    5      60.98    8.10   2-0.55864-0.01089-0.39613-0.14807-0.73713 0.98918
  -9  -15    4      63.37    9.00   2-0.55864 0.04643-0.39613-0.34798-0.73713 0.93881
  -7    9   -4     247.26    8.41   2-0.55864 0.14989-0.39613 0.84304-0.73713 0.51472
  -7   11   -8      26.56    8.08   2-0.55864 0.14516-0.39613 0.94030-0.73713 0.30488
  -6   11   -9     129.93    8.40   2-0.55864 0.20304-0.39613 0.94486-0.73713 0.25426
  -5   10   -7    1319.86   12.37   2-0.55864 0.26383-0.39613 0.89455-0.73713 0.35985
.....
```

5. *Aus dem ganzen Datensatz werden nun alle stärkeren Reflexe ausgewählt, um die endgültigen genauen Zellparameter zu verfeinern:*

```
Cell Parameters
     12.3543(12)   14.3081(14)   13.5164(12)    a,b,c [°]
     90.0          91.352(12)    90.0           α,β,γ [°]
```

6. *Alle sichtbaren Kristallflächen werden nun (mit Hilfe einer CCD-Kamera) nacheinander parallel zur Blickrichtung gedreht und mit Programmunterstützung die hkl-Indices und die Abstände vom Kristallzentrum bestimmt. Sie dienen, zusammen mit den Richtungscosinus zur numerischen Absorptionskorrektur.*

```
Crystal Faces
     N      H       K       L     D [mm]
     1    1.00   -1.00    1.00   0.1110
     2   -1.00   -1.00    2.00   0.1419
     3    1.00    1.00   -2.00   0.0952
     4   -1.00    1.00   -1.00   0.1148
     5    1.00    2.00    0.00   0.1350
     6    0.00    2.00    1.00   0.1256
     7    1.00   -1.00   -2.00   0.0960
     8   -1.00   -2.00    0.00   0.1299
     9    0.00   -2.00   -1.00   0.1160
    10   -2.00    0.00   -1.00   0.1613
```

7. *Nach Anbringen der numerischen Absorptionskorrektur und Sortieren (hier mit Programm XPREP in SHELXTL) ergibt sich die endgültige Reflexliste für die Lösung und Verfeinerung der Struktur:*

```
    h    k    l      Fo**2    sigma
 .......
   -2    0    0    1846.40    30.47   0
    2    0    0    1826.90    30.16   0
   -4    0    0     262.59     9.54   0
    4    0    0     264.68    10.67   0
   -6    0    0     700.48    11.47   0
    6    0    0     685.38    12.42   0
    8    0    0    1787.91    17.01   0
   -8    0    0    1838.32    16.57   0
 .......
   -3    0   -1       2.00     6.33   0
    3    0    1       2.88     5.39   0
   -5    0   -1       0.45     4.96   0
    5    0    1       1.82     9.27   0
   -7    0   -1      -2.42     4.43   0
 .......
   -4    0   -2    6527.41    31.42   0
    4    0    2    6679.64    32.72   0
   -6    0   -2    6602.95    28.64   0
    6    0    2    6682.05    29.15   0
   -8    0   -2     210.17     7.23   0
 .......
```

8. *Suche nach systematischen Auslöschungen im Datensatz. Alle gemessenen Daten, die der allgemeinen Bedingung für I-Zentrierung (hkl: h+k+l = 2n) widersprechen, sind kleiner 4σ. Zusätzlich sind Daten für die rez. Ebene h0l sehr schwach, wenn $h \neq 2n$ (siehe Reflexliste oben). Diese zonale Auslöschung zeigt eine a-Gleitspiegelebene senkrecht zur b-Achse an. Also liegt entweder die Raumgruppe I2/a (15) oder Ia (9) vor. Am besten erkennt man dies, wenn man die vermessenen Daten in Form von Schnitten im reziproken Gitter darstellt (rechts).*

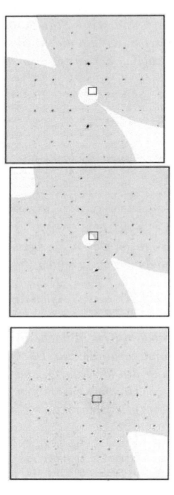

Abb. 106: Rez. Schichten h0l, h1l, h2l

*I*12/*a* 1

UNIQUE AXIS *b*, CELL CHOICE 3

Origin at $\bar{1}$ on glide plane a

Asymmetric unit $0 \le x \le 1$; $0 \le y \le \frac{1}{4}$; $0 \le z \le \frac{1}{4}$

Generators selected   (1); $t(1,0,0)$; $t(0,1,0)$; $t(0,0,1)$; $t(\frac{1}{2},\frac{1}{2},\frac{1}{2})$;   (2);   (3)

Positions

Multiplicity, Wyckoff letter, Site symmetry			Coordinates $(0,0,0)+$ $(\frac{1}{2},\frac{1}{2},\frac{1}{2})+$				Reflection conditions
8	*f*	1	(1) x,y,z	(2) $\bar{x}+\frac{1}{2},y,\bar{z}$	(3) $\bar{x},\bar{y},\bar{z}$	(4) $x+\frac{1}{2},\bar{y},z$	General: $hkl: h+k+l=2n$ $h0l: h,l=2n$ $0kl: k+l=2n$ $hk0: h+k=2n$ $0k0: k=2n$ $h00: h=2n$ $00l: l=2n$

Special: as above, plus

4	*e*	2	$\frac{1}{4},y,0$	$\frac{1}{4},\bar{y},0$					no extra conditions
4	*d*	$\bar{1}$	$\frac{1}{4},\frac{1}{4},\frac{1}{4}$	$\frac{1}{4},\frac{1}{4},\frac{1}{4}$	4	*c*	$\bar{1}$	$\frac{1}{4},\frac{1}{4},\frac{3}{4}$ $\frac{1}{4},\frac{1}{4},\frac{1}{4}$	$hkl: l=2n$
4	*b*	$\bar{1}$	$0,\frac{1}{2},0$	$\frac{1}{4},\frac{1}{2},0$	4	*a*	$\bar{1}$	$0,0,0$ $\frac{1}{2},0,0$	$hkl: h=2n$

Abb. 107: Auszug aus den Intern. Tables A zur Raumgruppe I2/a

9. *Abschätzung von Z, der Zahl der Formeleinheiten pro Zelle. Die Summenformel für den Kompex: $C_{10}H_{11}N_3O_3SCu$ enthält 18 Nicht-H-Atome, so daß das Formel-Volumen etwa $18 x 17 = 306 Å^3$ betragen sollte (s.Kap.6.4.3). Das gefundene Elementarzell-Volumen von $2389 Å^3$ ist also mit der Annahme von $Z = 8$ vereinbar. Die allgemeine Lage in Raumgruppe I2/a ist 8-zählig (in Ia nur 4-zählig), d.h. das Komplexmolekül kann in I2/a selbst ohne Eigensymmetrie sein. Ein erster Versuch zur Strukturlösung wird deshalb in der zentrosymmetrischen Raumgruppe I2/a unternommen. Für die zentrosymmetrische Raumgruppe spricht auch der E^2-1 - Test (siehe unten).*

10. *Auswahl der Strukturlösungsmethode. Das schwerste Atom, Cu, hat 18% der Elektronen in der Formeleinheit, daher sollte die Struktur sowohl mit Patterson- als auch mit Direkten Methoden zu lösen sein. Beide Möglichkeiten werden hier an Hand des SHELXS-97 Programms[64] aufgezeigt. Beide Methoden brauchen die Reflexdatei CUHABS.HKL und eine Instruktionsdatei CUHABS.INS, wobei das folgende Beispiel für eine Lösung mit Direkten Methoden geeignet ist:*

```
TITL CUHABS IN I2/A
CELL    0.71073   12.3543    14.3081    13.5164   90.00   91.352   90.00
```
Wellenlänge der Röntgenstrahlung und Elementarzell-Parameter
```
ZERR    8         0.0012     0.0014     0.0012    0.0     0.012    0.0
```
Z (Formeleinheiten pro Zelle) und Standardabweichungen der Zellparameter

LATT 2   *Bravais-Typ I, zentrosymmetrische Raumgruppe*
SYMM 0.5+X,-Y,Z   *Symmetrieoperation der s a-Gleitspiegelebene, alle weiteren durch LATT 2 implizit*

```
SFAC    C    H    CU    O    N    S
```
Elementsymbole für zu verwendende Atomformfaktoren

```
UNIT   80   88   8    24   24   8
```
Zahl der Atome jeden Typs in der Elementarzelle

TREF   *Lösung durch Direkte Methoden mit Voreinstellungen*

HKLF 4   *Reflexdaten werden als h,k,l,F^2,σ zeilenweise eingelesen*

11. Programmaufruf SHELXS CUHABS gibt folgende (gekürzte) Ausgabe in der Datei CUHABS.LST.

```
TITL CUHABS IN I2/A
CELL    0.71073   12.3543   14.3081   13.5164   90   91.352   90
ZERR    8         0.0012    0.0014    0.0014    0    0.012    0
LATT    2
SYMM 0.5+X,-Y,Z
SFAC    C    H    O    N    S    CU
UNIT   80   88   24   24   8    8
```
                                        Berechnung verschiedener Werte aus Eingabedaten
```
V = 2388.58  At vol = 16.6  F(000) = 1288.0  mu = 2.01 mm-1
Max single Patterson vector = 58.1  cell wt = 2534.54  rho = 1.742


TREF
HKLF 4
```

        11554 Reflections read, of which 179 rejected   *11375 Reflexe verfügbar nach Eliminieren von 179 systematisch ausgelöschten*

      Maximum h, k, l and 2-Theta = 16. 18. 17. 55.99
INCONSISTENT EQUIVALENTS   *Mittelung symmetrieäquivalenter Reflexe, schlechter übereinstimmende aufgelistet*

h	k	l	F*F	Sigma(F*F)	Esd of mean(F*F)
1	1	0	244.44	4.42	172.11
1	7	0	6708.11	12.09	83.27
7	7	0	3528.96	8.82	67.27
1	13	0	3743.91	7.62	79.39

ect.

2755 Unique reflections, of which 2381 observed
                 2755 "unabhängige Reflexe", davon 2381 mit $F^2 > 2\sigma$

R(int) = 0.0345   R(sigma) = 0.0243   Friedel opposites merged
        R(int) zeigt die Konsistenz der gemittelten Daten an, R(sigma) basiert auf den relativen Standardabweichungen der Messung

Observed E .GT.	1.200	1.300	1.400	1.500	1.600	1.700	1.800	1.900	2.000	2.100
Number	758	673	589	513	437	369	314	252	200	163

Statistik zur Verteilung der starken E-Werte

	Centric	Acentric	0kl	h0l	hk0	Rest
Mean Abs(E*E-1)	0.968	0.736	0.922	0.896	0.996	0.965

Test auf Zentrosymmetrie aus Intensitätsverteilung: konsistent mit der Wahl der zentrosymmetrischen Raumgruppe I2/a statt der nicht-zentrosymmetrischen Alternative Ia

SUMMARY OF PARAMETERS FOR CUHABS IN I2/A

Voreinstellungen, die von der Instruktion "TREF" ausgelöst wurden. Wichtig vor allem np = Zahl der Lösungsversuche mit "gewürfelten" Startphasen; nE =Zahl der für die Suche nach Tripletts benutzten starken E-Werte:

```
ESEL   Emin 1.200 Emax 5.000 DelU 0.005 renorm 0.700 axis 0
OMIT   s 4.00 2theta(lim) 180.0
INIT   nn 11 nf 16 s+ 0.800 s- 0.200 wr 0.200
PHAN   steps 10 cool 0.900 Boltz 0.400 ns 146 mtpr 40 mnqr 10
TREF   np 256. nE 232 kapscal 0.900 ntan 2 wn -0.950
FMAP   code 8
PLAN   npeaks -25 del1 0.500 del2 1.500
MORE   verbosity 1
TIME   t 9999999.
```

146 Reflections and 1641. unique TPR for phase annealing
232 Phases refined using 5524. unique TPR
320 Reflections and 8741. unique TPR for R(alpha)

TPR sind die Triplettbeziehungen, ein reduzierter 'Subset' dient der schnellen Prüfung einer Lösung während der Phasenbestimmung durch ein frühes 'Filter'

892 Unique negative quartets found, 892 used for phase refinement

ONE-PHASE SEMINVARIANTS   *Liste von Reflexen mit geradzahligen Indizes, deren Phasen evtl. über Σ_1-Beziehungen bestimmt werden können*

h	k	l	E	P+	Phi
0	6	4	2.716		
2	6	0	2.446	0.39	
-8	6	4	2.510		
-2	6	4	2.375	0.39	
6	6	2	2.417		

......

Expected value of Sigma-1 = 0.888

Following phases held constant with unit weights for the initial 4 weighted tangent cycles (before phase annealing):

Reflexe für den Startsatz

h	k	l	E	Phase/Comment
0	5	1	2.222	random phase
4	0	2	1.728	180 sigma-1 = 0.118
4	0	6	1.801	0 sigma-1 = 0.871
5	2	1	2.094	random phase
0	5	5	2.108	random phase
1	5	0	2.059	random phase

......

15 BEISPIEL EINER STRUKTURBESTIMMUNG

All other phases random with initial weights of 0.200 replaced by 0.2*alpha (or 1 if less) during first 4 cycles - unit weights for all phases thereafter
    124 Unique NQR employed in phase annealing
    128 Parallel refinements

STRUCTURE SOLUTION for CUHABS IN I2/A
Phase annealing cycle: 1 Beta = 0.04571
                        Anfänglicher Test weniger Phasen zur Vermeidung falscher Minima

Ralpha	1.438 0.623 0.327 1.360 0.605 0.032 3.064 0.051 0.392 0.3341.077 0.027 .
Nqual	0.089-0.311-0.504-0.085-0.595-0.781-0.019-0.946-0.784-0.5510.091-0.951..
Mabs	0.443 0.585 0.701 0.452 0.591 1.181 0.338 1.047 0.673 0.6910.488 1.130..

......

                *Es folgt eine (gekürzte) Liste mit den "figures of merit" und Vorzeichen
                für die "random"-Startreflexe für jede der hier 256 Lösungsversuche.
                Unterscheiden sie sich, handelt es sich um unterschiedliche Lösungen.
                Die korrekte hat meist den niedrigsten CFOM-Wert*

Try	Ralpha	Nqual	Sigma-1	M(abs)	CFOM	Seminvariants
733881.	0.061	-0.169	0.707	1.317	0.671	+-+-- ++++- +-+++ +---+ +++++ --+++ --++-
384789.	0.061	-0.169	0.707	1.317	0.671	+-+-- ++++- +-+++ +---+ +++++ --+++ --++-
1109605.	0.060	-0.975	0.912	1.308	0.060*	--+++ -+++- -+--- +-+++ +---- --+-+ +--+
2055245.	0.060	-0.975	0.912	1.308	0.060	--+++ -+++- -+--- +-+++ +---- --+-+ +--+
1887617.	0.060	-0.975	0.912	1.308	0.060	--+++ -+++- -+--- +-+++ +---- --+-+ +--+
1161201.	0.087	-0.990	0.649	1.053	0.087	---+- ++--+ +-+-- +++-- ++++- +-++- -++--

......

CFOM	Range	Frequency	
0.000	- 0.020	0	
0.020	- 0.040	0	
0.040	- 0.060	90	*Zeigt, daß die Struktur wahrscheinlich problemlos gelöst wurde!*
0.060	- 0.080	0	
0.080	- 0.100	43	
0.100	- 0.120	0	
0.120	- 0.140	0	
0.140	- 0.160	0	

......
256. Phase sets refined - best is code 1109605. with CFOM = 0.0599

    Tangent expanded to 758 out of 758 E greater than 1.200
    FMAP and GRID set by program
    FMAP 8 3 17   *Eine Fouriersynthese mit E-Werten (mit jetzt bekannten
                                  Phasen!) wird gerechnet*
    GRID -1.786 -2 -1 1.786 2 1

E-Fourier for CUHABS IN I2/A
Maximum = 620.68, minimum = -132.67 highest memory used = 8780 / 13196
    Heavy-atom assignments: *Interpretation der stärksten Peaks mit offenbar vernünftiger
                                              Zuordnung zu den Cu und S Atomen*

	x	y	z	s.o.f.	Height
CU1	0.3055	0.3267	0.1193	1.0000	620.7
S2	0.3381	0.4802	0.1480	1.0000	315.4

Peak list optimization
    RE = 0.162 for 16 surviving atoms and 758 E-values
E-Fourier for CUHABS IN I2/A
    Maximum = 612.55, minimum = -142.04
Peak list optimization
    RE = 0.135 for 18 surviving atoms and 758 E-values
E-Fourier for CUHABS IN I2/A
    Maximum = 616.95, minimum = -106.18 0.4 seconds elapsed time

Nach weiteren Fouriersynthesen und Interpretation zusätzlicher Peaks entsteht ein Strukturmodell-Vorschlag, der gute Übereinstimmung von gefundenen und berechneten E-Werten ergibt, wie der RE-Wert von 13.5% anzeigt.

Molecule 1 scale 0.786 inches = 1.997 cm per Angstrom

"Lineprinter" Plot der zugeordneten Atome und Peaks (richtige Skalierung bei Ausdruck mit 12 pt Courier Schrift). Manche Atome erscheinen - durch Symmetrieoperationen erzeugt - mehrfach. Durch das Programm wurden Cu und S zugeordnet (oft geschieht dies nicht so vernünftig wie hier). Der Rest der Peaks muß durch den Kristallographen auf Grund chemischer Kriterien zugeordnet werden. Man sieht z. B., daß hier die Peaks 8, 9, 10, 12 and 18 keine plausiblen interatomateren Abstände und Winkel zeigen und eliminiert werden müssen. Die hier "auf dem Papier" getroffene Zuordnung von Peaks zu Atomen des Modells geschieht in der Praxis meist auf dem Bildschirm mit Hilfe von entsprechenden Graphikprogrammen z. B. in SHELXTL [74] oder WINGX [81].

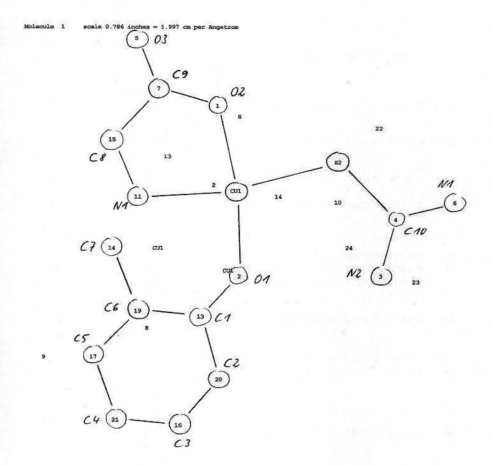

15 BEISPIEL EINER STRUKTURBESTIMMUNG

Die Zuordnung chemisch sinnvoller Atomsorten zu den Peaks wird durch die nachfolgende tabellierte Liste von Bindungslängen und Winkeln erleichtert (hier wurden Peak 18 und alle weiteren ab Peak 21 zur besseren Übersichtlichkeit eliminiert).

Atom	Peak	x	y	z	SOF	Height	Distances and Angles				
CU1	0.	0.3055	0.3267	0.1193	1.000	3.08	0 S2	2.264			
								Abstand Cu1-S2			
							0 1	1.967	80.9		
								Abstand Cu1- Peak1("Q1") und Winkel S2-Cu1-Q1			
							0 2	1.911	103.0	174.1	
								Abstand Cu1-Q2 und Winkel S2-Cu1-Q2, Q1-Cu1-Q2			
							0 10	2.251	29.9	104.6	77.8
... etc.											
							0 11	2.017	159.8	84.2	93.0 170.1
S2	0.	0.3381	0.4802	0.1480	1.000	3.03	0 CU1	2.264			
							0 4	1.782	116.0		
							0 10	1.164	74.4	61.6	
1	192.	0.4622	0.3202	0.1483	1.000	2.95	0 CU1	1.967		O2	
							0 7	1.308	115.4		
2	189.	0.1562	0.3254	0.0794	1.000	3.33	0 CU1	1.911		O1	
							0 13	1.221	126.7		
3	105.	0.1278	0.5205	0.1189	1.000	3.14	0 4	1.337		N2	
							0 10	1.977	53.6		
4	100.	0.2219	0.5533	0.1557	1.000	2.91	0 S2	1.782		C10	
							0 3	1.337	117.8		
							0 6	1.292	115.7	126.4	
							0 10	1.600	39.8	84.1	142.0
5	96.	0.5993	0.2140	0.1817	1.000	2.62	0 7	1.275		O3	
6	87.	0.2385	0.6351	0.1935	1.000	2.64	0 4	1.292		N3	
7	87.	0.5008	0.2363	0.1640	1.000	2.72	0 1	1.308		C9	
							0 5	1.275	127.1		
							0 15	1.571	116.2	116.6	
8	86.	0.0792	0.1754	0.1471	1.000	2.32	0 13	1.478		–	
							0 14	1.995	91.2		
							0 17	1.376	122.2	93.3	
9	86.	0.0509	0.0214	0.1167	1.000	2.40	0 17	1.044		–	
10	84.	0.2742	0.4781	0.0834	1.000	3.63	0 CU1	2.251		–	
							0 S2	1.164	75.7		
							0 3	1.977	113.4	114.8	
							0 4	1.600	125.8	78.5	42.3
11	80.	0.3113	0.1867	0.1360	1.000	2.72	0 CU1	2.017		N1	
							0 14	1.202	123.1		
							0 15	1.410	112.5	124.4	
							0 16	1.627		–	
12	77.	-0.1597	0.1356	0.1511	1.000	1.95					
13	75.	0.0936	0.2597	0.0856	1.000	3.10	0 2	1.221		C1	
							0 8	1.478	138.7		

							0 19	1.442	128.2	28.6		
							0 20	1.477	121.3	91.3	110.3	
14	74.	0.2327	0.1375	0.1280	1.000	2.65	0 8	1.995				C7
							0 11	1.202	126.7			
							0 19	1.480	17.0	129.3		
15	72.	0.4171	0.1539	0.1563	1.000	2.59	0 7	1.571				C8
							0 11	1.410	111.6			
16	70.	-0.1012	0.2058	0.0741	1.000	2.92	0 12	1.627				C3
							0 20	1.350	138.4			
							0 21	1.355	53.0	121.1		
17	64.	0.0386	0.0932	0.1086	1.000	2.57	0 8	1.376				C5
							0 9	1.044	138.7			
							0 19	1.408	30.1	127.2		
							0 21	1.452	102.3	111.6	121.2	
19	59.	0.1180	0.1638	0.1099	1.000	2.74	0 8	0.723				C6
							0 13	1.442	78.5			
							0 14	1.480	126.3	118.3		
							0 17	1.408	72.5	122.5	119.0	
20	55.	-0.0248	0.2733	0.0764	1.000	3.08	0 13	1.477				C2
							0 16	1.350	126.7			
21	54.	-0.0752	0.1154	0.0928	1.000	2.63	0 12	1.354				C4
							0 16	1.355	73.8			
							0 17	1.452	135.9	117.4		

12. *Alternativ kann die Lösung der Struktur durch eine Patterson–Synthese versucht werden. Dazu muß in der Instruktionsdatei CUHABS.INS nur statt der TREF – Instruktion PATT stehen:*

```
TITL    CUHABS IN I2/A
CELL    0.71073 12.3543 14.3081 13.5164 90 91.352 90
UNIT    80 88 8 24 24 8
PATT                    Start der Patterson-Methoden mit Voreinstellungen
HKLF 4
```

13. *Nach Start des SHELXS-Programms erhält man folgende Ausgabedatei CUHABS.LST:*

```
TITL    CUHABS IN I2/A
CELL    0.71073       12.3543      14.3081     13.5164    90   91.352   90
ZERR    8             0.0012       0.0014      0.0014     0    0.012    0
LATT    2
SYMM    0.5+X, -Y, Z
SFAC        C     H     N     O     S     CU
UNIT        80    88    24    24    8     8
......
    SUMMARY OF PARAMETERS FOR CUHABS IN I2/A
```
Durch "PATT" ausgelöste Voreinstellungen für eine Pattersonsynthese und ihre Interpretation:
```
ESEL Emin 1.200 Emax 5.000 DelU 0.005 renorm 0.700 axis 0
OMIT s 4.00 2theta(lim) 180.0
PATT nv 1 dmin 1.80 resl 0.76 Nsup 206 Zmin 5.80 maxat 8
FMAP code 6 nv = 1 bedeutet, daß nur eine "beste" Lösung ausgearbeitet und ausgegeben wird
PLAN npeaks 80 del1 0.500 del2 1.500
```

......
FMAP and GRID set by program
FMAP 6 3 17
GRID -1.786 -2 -1 1.786 2 1
Super-sharp Patterson for CUHABS IN I2/A

> Es folgt eine Liste der in der Patterson-Synthese erhaltenen Maxima mit den relativen Peakhöhen und der Vektorlänge (Abstand vom Nullpunkt)

Maximum = 999.10, minimum = -140.65 highest memory used = 9228 / 16556

	X	Y	Z	Weight	Peak	Sigma	Length	
1	0.0000	0.0000	0.0000	4.	999.	77.53	0.00	Nullpunktspeak, auf 999 skaliert
2	0.0000	0.8468	0.5000	2.	323.	25.04	7.10	Peak auf "Harker-Geraden" $(0, 1\frac{1}{2} - 2y, \frac{1}{2})$ für Cu
3	0.1142	0.0000	0.2349	2.	305.	23.65	3.44	Peak auf "Harker-Ebene" $(-\frac{1}{2} + 2x, 0, 2z)$ für Cu
4	0.1521	0.0000	0.0331	2.	176.	13.64	1.92	Cu-N und Cu-O-Bindungsvektoren
5	0.1139	0.8472	0.7349	1.	145.	11.27	4.45	Allgemeiner Harker-Peak $(-\frac{1}{2} + 2x, 1\frac{1}{2} - 2y, \frac{1}{2} + 2z)$ für Cu
6	0.8590	0.8472	0.7341	1.	139.	10.80	4.52	
7	0.5318	0.1926	0.0302	1.	137.	10.65	6.43	
8	0.8556	0.3075	0.2322	1.	135.	10.46	5.71	
9	0.0318	0.1558	0.0301	1.	112.	8.67	2.30	Cu-S Bindungsvektor

......
Patterson vector superposition minimum function for CUHABS IN I2/A
Patt. sup. on vector 1 0.0000 0.8468 0.5000 Height 323. Length 7.10
Maximum = 287.22, minimum = -127.35 highest memory used = 13037 / 32121
68 Superposition peaks employed, maximum height 39.4 and minimum height 2.5 on atomic number scale

Heavy-Atom Location for CUHABS IN I2/A
2381 reflections used for structure factor sums
Solution 1 CFOM = 65.03 PATFOM = 99.9 Corr. Coeff. = 80.7 SYMFOM = 99.9
Shift to be added to superposition coordinates: 0.3069 0.2500 0.3675

Name	At.No.	x	y	z	s.o.f.	Minimum distances / PATSMF (self fir
CU1	31.0	0.3073	0.3269	0.1172	1.0000	3.44
						159.4
		Lage des Kupfer-Atoms und Abstand zum nächsten symmetrieäquivalenten
S2	19.0	0.3372	0.4814	0.1487	1.0000	4.52 2.28
						28.4 137.3
		Schwefel-Lage und Abstände zum nächsten S- und Cu-Atom
S3	11.3	0.4617	0.3182	0.1504	1.0000	6.25 1.95 2.80
						0.0 60.8 13.7
		Hier muß es sich wegen der kurzen Abstände um O oder N handeln
O4	8.8	0.1515	0.3218	0.0827	1.0000	3.34 1.97 3.34 3.42
						0.0 69.5 12.0 3.0
O5	8.2	0.5963	0.2140	0.1818	1.0000	4.31 4.00 4.11 2.27 4.50
						0.0 42.1 16.1 1.9 1.1
O6	8.0	0.1309	0.5190	0.1171	1.0000	4.37 3.51 2.63 3.17 2.87 3.9
						0.0 36.5 31.5 0.0 1.7 7.8

.... Fehler in der Zuordnung von O,N,C betreffen nur 1,2 Elektronen und sind in diesem Stadium noch unerheblich

14. Dieses 6-atomige Strukturmodell könnte man bereits mit dem SHELXL-Programm verfeinern und fehlende Atome in einer Differenzfouriersynthese lokalisieren. Hier wird ein weiterer SHELXS-Lauf benutzt, um auf der Basis der gefundenen Atomlagen über die Tangensformel weitere Phasen zu berechnen, um eine bessere Basis für die Fouriersummation zu haben.

```
TITL CUHABS IN I2/A
........
UNIT   80    88     8     24     24     8
TEXP 200  6              Benutzt die Tangens-Formel mit der Information der 6
                         Atomlagen im Modell und den 200 stärksten E-Werten.
                         Empfohlen wird die Hälfte der über 1.5 liegenden E-
                         Werte, hier 437 (s.o.)
CU1    3     0.30731     0.32691     0.11725     11.00000     0.04
                         Gefundene Schweratomlage. Besetzungsfaktor auf 1 fi-
                         xiert, Auslenkungsparameter auf 0.04 Å2 gesetzt.
S2     5     0.33721     0.48144     0.14867     11.00000     0.04
O3     4     0.46171     0.31822     0.15036     11.00000     0.04
O4     4     0.15149     0.32178     0.08273     11.00000     0.04
O5     4     0.59628     0.21403     0.18183     11.00000     0.04
O6     4     0.13089     0.51898     0.11706     11.00000     0.04
HKLF 4
```

Die Ausgabeliste zeigt nun Folgendes:

```
TITL CUHABS IN I2/A
CELL 1.54180 12.353 14.315 13.670 90.00 91.62 90.00
        ........
SUMMARY OF PARAMETERS FOR CUHA1 IN I2/A
ESEL Emin 1.200 Emax 5.000 DelU 0.005 renorm 0.700 axis 0
OMIT s 4.00 2theta(lim) 180.0
  TEXP na 200 nh 6 Ek 1.500       na und nh wie eingegeben
FMAP code 9
PLAN npeaks -24 del1 0.500 del2 1.500
MORE verbosity 1
  TIME t 9999999.                 Das Programm arbeitet mit drei Verfeinerungszyklen

RE = 0.252 for 6 atoms and 513 E greater than 1.500
                                  Erste Strukturfaktor-Berechnung mit den eingegebe-
                                  nen Atomen
Tangent expanded to 758 out of 758 E greater than 1.200
FMAP and GRID set by program
FMAP 9 3 17
GRID -1.786 -2 -1 1.786 2 1
  E-Fourier for CUHABS IN I2/A    Erste Fouriersummation nach "Tangens-Recycling''
Maximum = 620.68, minimum = -132.67
  Peak list optimization          Fünf neue Peaks als C-Atome akzeptiert
RE = 0.194 for 11 surviving atoms and 758 E-values
  E-Fourier for CUHABS IN I2/A    Zweite Fouriersynthese
Maximum = 619.06, minimum = -141.23
  Peak list optimization          Sieben weitere Atome identifiziert
RE = 0.124 for 18 surviving atoms and 758 E-values
  E-Fourier for CUHABS IN I2/A    Letzte Fouriersynthese und Peaksuche
```

Maximum = 621.46, minimum = -144.91
> Die resultierende Liste möglicher Atome ist weitgehend identisch mit der, wie sie oben mit den Direkten Methoden gewonnen wurde.

15. Die mit den Patterson- oder den Direkten Methoden erhaltene Resultatsdatei CUHABS.RES enthält nun die Lagen der gefundenen, als wahrscheinliche Atome zu betrachtenden Peaks. Diese wird nun von Hand oder mit Programmunterstützung zur neuen Instruktionsdatei CUHABS.INS für eine erste Verfeinerung mit dem Programm SHELXL [66] aufbereitet. Dazu ist es nur noch nötig, noch fehlende Atomzuordnungen zu treffen, d. h. z. B. die Peaknamen Q1, Q2, etc. in Atomnamen O1, N3, etc. umzuändern und vor allem die ab Spalte 5 folgende richtige Atomformfaktornummer zu setzen. Sie muß der Position des Elements in der SFAC-Zeile entsprechen, die Voreinstellung ist 1, normal das C-Atom.

Datei CUHABS.RES:

```
TITL CUHABS IN I2/A
CELL   0.71073   12.3543   14.3081   13.5164   90   91.352   90
ZERR   8         0.0012    0.0014    0.0014    0    0.012    0
LATT   2
SYMM 0.5+X, -Y, Z
SFAC   C     H     N     O     S     CU
UNIT   80    88    24    24    8     8
L.S. 4
FMAP 2
PLAN 20


CU1    6    0.3055   0.3267   0.1193   11.000000   0.05
```
1. Atomname, 2. Atomformfaktornummer, 3.–5. Atomkoordinaten, 6. Besetzungsfaktor, hier 1+10 zur Fixierung, 7. Startwert für isotropen Auslenkungsparameter U

```
S2     5    0.3381   0.4802   0.1480   11.000000   0.05
Q1     1    0.4622   0.3202   0.1483   11.000000   0.05    192.41
Q2     1    0.1562   0.3254   0.0794   11.000000   0.05    188.67
Q3     1    0.1278   0.5205   0.1189   11.000000   0.05    104.54
Q4     1    0.2219   0.5533   0.1557   11.000000   0.05    100.48
5      1    0.5993   0.2140   0.1817   11.000000   0.05     96.17
Q6     1    0.2385   0.6351   0.1935   11.000000   0.05     87.39
.....
Q23    1    0.1020   0.5600   0.1783   11.000000   0.05     44.66
Q24    1    0.1864   0.4828   0.1133   11.000000   0.05     42.15
Q25    1   -0.2245   0.1334   0.0800   11.000000   0.05     41.04
HKLF   4
END
```
Peakhöhe aus der Fourier-Map wird ignoriert, kann gelöscht werden

16. Verfeinerung mit dem SHELXL-Programm. Die folgende Ausgabeliste CUHABS.LST zeigt am Anfang die bei der Erzeugung der Datei CU-

HABS.INS vorgenommenen Änderungen (hier wird das unter 11. aus den Direkten Methoden gewonnene Strukturmodell verwendet)

```
TITL CUHABS IN I2/A
CELL   0.71073   12.3543    14.3081    13.5164    90    91.352    90
ZERR   8          0.0012     0.0014     0.0014     0     0.012     0
LATT   2
SYMM 0.5+X, -Y, Z
SFAC    C    H    N    O    S    CU
UNIT   80   88   24   24    8    8

V = 2388.58 F(000) = 1288.0 Mu = 2.01 mm-1 Cell Wt = 2534.54 Rho = 1.762


L.S. 8                      Kleinste-Fehlerquadrate-Verfeinerung in 8 Zyklen
FMAP 2                      Danach Berechnung einer Differenz-Fouriersynthese
PLAN 20                     Peaksuche und Ausgabe der 20 stärksten Maxima


FVAR           1.00000
CU1   6      0.30550     0.32670     0.11930    11.00000    0.05
S2    5      0.33810     0.48020     0.14800    11.00000    0.05
O2    4      0.46220     0.32020     0.14830    11.00000    0.05
O1    4      0.15620     0.32540     0.07940    11.00000    0.05
N2    3      0.12780     0.52050     0.11890    11.00000    0.05
C10   1      0.22190     0.55330     0.15570    11.00000    0.05
O3    4      0.59930     0.21400     0.18170    11.00000    0.05
N3    3      0.23850     0.63510     0.19350    11.00000    0.05
C9    1      0.50080     0.23630     0.16400    11.00000    0.05
N1    3      0.31130     0.18670     0.13600    11.00000    0.05
C1    1      0.09360     0.25970     0.08560    11.00000    0.05
C7    1      0.23270     0.13750     0.12800    11.00000    0.05
C8    1      0.41710     0.15390     0.15630    11.00000    0.05
C5    1     -0.10120     0.20580     0.07410    11.00000    0.05
C3    1      0.03860     0.09320     0.10860    11.00000    0.05
C2    1      0.11800     0.16380     0.10990    11.00000    0.05
C6    1     -0.02480     0.27330     0.07640    11.00000    0.05
C4    1     -0.07520     0.11540     0.09280    11.00000    0.05


HKLF 4                      Einlesen der Reflexe
```

Inconsistent equivalents etc.   *Mittelung. Der Reflex 1 1 0 wurde z. B. aus 2 Äquivalenten mit schlechter Konsistenz gemittelt.*

```
  h    k    l     Fo^2     Sigma(Fo^2)   N    Esd of mean(Fo^2)
  1    1    0    244.44        4.42      2       172.11
  1    7    0   6708.11       12.09      5        83.27
  7    7    0   3528.96        8.82      5        67.27
.....
```

Es folgen die 8 Verfeinerungszyklen, zu denen die gewogenen R-Werte und die stärksten Parameterverschiebungen angezeigt werden. Beide sind noch hoch, aber die Verfeinerung konvergiert gut.

```
Least-squares cycle 1 Maximum vector length = 511 Memory required = 1174 / 102492
wR2 = 0.5958 before cycle 1 for 2755 data and 73 / 73 parameters
GooF = S = 6.309; Restrained GooF = 6.309 for 0 restraints
Weight = 1/[sigma^2(Fo^2)+(0.1000*P )^2+0.00*P] where P = (Max(Fo^2,0)+2*Fc^2 )/3
Shifts scaled down to reduce maximum shift/esd from 37.76 to 15.00
```

```
    N     value      esd      shift/esd   parameter
    1    0.48456   0.00853    -19.905    OSF          Skalierungsfaktor
    5    0.04002   0.00089    -11.250    U11 Cu1
    9    0.04205   0.00107     -7.439    U11 S2
   13    0.04163   0.00240     -3.482    U11 O2
   17    0.04133   0.00242     -3.581    U11 O1
   25    0.03984   0.00303     -3.356    U11 C10
   41    0.04133   0.00279     -3.103    U11 N1
Mean shift/esd = 1.543  Maximum = -19.905 for OSF
Max. shift = 0.021 A for N1  Max. dU =-0.010 for C10
```

```
Least-squares cycle 2
wR2 = 0.4758 before cycle 2 for 2755 data and 73 / 73 parameters
GooF = S = 4.182; Restrained GooF = 4.182 for 0 restraints
Weight = 1/[sigma^2(Fo^2)+(0.1000*P )^2+0.00*P] where P = (Max(Fo^2,0)+2*Fc^2)/3
Shifts scaled down to reduce maximum shift/esd from 36.45 to 15.00
    N     value      esd      shift/esd   parameter
    1    0.41248   0.00529    -13.616    OSF
    2    0.30628   0.00011      3.732    x Cu1
    4    0.11864   0.00010     -3.642    z Cu1
    5    0.03060   0.00063    -15.000    U11 Cu1
    9    0.03441   0.00079     -9.670    U11 S2
   13    0.03331   0.00179     -4.648    U11 O2
   17    0.03329   0.00181     -4.452    U11 O1
   21    0.03684   0.00210     -3.181    U11 N2
   25    0.03045   0.00222     -4.235    U11 C10
   29    0.03711   0.00177     -3.653    U11 O3
   37    0.03187   0.00230     -3.920    U11 C9
   41    0.03266   0.00208     -4.160    U11 N1
   45    0.03262   0.00230     -3.810    U11 C1
   49    0.03351   0.00232     -3.480    U11 C7
   53    0.03382   0.00237     -3.341    U11 C8
   65    0.03331   0.00244     -3.464    U11 C2
Mean shift/esd = 1.874  Maximum = -15.000 for U11 Cu1
Max. shift = 0.024 A for C1  Max. dU =-0.009 for Cu1
.....
```

... weitere 5 Zyklen

```
Least-squares cycle 8
wR2 = 0.2392 before cycle 8 for 2755 data and 73 / 73 parameters
GooF = S = 1.968; Restrained GooF = 1.968 for 0 restraints
Weight = 1/[sigma^2(Fo^2)+(0.1000*P )^2+0.00*P] where P = (Max(Fo^2,0)+2*Fc^2)/3
    N     value      esd      shift/esd   parameter
    1    0.33483   0.00184      0.000    OSF
Mean shift/esd = 0.001  Maximum = 0.005 for z N3
Max. shift = 0.000 A for N3  Max. dU = 0.000 for C3
```

```
Largest correlation matrix elements
0.885 U11 Cu1 / OSF  0.702 U11 S2 / OSF  0.697 U11 S2 / U11 Cu1
```

Abschließende Liste der verfeinerten Atomparameter mit ihren Standardabweichungen jeweils darunter (der erste Wert gibt den mittleren Lagefehler in Å an). Die Auslenkungsparameter U sind alle vernünftig und zeigen wenig Streuung, die Elementzuordnungen waren offenbar alle richtig.

CUHABS IN I2/A

ATOM	x	y	z	sof	U11	.....
Cu	0.30688	0.32637	0.11806	1.00000	0.01744	
	0.00095	0.00005	0.00004	0.00004	0.00000	0.00027
S	0.33794	0.48099	0.14862	1.00000	0.02330	
	0.00217	0.00011	0.00009	0.00009	0.00000	0.00035
O2	0.46248	0.31556	0.14732	1.00000	0.02000	
	0.00617	0.00032	0.00023	0.00027	0.00000	0.00073
O1	0.15631	0.32791	0.08026	1.00000	0.02162	
	0.00627	0.00033	0.00023	0.00028	0.00000	0.00078
N2	0.12686	0.52317	0.12358	1.00000	0.02580	
	0.00790	0.00039	0.00032	0.00034	0.00000	0.00095
C10	0.22392	0.55007	0.15536	1.00000	0.01816	
	0.00795	0.00039	0.00032	0.00035	0.00000	0.00089
O3	0.59441	0.21325	0.18287	1.00000	0.02654	
	0.00665	0.00032	0.00027	0.00029	0.00000	0.00083
N3	0.23698	0.63464	0.19492	1.00000	0.02907	
	0.00861	0.00042	0.00035	0.00035	0.00000	0.00100
C9	0.49896	0.23248	0.16305	1.00000	0.01896	
	0.00817	0.00041	0.00033	0.00035	0.00000	0.00093
N1	0.30944	0.19175	0.13359	1.00000	0.01852	
	0.00732	0.00035	0.00031	0.00031	0.00000	0.00082
C1	0.08710	0.25797	0.08783	1.00000	0.01946	
	0.00831	0.00042	0.00033	0.00036	0.00000	0.00093
C7	0.22797	0.13550	0.12811	1.00000	0.02126	
	0.00853	0.00042	0.00035	0.00036	0.00000	0.00096
C8	0.41681	0.15378	0.15629	1.00000	0.02236	
	0.00894	0.00045	0.00036	0.00038	0.00000	0.00100
C5	-0.10112	0.20732	0.07503	1.00000	0.03022	
	0.01022	0.00051	0.00041	0.00044	0.00000	0.00118
C5	-0.10112	0.20732	0.07503	1.00000	0.03022	
	0.00971	0.00048	0.00040	0.00043	0.00000	0.00114
C2	0.11843	0.16310	0.10830	1.00000	0.02042	
	0.00852	0.00045	0.00033	0.00037	0.00000	0.00098
C6	-0.02442	0.27643	0.07285	1.00000	0.02512	
	0.00920	0.00045	0.00037	0.00040	0.00000	0.00107
C4	-0.07011	0.11311	0.09342	1.00000	0.03089	
	0.01009	0.00051	0.00041	0.00044	0.00000	0.00119

Final Structure Factor Calculation for CUHABS IN I2/A
Total number of l.s.parameters = 73
wR2 = 0.2392 before cycle 9 for 2755 data and 0 / 73 parameters
GooF = S = 1.968; Restrained GooF = 1.968 for 0 restraints
Weight = $1/[\sigma^2(Fo^2)+(0.1000*P)^2+0.00*P]$ where P = $(Max(Fo^2,0)+2*Fc^2)/3$
R1 = 0.0856 for 2366 Fo ¿ 4sig(Fo) and 0.0951 for all 2755 data
wR2 = 0.2392, GooF = S = 1.968, Restrained GooF = 1.968 for all data
Die Zuverlässigkeitsfaktoren wR2 und R1 sind bereits recht niedrig
Occupancy sum of asymmetric unit = 18.00 for non-hydrogen and 0.00 for hydrogen atoms

Recommended weighting scheme: WGHT 0.1822 11.6948
Note that in most cases convergence will be faster if fixed weights (e.g. the default WGHT 0.1) are retained until the refinement is virtually complete, and only then should the above recommended values be used.

In diesem Fall könnte der Gewichtsvorschlag nun übernommen werden, da die Verfeinerung weitgehend zu Ende geführt ist.

Most Disagreeable Reflections (* if suppressed or used for Rfree)

"Disagreeable" ist ein englischer Sprachscherz für abweichend. Wenige Reflexe mit Unterschieden zwischen beobachteten und berechneten F^2-Werten bis $\Delta F^2/\sigma = 6$ sind normal.

h	k	l	Fo^2	Fc^2	Delta(F^2)/esd	Fc/Fc(max)	Resolution(A)
1	1	0	2180.37	77468.24	7.10	0.966	9.35
4	4	2	1272.44	466.00	5.13	0.075	2.20
2	4	2	2004.37	775.80	5.06	0.097	2.80
4	5	1	459.20	1236.24	3.92	0.122	2.07
-2	4	14	306.69	885.15	3.67	0.103	0.92
-4	2	16	593.48	1509.79	3.57	0.135	0.81
2	4	16	1320.94	2871.05	3.34	0.186	0.81

FMAP and GRID set by programm Basierend auf dem verfeinerten Modell wird nun
FMAP 2 3 18   eine Differenz-Fouriersynthese gerechnet
GRID -1.667 -2 -1 1.667 2 1
R1 = 0.0943 for 2755 unique reflections after merging for Fourier
Electron density synthesis with coefficients Fo-Fc
Highest peak 4.05 at 0.3012 0.3269 0.1525 [0.47 A from CU1]
Deepest hole -2.59 at 0.3073 0.2907 0.1170 [0.51 A from CU1]
Mean = 0.00, Rms deviation from mean = 0.28 e/A^3

Die höchsten Peaks mit 3–4 Å^{-3} liegen nahe bei den Schweratomen. Sie zeigen die Elektronendichte-Differenz zwischen Beschreibung mit tatsächlich anisotropem Auslenkungsfaktor und mit dem verfeinerten isotropen an.

Fourier peaks appended to .res file

	x	y	z	sof	U	Peak		Distances to nearest atoms	
								(including symmetry equivalents)	
Q1 1	0.3012	0.3270	0.1525	1.0	0.05	4.05	0.47 CU1	1.95 N1 2.00 O2	2.02 O1
Q2 1	0.3112	0.3281	0.0824	1.0	0.05	3.52	0.49 CU1	1.91 O1 2.05 O2	2.07 N1
Q3 1	0.3410	0.4863	0.1138	1.0	0.05	3.40	0.48 S2	1.81 C10 2.33 CU1	2.70 N2
Q4 1	0.3358	0.4776	0.1846	1.0	0.05	3.34	0.49 S2	1.76 C10 2.37 CU1	2.56 N3
Q5 1	0.2412	0.6432	0.1618	1.0	0.05	1.55	0.47 N3	1.35 C10 2.28 N2	2.62 S2
....									

17. Am Ende des Laufs werden die verfeinerten Parameter zusammen mit den verwendeten Instruktionen in eine neue Datei CUHABS.RES geschrieben, die nach evtl. Modifikation wieder in eine neue Instruktionsdatei CUHABS.INS überführt wird für den nächsten Verfeinerungslauf. Hier wird dazu die Instruktion ANIS vor die Atomliste gesetzt, die für jedes folgende Atom Verfeinerung anisotroper Auslenkungsfaktoren auslöst. Zudem wird das empfohlene Gewichtsschema in die "WGHT´´-Instruktion eingesetzt, das das Programm ans Ende der ausgegebenen Atomliste setzt. Nun ist auch eine sinnvolle Sortierung der Atome angebracht. Inspektion der Ausgabedatei CUHABS.LST aus der nun durchgeführten Verfeinerung zeigt so gute R-Faktoren ($wR_2 = 13.1\%$, $R1 = 3.5\%$), daß nun die Lokalisation der H-Atome möglich ist. In der Peakliste der abschließend gerechneten Differenz-Fouriersynthese zeichnen

sich tatsächlich alle H-Atome (unten mit > markiert) mit vernünftigen Abständen zu ihren Bindungspartnern ab. Eine graphische Darstellung ist in Kap. 8, Abb. 68b als Beispiel abgebildet.

```
.....
L.S.  6
FMAP  2
PLAN  20

WGHT      0.1822     11.6948
FVAR      0.33483
ANIS
CU1 6     0.306878   0.326369   0.118060   11.00000   0.01744
S2 5      0.337938   0.480992   0.148622   11.00000   0.02330
......
HKLF 4
```

Nach dem üblichen Protokoll über die Reflexaufbereitung und die 6 Verfeinerungszyklen erscheinen nun die anisotropen Auslenkungsparameter

```
     CUHABS IN I2/A
ATOM x y z sof U11 U22 U33 U23
U13 U12 U(eq)
Cu1 0.30684 0.32640 0.11812 1.00000 0.01430 0.01264 0.02581 -0.00047
-0.00124 -0.00035 0.01773
0.00049 0.00002 0.00002 0.00002 0.00000 0.00021 0.00021 0.00022 0.00010
0.00009 0.00006 0.00009
S2 0.33794 0.48096 0.14853 1.00000 0.01503 0.01444 0.04227 -0.00417 .....
.........
```

```
Final Structure Factor Calculation for CUHABS IN I2/A

Total number of l.s. parameters = 163 ...

wR2 = 0.1310 before cycle 7 for 2754 data and 0 / 163 parameters

GooF = S = 0.572; Restrained GooF = 0.572 for 0 restraints

Weight = 1/[sigma^2(Fo^2)+(0.1822*P)^2+11.69*P] where P=(Max(Fo^2,0)+2*Fc^2)/3

R1 = 0.0354 for 2366 Fo > 4sig(Fo) and 0.0416 for all 2754 data

wR2 = 0.1310, GooF = S = 0.572, Restrained GooF = 0.572 for all data
........

Electron density synthesis with coefficients Fo-Fc

Highest peak 0.82 at 0.0622 0.0266 0.1246 [ 1.01 A from C3 ]

Deepest hole -0.32 at 0.2036 0.2376 0.1320 [ 1.47 A from N1 ]

Mean = 0.00, Rms deviation from mean = 0.11 e/A^3

Fourier peaks appended to .res file
```

Die ersten 11 Peaks sind H-Atome ($\natural$)

```
         x        y        z      sof   U     Peak     Distances to nearest atoms
                                                       (including symmetry equivalents)
Q1 1   0.0622   0.0266   0.1246   1.00  0.05  0.82   >1.01 C3   2.09 C4   2.09 C2   2.57 C7
Q2 1   0.3000   0.6498   0.2186   1.00  0.05  0.80   >0.86 N3   1.90 C10  2.06 O3   2.64 S2
Q3 1   0.4199   0.1236   0.2158   1.00  0.05  0.79   >0.92 C8   1.98 C9   1.99 N1   2.56 O3
Q4 1  -0.1236   0.0672   0.0975   1.00  0.05  0.77   >0.93 C4   2.03 C3   2.04 C5   3.25 C6
```

246   15 BEISPIEL EINER STRUKTURBESTIMMUNG

```
Q5  1    0.0729  0.5589  0.1294  1.00  0.05  0.75  >0.84 N2   1.90 C10   2.27 O2   2.44 N3
Q6  1    0.1192  0.4724  0.0946  1.00  0.05  0.75  >0.83 N2   1.88 C10   2.13 O1   2.78 S2
Q7  1    0.4417  0.1137  0.1015  1.00  0.05  0.74  >0.98 C8   2.02 C9    2.03 N1   2.59 O3
Q8  1   -0.1716  0.2225  0.0687  1.00  0.05  0.72  >0.90 C5   1.97 C6    2.03 C4   2.91 N3
Q9  1    0.2360  0.0736  0.1367  1.00  0.05  0.67  >0.90 C7   1.92 N1    1.98 C2   2.48 C3
Q10 1    0.1886  0.6717  0.1942  1.00  0.05  0.66  >0.80 N3   1.87 C10   2.02 O3   2.45 N2
Q11 1   -0.0434  0.3342  0.0611  1.00  0.05  0.62  >0.87 C6   1.97 C1    1.97 C5   2.48 O1
Q12 1    0.1414  0.3299  0.1099  1.00  0.05  0.51   0.45 O1   1.26 C1    2.05 CU1  2.23 C6
Q13 1    0.0787  0.1199  0.1058  1.00  0.05  0.43   0.64 C3   0.79 C2    1.85 C4   1.87 C7
Q14 1    0.2634  0.1639  0.1388  1.00  0.05  0.41   0.62 C7   0.70 N1    1.84 C2   1.91 C8
.....                  Experimentelle C-H, N-H and O-H - Bindungslängen liegen bei 0.8-1.1 Å
```

18. Die H–Atomlagen werden nun in die neue Instruktionsdatei übernommen. Ein Versuch, sie mit individuellen isotropen Auslenkungsfaktoren zu verfeinern, verläuft nicht befriedigend, denn die erhaltenen Werte streuen stark und haben hohe Standardabweichungen. Deshalb werden die U–Werte auf das 1.2-fache des äquivalenten isotropen U–Werts des jeweiligen Bindungspartners gesetzt. Für den abschließenden Lauf wird der offenbar fehlerhaft gemessene Reflex 110 (schlecht gemittelt, große $F_o^2 - F_c^2$ – Differenz) eliminiert, das Gewichtsschema nochmals aktualisiert sowie der Befehl ACTA eingebaut, der alle kristallographischen Daten in ein CIF-file schreibt. Die Instruktion BOND 0.5 $H sorgt dafür, daß auch Abstände zu H-Atomen aufgenommen werden.

```
........
OMIT 1 1 0
L.S. 6
BOND 0.5 $H
ACTA
FMAP 2
PLAN 10

WGHT       0.0817    1.8906
FVAR       0.33553
CU  6      0.306841      0.326401      0.118116     11.00000      0.01430      0.01264 =
           0.02581      -0.00047      -0.00124      -0.00035
........
N2  3      0.126588      0.523021      0.123710     11.00000      0.01677      0.02248 =
           0.04041      -0.00938      -0.00536       0.00143
H21 2      0.0729        0.5589        0.1294       11.00000     -1.20
H22 2      0.1192        0.4724        0.0946       11.00000     -1.20
N3  3      0.237009      0.634420      0.194607     11.00000      0.02037      0.02029 =
           0.04902      -0.01410      -0.00349       0.00147
H31 2      0.3000        0.6498        0.2186       11.00000     -1.20
H32 2      0.1886        0.6717        0.1942       11.00000     -1.20
........
C10 1      0.224390      0.550082      0.155225     11.00000      0.01785      0.01583 =
           0.02314      -0.00024      -0.00092      -0.00020
HKLF 4
........
Least-squares cycle 6 Maximum vector length =
```

```
wR2 = 0.0733 before cycle 6 for 2754 data and 196 / 196 parameters
GooF = S = 0.675; Restrained GooF = 0.675 for 0 restraints
Weight = 1/[sigma^2(Fo^2)+(0.0817*P )^2+1.89*P] where P = (Max(Fo^2,0)+2*Fc^2)/3
    N      value      esd      shift/esd    parameter
    1    0.33716    0.00057      0.000        OSF
Mean shift/esd = 0.001 Maximum = -0.035 for y H22
Max. shift = 0.001 A for H22 Max. dU = 0.000 for N2
Largest correlation matrix elements
0.607 U22 Cu / OSF 0.607 U11 Cu / OSF 0.603 U33 Cu / OSF
CUHABS IN I2/A
```

Endgültige Liste der Atomparameter

ATOM	x	y	z	sof	U11	U22	U33
U23	U13	U12	Ueq				
Cu	0.30681	0.32640	0.11812	1.00000	0.01440	0.01273	0.02599
-0.00049	-0.00127	-0.00033	0.01773				
0.00032	0.00002	0.00001	0.00002	0.00000	0.00012	0.00012	0.00013
0.00007	0.00009	0.00006	0.00009				
......							
N2	0.12733	0.52309	0.12389	1.00000	0.01694	0.02038	0.04427
-0.01102	-0.00515	0.00277	0.02729				
0.00264	0.00013	0.00011	0.00014	0.00000	0.00073	0.00071	0.00096
0.00066	0.00069	0.00056	0.00035				
H21	0.08306	0.56008	0.12726	1.00000	0.03274		
	0.04261	0.00213	0.00188	0.00183	0.00000	0.00000	
H22	0.12064	0.46926	0.09797	1.00000	0.03274		
	0.04533	0.00202	0.00181	0.00188	0.00000	0.00000	
......							

Final Structure Factor Calculation for CUHABS IN I2/A
Total number of l.s. parameters = 196
wR2 = 0.0733 before cycle 7 for 2754 data and 0 / 196 parameters
GooF = S = 0.676; Restrained GooF = 0.676 for 0 restraints
Weight = 1/[sigma^2(Fo^2)+(0.0817*P)^2+1.89*P] where P=(Max(Fo^2,0)+2*Fc^2)/3
R1 = 0.0244 for 2366 Fo > 4sig(Fo) and 0.0302 for all 2754 data
wR2 = 0.0733, GooF = S = 0.676, Restrained GooF = 0.676 for all data
R-Werte, Goodness-of-fit und Reflex/Parameter-Verhältnis in Ordnung

......

Principal mean square atomic displacements U

0.0263	0.0143	0.0126	Cu	*Die Auslenkungsellipsoide sind alle physikalisch*
0.0434	0.0149	0.0139	S	*sinnvoll und plausibel*
0.0380	0.0175	0.0140	O1	
0.0317	0.0165	0.0152	O2	

....

Most Disagreeable Reflections (* if suppressed or used for Rfree)
Keine "Ausreißer"

h	k	l	Fo^2	Fc^2	Delta(F^2)/esd	Fc/Fc(max)	Resolution(A)
3	5	2	2024.24	1469.86	5.67	0.140	2.21
4	5	1	452.86	698.27	5.60	0.096	2.07
13	9	6	981.37	1328.88	4.30	0.133	0.76
1	8	1	630.26	467.70	4.27	0.079	1.75

....
Bond lengths and angles   *Werte plausibel und Standardabweichungen recht gut*

Cu -	Distance	Angles		
O1	1.9169 (0.0013)			
N1	1.9450 (0.0015)	93.19 (0.05)		
O2	1.9642 (0.0013)	174.63 (0.05)	83.46 (0.05)	
7S	2.2800 (0.0005)	101.21 (0.04)	160.32 (0.05)	83.05 (0.04)
	Cu -	O1	N1	O2

....

R1 = 0.0293 for 2754 unique reflections after merging for Fourier

Electron density synthesis with coefficients Fo-Fc

Highest peak 0.40 at 0.0808 0.1258 0.1014 [0.71 A from C2]
Deepest hole -0.28 at 0.2007 0.2384 0.1428 [1.51 A from N1]
Mean = 0.00, Rms deviation from mean = 0.07 e/A^3

	x	y	z	sof	U	Peak	Distances to nearest atoms (including symmetry equivalents)			
Q1 1	0.0808	0.1258	0.1014	1.00	0.05	0.40	0.71 C2	0.72 C3	1.43 H3	1.85 C7
Q2 1	0.1456	0.3287	0.1120	1.00	0.05	0.39	0.45 O1	1.28 C1	1.99 CU	2.04 H22
Q3 1	0.3171	0.3259	0.1783	1.00	0.05	0.38	0.82 CU	1.86 O2	2.02 N1	2.27 S

......

Maximale Restelektronendichte 0.40 e Å³

19. Damit ist die eigentliche Strukturbestimmung abgeschlossen und die Basis gelegt für die strukturchemische Interpretation der Ergebnisse und die Anfertigung von Strukturzeichnungen. Beispiele für mögliche Darstellungen sind an der vorliegenden Struktur bereits in Kap. 12 vorgestellt worden. Sie zeigen, wie wichtig die Einbeziehung der Symmetrie ist, die hier zur Ausbildung von zweifach sauerstoff-verbrückten dimeren Einheiten führt.

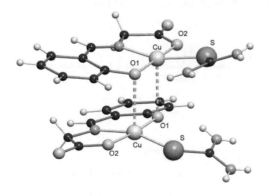

Abb. 108: Kugel–Stab–Zeichnung eines Dimers (DIAMOND[78])

16 Literatur

Kristallographische Lehrbücher (Auswahl)

[1] W.Borchardt-Ott, Kristallographie · Eine Einführung für Naturwissenschaftler, Springer, Berlin 1997.
[2] D.Schwarzenbach, Kristallographie. Springer, Berlin 2001.
[3] M.Woolfson, X-Ray Crystallography, Cambridge, 1997
[4] J.D.Dunitz, X-Ray Analysis and Structure of Organic Molecules. Cornell University Press, Ithaca 1979, Neuaufl. 1995.
[5] C.Giacovazzo Ed., Fundamentals of Crystallography. Oxford University Press 1992.
[6] W.Clegg, Crystal Structure Determination. Oxford University Press 1998. W.Clegg, A.J.Blake, R.O.Gould, P.Maine, Crystal Structure Analysis: Principles and Practice, Oxford Univ. Press, 2001
[7] J.P.Glusker, K.N.Trueblood, Crystal Structure Analysis. Oxford University Press 1985. J.P.Glusker, M.Lewis, M.Rossi, Crystal Structure Analysis for Chemists and Biologists, Verlag Chemie, Weinheim 1994
[8] W.Kleber, H.-J. Bautsch, J.Bohm, I.Kleber. Einführung in die Kristallographie. 17. Aufl., Verlag Technik, Berlin 1990.
[9] P.Luger, Modern X-Ray Analysis on Single Crystals. W. de Gruyter, Berlin 1980.
[10] G.H.Stout, L.H.Jensen, X-Ray Structure Determination. 2nd Edn., Wiley & Sons, New York 1989.
[11] M.F.C.Ladd and R.A.Palmer, Structure Determination by X-Ray Crystallography. Kluwer Academic Publ., 1994.

Tabellenwerke und Datensammlungen

[12] International Tables of Crystallography, Kluwer Acad. Publ., Dordrecht
Vol. A: T.Hahn, Ed., "Space Group Symmetry", 5th Ed., 2001
Vol. A1: H.Wondratschek, U.Müller Eds., "Symmetry Relations Between Space Groups", 2004
Vol. B: U.Shmueli, Ed., "Reciprocal Space", $2^{n}d$ Ed., 2001
Vol. C: E.Prince, Ed., "Mathematical, Physical, and Chemical Tables", $3^{r}d$ Ed., 2004
Vol. D: A.Authier, Ed.,"Physical Properties of Crystals", 2003
Vol. E: V.Kopsky, Ed., Subperiodic Groups, 2002

Vol. **F**: M.G.Rossmann, Ed., "Crystallography of Biological Macromolecules", 2001

[13] Strukturbericht **1-7**, Akad. Verlagsges., Leipzig 1931-1943; danach Structure Reports ab **8**, Kluwer, Dordrecht ab 1956.

[14] O.Kennard et al., Eds., Molecular Structures and Dimensions, D.Reidel, Dordrecht ab 1970.

[15] R.W.G.Wyckoff, Crystal Structures, Vol 1-6. Wiley & Sons, New York 1962-1971.

[16] Landolt-Börnstein, Zahlenwerte aus Naturwissenschaft und Technik, Neue Serie, III, **Bd. 7**. Springer-Verlag, Berlin 1973-1978.

[17] J.Donohue, The Structures of the Elements, Wiley & Sons, New York 1974.

Sonstige Literaturangaben

[18] P.M.De Wolff et al., Acta Crystallogr. **A48** (1992) 727.

[19] C.J.E.Kempster, H.Lipson, Acta Crystallogr. **B28** (1972) 3674.
P.Roman, C.Guzman-Miralles, A.Luque, Acta Crystallogr. **B49** (1993) 383.

[20] M.Molinier, W.Massa, J.Fluor.Chem., **57** (1992) 139.

[21] H.Bärnighausen, Group-Subgroup Relations between Space Groups: a useful tool in Crystal Chemistry. MATCH, Commun. Math. Chem. **9** (1980) 139.

[22] U.Müller, Anorganische Strukturchemie. 4.Aufl., B.G.Teubner, Stuttgart 2004.

[23] J.Hulliger, Angew.Chem. **106** (1994) 151.

[24] a) R.A.Young, The Rietveld Method, Oxford University Press 1993.
b) R.Allmann, Röntgenpulverdiffraktometrie, Springer 2002.

[25] H.Hope, Acta Crystallogr. **A27** (1971) 392.

[26] N.Walker, D.Stuart, Acta Crystallogr. **A39** (1983) 158.

[27] A.Mosset, J.Galy, X-Ray Synchrotron Radiation and Inorganic Structural Chemistry. Topics in Current Chemistry, **145** (1988) 1.
Special Issue: "Synchrotron Radiation in Structural Chemistry", Struct. Chem. **14**(1) (2003) 1-132.

[28] G.E.Bacon, Neutron Scattering in Chemistry. Butterworths, London 1977.

[29] W.Hoppe, Angew.Chem. **59** (1983) 465.

[30] D.L.Dorset, S.Hovmöller, X.D.Zou Eds., Structural Electron Crystallography, Kluwer Acad. Publ., Dordrecht, 1997.

[31] J.Karle, H.Hauptman, Acta Crystallogr. **3** (1950) 181.

[32] W.Cochran, M.M.Woolfson, Acta Crystallogr. **8** (1955) 1.

[33] W.H.Zachariasen, Acta Crystallogr. **5** (1952) 68.
[34] W.H.Baur, D.Kassner, Acta Crystallogr. **B48** (1992) 356.
[35] W.J.Peterse, J.H.Palm, Acta Crystallogr. **20** (1966) 147.
[36] A.M.Glazer, K.Stadnicka, Acta Crystallogr. **A45** (1989) 234.
[37] H.D.Flack, Helv.Chim.Acta **86** (2003) 905.
[38] W.C.Hamilton, Acta Crystallogr. **18** (1965) 502.
[39] H.D.Flack, Acta Crystallogr. **A39** (1983) 876.
[40] W.H.Zachariasen, Acta Crystallogr. **23** (1967) 558.
[41] P.Becker, P.Coppens, Acta Crystallogr. **A30** (1974) 129 und 148.
[42] P.Becker, Acta Crystallogr. **A33** (1977) 243.
[43] M.Renninger, Z.Physik **106** (1937) 141.
[44] Y.Laligant, Y.Calage, G.Heger, J.Pannetier, G.Ferey, J.Solid State Chem. **78** (1989) 66.
R.E.Schmidt, W.Massa, D.Babel, Z.anorg.allg.Chem. **615** (1992) 11.
[45] K.Kirschbaum, A.Martin, A.A.Pinkerton, J.Appl.Cryst. 30 (1997) 514.
[46] B.T.M.Willis in: Intern.Tables of Crystallography **Vol.C**, Kap. 7.4.2.
[47] H.-G.v.Schnering, Dong Vu, Angew.Chem. **95** (1983) 421.
[48] D.Babel, Z.anorg.allg.Chem. **387** (1972) 161.
[49] U.Müller, Angew.Chem. **93** (1981) 697.
[50] W.Massa, S.Wocadlo, S.Lotz und K.Dehnicke, Z.anorg.allg. Chem., **589** (1990) 79.
[51] M.Molinier und W.Massa, Z.Naturforsch., **47b**, 783-788 (1992).
[52] W.C.Hamilton, Acta Crystallogr. **14** (1961) 185.
[53] W.C.Hamilton, Acta Crystallogr. **12** (1959) 609.
[54] J.Drenth, Principles of Protein Crystallography, Springer, New York 1999.
[55] D.E.McRee, Practical Protein Crystallography, Academic Press, San Diego 1999.

Auswahl wichtiger Programme: Bei mehr als zwei Autoren ist jeweils nur der Haupt-Autor angegeben. Siehe auch im Internet z.B. unter www.ccp14.ac.uk oder www.chem.gla.ac.uk/ louis/software.

[56] LEPAGE, Program for Lattice Symmetry Determination. Y.Le Page, National Research Council of Canada, Ottawa, Canada K1A 0R6 (E-mail: yvon.le_page@nrc.ca). Enthalten in [70]
[57] CRYSTALS: General Crystallographic Software, Including Graphics: D.J.Watkins, Chemical Crystallography Laboratory, 9 Parks Road, Oxford OX1 3PD, U.K. (website: www.xtl.ox.ac.uk)
[58] ORTEPIII: A Fortran Thermal Ellipsoid Plot Program

for Crystal Structures Illustrations: M.N.Burnett, C.K.Johnson, Oak Ridge National Laboratory, Oak Ridge, TN, 37831-6197, USA. (website: www.ornl.gov/ortep/ortep.html)

[59] MISSYM (ADDSYM, NEWSYMM), A Computer Program for Recognizing and Correcting Space–Group Errors, Y.Le Page s.[56], siehe Acta Crystallogr. **A46** Sup. (1990) C454.
(In erweiterter Form in [70]).

[60] DIFABS, Program for Automatic Absorption correction:
N.Walker, D.Stuart, siehe [26], mit Modifikationen enthalten in [57] und [66].

[61] PATSEE: Zusatz zu [64] für Patterson–Bildsuch–Methoden, E.Egert, Inst.f.Organ.Chemie, Universität Frankfurt, Marie-Curie-Str. 11, D-60439 Frankfurt a.M. (Siehe E.Egert, G.M.Sheldrick, Acta Crystallogr. **A41** (1985) 262) (E-mail: egert@chemie.uni-frankfurt.de, website: web.uni-frankfurt.de/fb14/ak_egert/html/patsee.html).

[62] SIMPEL, Program for Structure Solution using Higher Invariants: H.Schenk, University of Amsterdam, Nieuwe Achtergracht 166, 1018 WV Amsterdam, Niederlande (E-mail: hs@crys.chem.uva.nl).

[63] MULTAN, Program for the Determination of Crystal Structures: P.Main, Dept. of Physics, University of York, York YO1 5DD, U.K. (E-mail: pml@vaxa.york.ac.uk) In verschiedenen Varianten auch in anderen Systemen verbreitet.

[64] SHELXS, Program for the Solution of Crystal Structures, G.M.Sheldrick, Inst. f. Anorgan.Chemie der Universität Göttingen, Tammannstr. 4, D-37077 Göttingen.
(E-mail: gsheldr@shelx.uni-ac.gwdg.de, website: shelx.uni-ac.gwdg.de /SHELX)

[65] SIR, Integrated Program for Crystal Structure Solution: C.Giacovazzo, Dipartimento Geomineralogico, Campus Universitario, Via Orabona 4, 70125 Bari, Italy. (E-mail: sirware@area.ba.cnr.it, website: www.ic.cnr.it)

[66] XTAL, The X-tal System: S.R.Hall, Crystallography Centre, The University of Western Australia, Nedlands, 6907 Perth, Australia. (E-mail: xtal@crystal.uwa.edu.au, website: xtal.sourceforge.net)

[67] DIRDIF, Structure Solution Using Difference Structure Factors: P.T.Beurskens, Lab. vor Kristallografie, Univ. Nijmegen, Toernooiveld 6525 ED Nijmegen, Niederlande. (E-mail: ptb@sci.kun.nl, website: www.xtal.sci.kun.nl)

[68] SHELXL, Program for the Refinement of Crystal Structures: G.M.Sheldrick, siehe [64]

[69] CRUNCH, Integrated Direct Methods Program: R.A.G.de Graaff, Gorlaeus Lab., Univ. Leiden, Einsteinweg 55, 2300 RA Leiden, Niederlande. (E-mail: rag@chem.leidenuniv.nl, website: www.bfsc.leidenuniv.nl/software/crunch/)

[70] PLATON, A Multipurpose Crystallographic Tool: A.L.Spek, Lab. voor Kristal- en Structuurchemie, Univ. Utrecht, Utrecht, Niederlande. (E-mail: a.l.spek@chem.uu.nl, website: www.cryst.chem.uu.nl/platon/)

[71] maXus, Structure Analysis Software: Bruker-Nonius B.V., Delft, Niederlande. (E-mail: info@nonius.nl, website: www.bruker-axs.de)

[72] PLUTO: W.D.S.Motherwell, Molecular Plotting Program, Cambridge, U.K., enthalten in [70].

[73] SCHAKAL, A Computer Program for the Graphic Representation of Molecular and Crystallographic Models, : E.Keller, Kristallogr. Inst. d. Univ. Freiburg, Hebelstr. 25, D-79104 Freiburg . (E-mail: kell@uni-freiburg.de, website: www.krist.uni-freiburg.de/ki/Mitarbeiter/Keller)

[74] SHELXTL, Structure Determination Package: G.M.Sheldrick, Bruker-AXS GmbH, Östl. Rheinbrückenstr. 50, D-76187 Karlsruhe. (website: www.bruker-axs.de)

[75] STRUPLO: R.X.Fischer, Mainz, siehe J.Appl.Cryst. **18** (1985) 258.

[76] Übersicht über Molecular Modelling- und andere Graphik-Programme siehe auch Intern.Tables [12], **B**, Kap. 3.3.

[77] DIRAX, Program for Indexing Twinned Crystals: A.J.M. van Duisenberg, Lab. voor Kristal- en Structuurchemie, Univ. Utrecht, Padualaan 8, 3584 CH Utrecht, Niederlande. (E-mail: duisenberg@chem.uu.nl)

[78] DIAMOND, Program for Exploration and Drawing of Crystal Structures: Crystal Impact GbR, Immenburgstr. 20, D-53121 Bonn. (E-mail: products@crystalimpact.de, website: www.crystalimpact.com)

[79] JANA, The Crystallographic Computing System: V.Petříček, M.Dušek, Inst. of Physics, Academy of Sciences of the Czech Republic, Cukrovarnika 10, 16253 Praha. (E-mail: petricek@fzu.cz, website: www-xray.fzu.cz/jana/jana.html)

[80] ATOMS: E.Dowty, Shape Software, 521 Hidden Valley Road Kingsport, TN 37663 USA. (E-mail: dowty@shapesoftware.com, website: www.shapesoftware.com)

[81] WINGX, A Integrated Sytem of Windows Programs for the Solution, Refinement, and Analysis of Single Crystal Diffraction Data: L.J.Farrugia, Dept. of Chemistry, University of Glasgow, U.K. (E-mail: louis@chem.gla.ac.uk, website: www.chem.gla.ac.uk/ louis/software/wingx)

[82] TWINXL, Programm zur Aufbereitung von Datensätzen verzwillingter Kristalle: F.Hahn, W.Massa, Fachbereich Chemie, Philipps-Universität, D-35032 Marburg. (E-mail: massa@chemie.uni-marburg.de, website: www.chemie.uni-marburg.de/~massa)

[83] SnB, A Direct Methods Procedure for Determining Crystal Structures: C.M.Weeks et al., Hauptman-Woodward Medical Research Institute, Inc., 73 High Street, Buffalo, NY 14203-1196, USA. (E-mail: snb-requests@hwi.buffalo.edu, website: www.hwi.buffalo.edu/SnB/Contact.htm)

[84] RASMOL, Molecular Visualization Freeware (website: www.umass.edu/microbio/rasmol/)

[85] XFPA: General Patterson Approach to Structure Solution: F.Pavelcic, Comenius University, Bratislava, Slovak Republic (E-mail: pavelcic@fns.uniba.sk, website: www.fns.uniba.sk/fns/struc_fa/chem/kag/xfpa.htm)

Sachverzeichnis

absolute Struktur, 171, 178, 179
Absorption, 94
Absorptionskoeffizient, 121
Absorptionskorrektur, 121
    DIFABS–Methode, 123
    mit äquivalenten Reflexen, 123
    numerisch, 121
    semiempirisch, 123
Abtast–Modus, 106
Achsen, reziproke, 43
Achsenabschnitte, 35
Achsensystem, kristallographisches, 16
Achsenzwillinge, 191
allgemeine Lage, 74
anisotrope Schwingung, 52
Anomale Dispersion, 171
    Tabelle, 173
äquivalente isotrope Auslenkungsparameter, 52
äquivalente Lagen, 74
Aristotyp, 78
asymmetrische Einheit, 76
Atomformfaktoren, 48
Atomformfaktoren, Beugungswinkelabhängigkeit, 50
Atomparameter, 16
Atomsorten, Einfluß falscher, 188
Aufenthaltswahrscheinlichkeit, bei Auslenkungsellipsoiden, 53
Auflösung, 109
Auslöschungen, systematische, 85
    integrale, 86
    serielle, 86
    Tabelle, 87
    zonale, 86
Auslenkung

anisotrop, 52
Auslenkungsamplitude, 51
Auslenkungsellipsoid, 52
Auslenkungsellipsoide
    physikalisch nicht sinnvolle, 206
Auslenkungsfaktor, 53, 54
    isotrop, 51
Auslenkungsfaktoren
    Behandlung bei Fehlordnung, 167
    fehlerhafte, 206
Auslenkungsparameter, 50
Azimut–Rotation, 123

Basisvektoren, 14
Basisvektoren, reziproke, 43
Beispiel einer Strukturbestimmung, 228
Berührungszwillinge, 191
Besetzungs–Fehlordnung, 165
Beste Ebenen, 209
Beugung, 30
Beugungsordnung, 33, 37
Beugungssymbole, 87
Beugungswinkel, 37, 39
Bijvoet-Differenzen, 176
Bildplatte, 111
Bildsuchmethoden, 134
Bindungslängen
    Berechnung, 208
    Standardabweichungen, 208
    zu H–Atomen, 158
Bindungswinkel, 208
Blickrichtungen, 62–64
    Tabelle, 62
Block–Diagonalmatrix–Verfahren, 151
Braggsche Gleichung, 37, 41
Braggsche Gleichung, quadratische, 39

Bravais–Gitter, 18
Bremsstrahlung, 25
Buerger–Kamera, 98

Cambridge Structural Database CSD, 219
CCD–Detektoren, 111
charakteristische Röntgenstrahlung, 25
Chirale Raumgruppen, 178
CIF–files, 224
constraints, 159
CRYSTMET-Datenbank, 221
CSD-Datenbank, 219

Dämpfung, 160
Datenbanken, 219
Datenreduktion, 117–120
Datensammlungen, 221
Debye–Waller–Faktor, 52
Deponierung von Strukturdaten, 221
Diagonalgleitspiegelebene, 66
Diamantgleitspiegelebenen, 66
Dichte, röntgenographische, 77
Diederwinkel, 210
DIFABS–Methode, 123
Differenz–Fouriersynthesen, 127
Differenz-Fouriersynthese
    Konturliniendiagramm, 129
Diffusionsmethode, 93
Direkte Methoden, 135–145
    Figures of Merit, 144
    Problemstrukturen, 145
    Programme, 144
Drehachsen, 58
Drehanoden-Generatoren, 28
Drehkristall-Methode, 98
Drehspiegelung, 60
Durchwachsungszwillinge, 191
Dynamik und Fehlordnung, 168

E–Wert–Statistik, 136
Ebene
    'beste', 209
Ebenenzwillinge, 191
Einkristall–Monochromatoren, 28
Einkristall-Diffraktometer, 101
Einkristalle
    aus der Schmelze, 93
    Auswahl unter Polarisationsmikroskop, 95
    durch chemischen Transport, 94
    durch Diffusionsmethode, 93
    durch Hydrothermalmethode, 93
    durch Sublimation, 94
    luftempfindliche, 96
    Montage, 95
    Mosaikstruktur, 107
    Qualität, 94
    Züchtung, 92
Elektronenbeugung, 125
Elektronendichte, 126
Elektronendichten, 217
Elementarzelle, 14
Elementarzellen
    fehlerhafte, 202
enantiomorphe Raumgruppen, 178
Eulergeometrie, 102
Ewald–Konstruktion, 45
Ewaldkugel, 46
Extinktion, 181

Falsche Atomsorten, 188
Faltungswinkel, 210
Fehlordnung, 165–169
    Lage-, 166
    der Besetzung, 165
    ein-, zweidimensionale, 169
    Orientierungs-, 166
Feinfocus, 25
Figures of Merit, 144

Filmmethoden, 98
Flächendetektoraufnahme, 115
Flächendetektoren, 110, 112
Flächendetektoren, Meßprinzip, 111
Flächenzentrierung, 20
Flack-Parameter x, 181
Formeleinheiten, Zahl Z pro Zelle, 76
Fouriersynthese, 126
    Konturliniendiagramm, 129
Friedelsches Gesetz, 82, 173

Gütefaktor, 155
Gangunterschied, 30, 33, 37
Gewichte, 147, 152
gewogener R–Wert, 154
Gitter, 14
Gitterkonstanten, 14
Gleitspiegelung, 65
Goniometer–Achsensystem, 104
Goniometerköpfe, 96
Goodness of fit, 155
Graphitmonochromatoren, 28
Gruppe–Untergruppe–Beziehungen, 78

H–Atom–Lokalisierung, 157
Hamilton-Test, 179
Harker–Kasper–Ungleichungen, 135
Harker–Peaks, 131
Hauptachsen des Auslenkungsellipsoids, 52
Hauptachsen des Schwingungsellipsoids, 52
Hexagonales Kristallsystem, 20
hkl-Indices, 35
Holoedrische Zwillinge, 199
Hydrothermalmethode, 93
hyperzentrische Struktur, 137

ICSD-Datenbank, 219

imaging plate, 111
Indices hkl, 35
Indizierung
    auf Vierkreidiffraktometer, 105
inkommensurable Phasen, 170
Innenzentrierung, 20
Intensitätsmessung
    Kontrollreflexe, 110
    Planung, 109
Interferenz, 30
Internetadressen, 224
Inversionsdrehachsen, 60
Inversionszentrum, 58
Inversionszwillinge, 179, 191
Isomorphe Übergänge, 79
isomorpher Ersatz, 133

K_α–Strahlung, 27
Kapillar-Kollimatoren, 29
Kapillaren, 95
Kappa–Geometrie, 102
Klassengleiche Übergänge, 78
Kleinste–Fehlerquadrate–Ebene, 210
Kohärenz, 50
Kombination von Symmetrieoperationen, 60
Kontrollreflexe, 110
konventioneller R–Wert, 154
Konventionen, kristallographische, 18
Koordinaten eines Atoms, 16
Kopplung von Symmetrieoperationen, 60
Korrelationen, 150
Korrelationskoeffizienten, 150
Kristalle
    siehe auch Einkristalle, 92
    Wachstum, 92
Kristallgröße, 94
Kristallklassen, 61

Tabelle, 82
Kristallographische R–Werte, 154
Kristallographische Datenbanken, 219
kristallographisches Achsensystem, 16
Kristallstrukturbestimmung
    Beispiel, 228
    Gang, 225–227
Kristallstrukturdaten, 221
Kristallsysteme, 17, 81
    Tabelle, 82
Kristallzentrierung
    auf Vierkreis–Diffraktometer, 103

Lagefehlordnung, 166
lambda/2–Effekt, 185
lamellare Zwillinge, 191
Landau–Theorie, 193
Laue, Max v., 13
Laue–Gruppen, 81
    Bestimmung, 84
    Tabelle, 82
Laue-Gleichungen, 32–34
Lauekegel, 32
least squares–Methode, 146–152
Lorentzfaktor, 118
LP–Korrektur, 118

MAD–Methode, 133
Makromoleküle
    Kristallographie biologischer, 133, 159
Massenschwächungskoeffizienten, 173
Mehrlinge, 192
Meroedrische Zwillinge, 196
Methode der kleinsten Fehlerquadrate, 146–152
Methode des isomorphen Ersatzes, 133
Metrik, 17
mikroskopische Verzwillingung, 191

Miller–Indices, 35
Miller-Indices hkil, 84
Minimumfunktion, 135
MIR-Methode, 133
Modulierte Strukturen, 170
Monochromatisierung, 27
Monochromatoren, 28
Mosaikstruktur, 107
Multisolution Methoden, 143

Netzebenen, 35
Netzebenenabstand, 37
Neutronenbeugung, 124
Newman–Projektion, 211
Nicht zentrosymmetrische Raumgruppen, 175
Nicht-meroedrische Zwillinge, 193
Niggli-Matrix, 24
Normalfocus, 25
Normalgleichungen, 148
Normalisierte Strukturfaktoren, 136
Nullpunkt der Elementarzelle, 75
Nullpunktsfehler, 204
Nullpunktsprobleme in Raumgruppen, 205
Nullpunktswahl
    bei direkten Methoden, 141

obverse Aufstellung, 20
optische Anisotropie, 94
Orientierungsfehlordnung, 166
Orientierungsmatrix, 104
ORTEP-Code, 212
orthohexagonale Zelle, 202

Partiell meroedrische Zwillinge, 195
Patterson–Maxima, 128
Patterson-Bildsuchmethoden, 134
Patterson-Methoden, 128–135
Pattersonsynthese, 128
Phasenübergänge, 193

SACHVERZEICHNIS

isomorphe, 79
klassengleiche, 78
translationengleiche, 78
Phasenbestimmung, 142
Phasenproblem der Röntgenstrukturanalyse, 57, 127
Phasenverschiebung bei Nullpunktsverschiebung, 141
Phasenverschiebung von Streuwellen, 55
Phasenwinkel, 57
polare Achsen, 178
Polarisationsfaktor, 118
Polyeder-Zeichnungen, 214
polysynthetische Zwillinge, 191
Präzessions–Methode, 98
Primärextinktion, 181
primitive Zelle, 18
primitives Gitter, 19
Programme
    Geometrie-, 213
    Zeichenprogramme, 213
Proteinkristallographie, 133
    Verfeinerung, 159
Pseudomeroedrische Zwillinge, 199
Pseudominimum, 188
Psi–Scans, 123
Pulvermethoden, 162
Punktlagen, 74

Quadratische Braggsche Gleichung, 39, 41
Quartett
    negatives, 141
    positives, 141
Quasikristalle, 171

R–Wert
    gewogener, 154
    konventioneller, 154
R–Werte, 154

Röntgenbeugungsmethoden, 97
Röntgengeneratoren, 25
Röntgenröhren, 25
Röntgenspiegel, 29
Röntgenstrahlung, 25–27
Raumgruppe Pa$\bar{3}$, 91
Raumgruppen, 68–75, 78
    chirale, 178
    enantiomorphe, 178
    nicht zentrosymmetrische, 175
    nicht–zentrosymmetrische, 178
    nichtkonventionelle Aufstellungen, 74
Raumgruppen, Int.Tables-Notation, 71
Raumgruppenfehler, 203
Raumgruppensymbole, 71
Raumgruppentafel Pnma, 72
Raumgruppentypen, 78
Raumzentrierung, 20
rechtshändig, 18
Reduzierte Zellen, 23
Reflektionszwillinge, 191
Reflexe
    symmetrieäquivalente, 84
    unabhängige, 84
Reflexprofile, 106
Reflexzahl, maximale, 39
Renninger–Effekt, 183
Restelektronendichte, 161
restraints, 159
Restriktionen
    durch Symmetrie, 160
    in Auslenkungsellipsoiden, 161
Restriktionen, in der Metrik, 18
reverse Aufstellung, 20
reziproke Achsen, 43
reziproke Basisvektoren, 43
reziproke Ebenen, 44
reziproke Geraden, 44

reziproke Gittereinheiten, 47
reziprokes Gitter, 42–44
Rhomboeder-Zentrierung, 20
rhomboedrisches Kristallsystem, 20
Richtungscosinus, 120
Rietveld–Methode, 162
Rietveld-Verfeinerung, 164

Satellitenreflexe, 170
Sayre–Gleichung, 137
Schönflies–Symbole
    Tabelle, 82
Schraubenachsen, 67
Schweratommethode, 133
Schwingung
    anisotrop, 52
Schwingungsellipsoid, 52
Schwingungskorrektur, 209
Sekundär–Extinktion, 182
Signifikanztest, von R–Wert–Unterschieden, 179
Skalierungsfaktor, 147
spezielle Lagen, 74
Spiegelebene, 58
Splitatom–Modell, 167
Standardabweichungen
    aus Verfeinerungen, 149
    der Intensitätsmessung, 119
Startsätze, bei direkten Methoden, 142
Stereo–Zeichnungen, 215
Strahlung, elektromagnetische, 13
Streuamplituden, 48
Streuung von Röntgenstrahlung, 48
Streuung, anomale, 172
Streuvektoren, 44
Strichfocus, 27
Strukturen, modulierte, 170
Strukturfaktor, 54–57
Strukturfaktoren

Normalisierung, 136
Strukturlösung
    aus Harker-Peaks, 131
    Schweratommethode, 133
Strukturmodell, 127
    Komplettierung, 156
Strukturverfeinerung
    an Zwillingen, 199
Strukturverfeinerung, s. Verfeinerung, 146
Strukturzeichnungen, 213
Sublimation, 94
Symbolische Addition, 143
Symmetrie
    des Translationsgitters, 80
    im Beugungsbild, 81
    im Pattersonraum, 130
    makroskopisch, 80
    mikroskopisch, 80
symmetrieäquivalente Atome, 212
symmetrieäquivalente Reflexe, 84
Symmetrieelemente, 58–68
    Definition, 58
    einfache, 58, 59
    graphische Symbole, 71
    Herrmann-Mauguin-Symbole, 58
    translationshaltige, 64
Symmetrieoperationen
    Definition, 58
    Kombination, 60
    Kopplung, 60
Symmetriesymbole
    neue, 66
    Reihenfolge, 62
Synchrotronstrahlung, 29
    in der Proteinkristallographie, 133
Systematische Auslöschungen, 85

Take off–Winkel, 27

SACHVERZEICHNIS

Tangensformel, 140
Temperaturfaktor
    isotrop, 51
Thermisch Diffuse Streuung (TDS),
    186
thermische Schwingung, 51
Torsionswinkel, 210
Transformation
    von $P2_1/c$ nach $P2_1/n$, 90
Transformation der Elementarzelle,
    24
Transformationen
    der Elementarzelle, 89
Transformationszwillinge, 193
Translation, 14
    Kombination mit einfachen Symmetrieelementen, 65
    Kopplung mit Drehachsen, 67
    Kopplung mit Spiegelebene, 65
Translationengleiche Übergänge, 78
Translationsgitter, 14–20
trigonales Kristallsystem, 20
Triplett–Beziehungen, 138

Überstruktur, 170, 202
Überstrukturreflexe, 170
Umweganregung, 183
unabhängige Reflexe, 84
Untergrund-Einfluß, 119
Untergruppen, 78

Verfeinerung, 146–164
    an Zwillingen, 199
    gegen F_o– oder F_o^2–Daten, 147,
        151
    makromolekularer Strukturen, 159
    mit Dämpfung, 160
    mit Einschränkungen, 158
    nach der Rietveld–Methode, 162
    Strategien, 155
Verfeinerungszyklen, 150

Verzwillingung, 190–201
    bei Phasenübergängen, 193
    Definition, 190
    oder Fehlordnung, 201
Verzwillingung, durch Meroedrie, 196
Vieldraht–Proportionalzähler, 110
Vierkreis-Diffraktometer, 101–110
Vierkreisdiffraktometer
    Meßplanung, 109
Volumenbedarf eines Atoms im Festkörper,
    77

Wachstumszwillinge, 192
Wahrscheinlichkeit, für Phasenbestimmung, 139
Wasserstoffatome
    Lokalisierung, 128
Wellenlängen, Röntgenstrahlung, 28
Wilson–Statistik, 136
Wyckoff–Symbole, 75

X – N – Methode, 218
X – X – Methode, 218

Z, Zahl der Formeleinheiten pro Zelle, 76
Zähligkeit von Punktlagen, 75
Zeichenprogramme, 213
Zellbestimmung
    auf Vierkreidiffraktometer, 105
zentrierte Gitter, 19
zentrierte Zellen, 19
Zentrosymmetrische Kristallstrukturen, 76
Zuverlässigkeitsfaktoren, 154
Zwillinge, 190–201
    Achsenzwillinge, 191
    Berührungszwillinge, 191
    Beugungsbild, 193
    Durchwachsungszwillinge, 191
    Ebenenzwillinge, 191

    holoedrische, 199
    Inversionszwillinge, 191
    lamellare, 191
    meroedrische, 196
    mikroskopische, 191
    nicht-meroedrische, 193
    partiell meroedrische, 195
    polysynthetische, 191
    pseudomeroedrische, 199
    Verfeinerung, 199
Zwillingselement, 190
Zwillingsoperation, 191
Zyklen bei Verfeinerungen, 150

Teubner Lehrbücher: einfach clever

Bienlein/Wiesendanger
Einführung in die Struktur der Materie
Kerne, Teilchen, Moleküle, Festkörper

2003. XVI, 561 S. Br. € 41,90
ISBN 3-519-03247-3

Inhalt: Grundlagen der Struktur der Materie - Konzepte und Instrumente der Kern- und Teilchenphysik - Kernphysik - Teilchenphysik - Molekülphysik - Festkörperphysik

Eine kompakte Einführung in die Themengebiete Teilchenphysik, Kernphysik, Molekülphysik und Festkörperphysik. Das Buch eignet sich als Begleitlektüre zu einer Vorlesung „Struktur der Materie", die an vielen Universitäten angeboten wird.

Horst-Günter Rubahn
Nanophysik und Nanotechnologie

2., überarb. Aufl. 2004. 184 S. Br. € 24,90
ISBN 3-519-10331-1

Mesoskopische und mikroskopische Physik - Strukturelle, elektronische und optische Eigenschaften - Organisiertes und selbstorganisiertes Wachstum von Nanostrukturen - Charakterisierung von Nanostrukturen - Dreidimensionalität - Anwendungen in Optik, Elektronik und Bionik

Stand Januar 2005.
Änderungen vorbehalten.
Erhältlich im Buchhandel oder beim Verlag.

B. G. Teubner Verlag
Abraham-Lincoln-Straße 46
65189 Wiesbaden
Fax 0611.7878-400
www.teubner.de

Teubner Lehrbücher: einfach clever

▶ Laue/Schmitz
Berufs- und Karriereplaner Chemie
Zahlen, Fakten, Adressen - Berichte von Berufsanfängern

2., neu bearb. u. erw. Aufl. 2004.
Br. € 14,90
ISBN 3-519-13249-4

Was kann ich? Was will ich? - Informationen und Strategien - Bewerbung und Vorstellungsgespräch - Statistische Daten - Erfahrungsberichte erfolgreicher Berufseinsteiger: Berufseinstieg als Trainee - Redakteurin bei einer wissenschaftlichen Fachzeitschrift - Als Chemiker in die Selbstständigkeit - Chemiker bei SAP - Chemiker in der IT-Beratung - Chemikerin im Hochschulmarketing - F + E in der Chemischen Industrie - Biochemiker im Account Management - Marketing in der Pharmaindustrie - Professorin an der Hochschule - Berufsschullehrerin für Chemietechnik - Laborleiterin der Lebensmittelindustrie - Chemiekarriere in der Schweiz

▶ Ernst-Albrecht Reinsch
Mathematik für Chemiker
Methoden, Beispiele, Anwendungen und Aufgaben

2004. 536 S. Br. € 34,90
ISBN 3-519-00443-7

Zahlen - Lineare Algebra - Funktionen - Differentialrechnung - Integralrechnung - Reihenentwicklung - Entwicklung nach Funktionensystemen, Fouriertransformation - Differentialgleichungen - Gruppentheorie - Fehler- und Ausgleichsrechnung

Stand Januar 2005.
Änderungen vorbehalten.
Erhältlich im Buchhandel oder beim Verlag.

B. G. Teubner Verlag
Abraham-Lincoln-Straße 46
65189 Wiesbaden
Fax 0611.7878-400
www.teubner.de